绿色转型与美丽中国建设

主　编 ◎ 陈昌笋
副主编 ◎ 金斯科　林骏　柯中炉　陈海棠

中国财经出版传媒集团
中国财政经济出版社
·北　京·

图书在版编目（CIP）数据
绿色转型与美丽中国建设 / 陈昌笋主编 ; 金斯科等副主编. -- 北京 : 中国财政经济出版社, 2025. 7.
ISBN 978-7-5223-4027-2
Ⅰ. X321.2
中国国家版本馆CIP数据核字第2025120ZM1号

责任编辑：张　莹　　　　责任校对：胡永立
封面设计：陈宇琰　　　　责任印制：党　辉

绿色转型与美丽中国建设
LYUSE ZHUANXING YU MEILI ZHONGGUO JIANSHE

中国财政经济出版社 出版
URL：http：//www.cfeph.cn
E-mail：cfeph@cfeph.cn

社址：北京市海淀区阜成路甲28号　邮政编码：100142
营销中心电话：010-88191522
天猫网店：中国财政经济出版社旗舰店
网址：https：//zgczjjcbs.tmall.com
涿州汇美亿浓印刷有限公司印刷　各地新华书店经销
成品尺寸：170mm×240mm　16开　21.5印张　327 000字
2025年7月第1版　2025年7月河北第1次印刷
定价：92.00元
ISBN 978-7-5223-4027-2
（图书出现印装问题，本社负责调换，电话：010-88190548）
本社质量投诉电话：010-88190744
打击盗版举报热线：010-88191661　QQ：2242791300

《绿色转型与美丽中国建设》

编委会

序

我国经济社会发展已进入加快绿色化、低碳化的高质量发展阶段，但长期以来经济社会发展中的一些问题也显现出来，生态文明建设处于压力叠加、负重前行的关键期，生态环境保护结构性、根源性、趋势性压力尚未根本缓解，经济社会发展绿色转型内生动力不足，生态环境质量稳中向好的基础还不牢固，部分区域生态系统退化趋势尚未根本扭转。

为了实现建设美丽中国的目标，通过绿色转型强调生态优先、绿色发展，加强污染治理、调整能源结构、实现产业升级、推动低碳经济和绿色产业发展，加快推进人与自然和谐共生的现代化，中共中央、国务院就美丽中国建设和加快经济社会发展全面绿色转型作出了全面部署，生态环境部等部门也就建设美丽中国先行区、推进美丽城市和美丽乡村建设制订了完整的实施方案，开启全面推进美丽中国建设新篇章。

党的十八大报告提出，努力建设美丽中国，实现中华民族永续发展；党的十九大报告提出，推进绿色发展，着力解决突出环境问题，加大生态系统保护力度，改革生态环境监管体制，建设美丽中国；党的二十大报告提出，加快发展方式绿色转型，深入推进环境污染防治，提升生态系统多样性、稳定性、持续性，积极稳妥推进碳达峰碳中和，推进美丽中国建设。美丽中国建设在当前全球发展的大背景下格外引人关注，既影响全球气候行动的成效和国家的发展，也与人们的工作和生活息息相关。

从国际上看，作为“世界工厂”和2007年以来全球最大的温室气体排放国，我国在全球气候行动中扮演的角色至关重要，第二大经济体的中国的态度和作为对实现《巴黎协定》的目标会起到重要作用。发达经济体通过“污染跨境转移”保护自己的生态环境，这早已成为国际社会的共识，但中国的生态文明建设为世界提供了一条发展的新道路。国际能源署（IEA）指出，2023年全球可再生能源发电装机容量比2022年增加了50%，中国是“主要驱动力”。2023年，中国可再生能源总装机数占全国发电总装机数的比重超过50%，历史性地超过火电装机数。中国还生产了全球2/3以上的太阳能电池板和锂离子电池，在电动汽车和电池等领域的减排技术也是发展的亮点，发展绿色低碳的先进制造业在全球表现突出。中国在绿色转型上的一举一动，都牵动着世界发展的脉搏。

从国内看，快速发展的工业化和城市化严重威胁生态系统的稳定性，2023年全国平均气温10.7℃，较常年（9.9℃）偏高0.8℃，为1961年以来最高，全国127个国家气象站日最高气温突破历史极值，极端天气在各地频发，严重冲击了公众正常的经济和社会发展秩序。与此同时，降低能源消耗和节约资源等方面的努力也得到了回报，美丽中国建设在不断提高公众的福祉，大家有目共睹。

美丽中国目标已经设定，绿色转型路径已经明确，我们要做的就是脚踏实地沿着生态文明的大道前行。在“气候行动”中，要积极稳妥推进碳达峰碳中和，有计划分步骤实施碳达峰行动，力争2030年前实现碳达峰，为努力争取2060年前实现碳中和奠定基础。到2035年，非化石能源占能源消费总量的比重将进一步提高，也会建成更加有效、更有活力、更具国际影响力的碳市场。在“环境持续化”进程中，持续深入推进污染防治攻坚，持续深入打好蓝天保卫战、碧水保卫战、净土保卫战，强化固体废物和新污染物治理；提升生态系统多样性稳定性持续性，筑牢自然生态屏障、实施山水林田湖草沙一体化保护和系统治理、加强生物多样性保护；守牢美丽中国建设安全底线，健全国家生态安全体系、确保核与辐射安全、加强生物安全管理、有效应对气候变化不利影响和风险、严密防控环境风险。在“经济绿色化”进程中，加快发展方式绿色转型，优化国土空间开发保护格局、积极稳妥推进碳达峰碳中和、统筹推进重点领域绿色低碳发展、推动各类资源节约集约利用；打造美丽中国建设示范样板，建设美丽中国先行区、美丽城市、美丽乡村，开展创新示范。在“政治法治化”进程中，健全美丽中国建设保障体系，深化生态文明体制改革，一体推进制度集成、机制创新，强化美丽中国建设法治保障，健全资源环境要素市场化配置体系，强化税收政策支持，健全生态产品价值实现机制，深化横向生态保护补偿机制建设，大力发展绿色金融。在“文化生态化”进程中，培育弘扬生态文化，健全以生态价值观念为准则的生态文化体系，培育生态文明主流价值观，挖掘中华优秀传统生态文化思想和资源。在“科技创新化”进程中，加强科技支撑，构建市场导向的绿色技术创新体系，把减污降碳、多污染物协同减排、应对气候变化、生物多样性保护、新污染物治理、核安全等作为国家基础研究和科技创新的重点领域，加强关键核心技术攻关；加快数字赋能，构建美丽中国数字化治理体系，建设绿色智慧的数字生态文明。在“社会和谐化”进程中，通过倡导简约适度、绿色低碳、文明健康的生活方式和消费模式，探索建立“碳普惠”等公众参与机制，建立多元参与行动体系，持续开展“美丽中国，我是行动者”系列活动，开展美丽中国建设全民行动。

本书作者长期从事生态文明的研究和生态环境的实际管理工作，经过多年的理论思考和实践总结，以国家发展战略为指引，探讨了生态系统对人类生存和发展的作用、中国的生态文明建设战略、发展方式绿色转型、深入推进污染防治攻坚、稳步提升生态系统多样性、守牢生态安全底线、快速推进美丽中国建设、全民参与生态文明建设、健全美丽中国建设保障体系，对当前绿色转型和美丽中国建设的一系列问题都进行了系统研究。本书既有理论的总结，又有实践的探索，是研究和宣传的一大创新，为“美丽中国我先行”的行动提供了方向的指引和实践参考。

“温更适、天更蓝、地更绿、水更清、人更和，中国更美丽”是我们的目标，我们应全面推进美丽中国建设，加快推进中国式现代化，“重构世界未来的图景、转变人类生存的理念、再造社会发展的模式”。

是为序！

北京生态文明工程研究院副院长
布达佩斯长期可持续发展中心研究员
《环球时报》评论员
贾卫列
2025 年 6 月

目　录

第一章　生态系统对绿色转型的作用 …… 1

第一节　生态系统及作用 …… 1

一、生态系统的含义 …… 1

二、生态系统对人类生存的作用 …… 2

三、良好的生态系统是绿色生产力 …… 3

第二节　中国的生态系统 …… 5

一、陆地生态系统 …… 5

二、水域生态系统 …… 10

三、人工生态系统 …… 12

第三节　绿水青山与金山银山 …… 14

一、绿水青山与金山银山的时代释意 …… 14

二、“绿水青山就是金山银山”的哲学内涵 …… 15

三、“绿水青山就是金山银山”是发展理念和方式的转变 …… 16

第二章　中国的生态文明建设 …… 18

第一节　生态文明建设的国家战略 …… 18

一、生态文明的理论升华 …… 18

二、走向生态文明新时代 …… 21

三、世界大变局中的中国生态文明建设 …… 25

第二节　中国生态文明建设的评价 …… 29

一、生态文明建设目标评价考核办法 …… 29

二、绿色发展指标体系 …… 31

三、生态文明建设考核目标体系 …… 32
四、生态文明建设标准体系 …… 34
五、美丽中国建设评估指标体系 …… 35
六、区域生态质量评价指标体系 …… 36
七、完善绿色发展标准化保障 …… 38
八、美丽宜居村庄创建示范标准指标 …… 39
九、生态文明建设示范区建设指标 …… 40
十、美丽城市和美丽乡村建设参考指标 …… 42
第三节　中国生态文明建设取得的成就 …… 44
一、绿色低碳转型持续深入 …… 44
二、生态环境保护进一步加强 …… 45
三、经济持续进步 …… 46
四、新质生产力稳步发展 …… 48

第三章　发展方式绿色转型 …… 51
第一节　优化国土空间开发保护格局 …… 51
一、健全主体功能区制度 …… 51
二、坚守生态保护红线 …… 53
三、坚决守住耕地红线 …… 54
四、推动城镇空间内涵式集约化绿色发展 …… 55
五、严格河湖水域岸线空间管控 …… 56
六、加强海洋和海岸带国土空间管控 …… 57
七、完善全域覆盖的生态环境分区管控体系 …… 58
第二节　积极稳妥推进碳达峰碳中和 …… 59
一、实施碳达峰行动 …… 59
二、建设新型能源体系 …… 60
三、发展非化石能源 …… 61
四、构建新型电力系统 …… 63
五、多领域多层次减污降碳协同 …… 64
六、碳排放总量和强度双控 …… 65

七、实施甲烷排放控制行动方案 …… 66
八、发展全国碳市场 …… 67
第三节　统筹推进重点领域绿色低碳发展 …… 69
一、推进产业数字化、智能化同绿色化深度融合 …… 69
二、建设现代化产业体系 …… 70
三、遏制高耗能、高排放、低水平项目 …… 77
四、实施清洁生产水平提升工程 …… 79
五、加快既有建筑和市政基础设施节能降碳改造 …… 80
六、发展多式联运和开展交通基础设施绿色化提升改造 …… 81
第四节　推动各类资源节约集约利用 …… 84
一、实施全面节约战略 …… 84
二、持续深化重点领域节能 …… 85
三、加强新型基础设施用能管理 …… 87
四、实施国家节水行动 …… 88
五、推动污水资源化利用 …… 89
六、健全节约集约利用土地制度 …… 90
七、建立绿色制造体系和服务体系 …… 91
八、构建废弃物循环利用体系 …… 94
九、推进原材料节约和资源循环利用 …… 97

第四章　深入推进污染防治攻坚 …… 100
第一节　持续深入打好蓝天保卫战 …… 100
一、清新的空气对经济和社会发展的重要性 …… 100
二、我国大气污染防治的历程 …… 101
三、我国大气环境状况 …… 104
四、蓝天保卫战的成就 …… 105
五、打好蓝天保卫战 …… 106
第二节　持续深入打好碧水保卫战 …… 120
一、洁净的水体对经济和社会发展的重要性 …… 120
二、我国水污染防治的历程 …… 120

三、我国水环境状况 …… 122
四、碧水保卫战的成就 …… 123
五、打好碧水保卫战 …… 125
第三节　持续深入打好净土保卫战 …… 133
一、土壤对经济和社会发展的重要性 …… 133
二、我国土壤污染防治的历程 …… 134
三、我国土地生态环境状况 …… 135
四、净土保卫战的成就 …… 135
五、打好净土保卫战 …… 136
第四节　强化固体废物和新污染物治理 …… 142
一、固体废物和新污染物污染带来的危害 …… 142
二、我国固体废物和新污染物污染防治的历程 …… 144
三、固体废物和新污染物污染防治的成就 …… 145
四、依法治理固体废物污染和新污染物污染 …… 146

第五章　稳步提升生态系统多样性 …… 151
第一节　筑牢自然生态屏障 …… 151
一、自然生态屏障的重要性 …… 151
二、我国自然生态屏障建设的成就 …… 152
三、进一步稳定生态系统格局 …… 152
第二节　实施山水林田湖草沙一体化保护和系统治理 …… 157
一、山水林田湖草沙生态保护和修复的意义 …… 157
二、山水林田湖草沙生态保护和修复的成就 …… 157
三、积极推进山水林田湖草沙保护和治理 …… 158
第三节　加强生物多样性保护 …… 169
一、生物多样性的重要性 …… 169
二、我国生物多样性保护的成就 …… 170
三、进一步推进生物多样性保护 …… 171

第六章　守牢生态安全底线 …… 176
第一节　健全国家生态安全体系 …… 176
一、完善国家生态安全工作协调机制 …… 176
二、加强国家生态安全体系建设 …… 179
三、提升国家生态安全管理能力 …… 180
第二节　确保核与辐射安全 …… 181
一、构建严密的核安全责任和监管体系 …… 181
二、开展运行核设施安全评价 …… 183
三、加强核技术利用安全和电磁辐射环境管理 …… 183
四、加强海域海洋辐射环境监测和研究 …… 185
五、提升风险预警监测和应急响应能力 …… 185
六、加强核安全领域科技研发 …… 186
第三节　加强生物安全管理 …… 187
一、加强生物技术及其产品管理 …… 187
二、健全生物安全风险防控和治理体系 …… 188
三、加强有害生物防治 …… 189
四、防范和应对外来入侵物种 …… 190
五、加强种质资源和生物遗传资源保护 …… 191
第四节　有效应对气候变化不利影响和风险 …… 192
一、提升适应气候变化能力 …… 192
二、加强气候变化观测网络建设 …… 193
三、提升重点领域气候韧性 …… 194
四、深化气候适应型城市建设 …… 195
第五节　严密防控环境风险 …… 196
一、加强环境风险常态化管理 …… 196
二、完善国家环境应急体制机制 …… 198
三、强化重点领域和地区环境风险防控 …… 199
四、加强环境应急基础能力建设 …… 201
五、建立健全环境应急响应、物资储备体系 …… 202
六、健全环境健康管理制度 …… 202

第七章 快速推进美丽中国建设 …… 204
第一节 建设美丽中国先行区 …… 204
一、推进区域协调和绿色发展 …… 204
二、加快建设京津冀减污降碳协同和生态修复示范区 …… 206
三、持续建设长三角区域高水平保护推动高质量发展样板区 …… 208
四、共同建设粤港澳融合创新美丽湾区 …… 210
五、推动长江流域建设绿色低碳发展示范带 …… 213
六、推动黄河流域上中下游协同保护和治理 …… 216
第二节 建设美丽城市 …… 219
一、推进美丽城市建设 …… 219
二、提升城市绿色低碳发展水平 …… 221
三、提升城市生态环境质量 …… 222
四、提升城市生态宜居品质 …… 224
五、提升城市环境健康安全保障能力 …… 225
六、提升城市数智治理效能 …… 226
第三节 建设美丽乡村 …… 227
一、美丽乡村建设和目标 …… 227
二、构建各美其美、美美与共的美丽乡村格局 …… 227
三、全面改善农村生态环境质量 …… 232
四、大力推进农业绿色低碳发展 …… 238
五、持续提升农村幸福宜居品质 …… 243
第四节 开展创新示范 …… 246
一、分类施策开展创新示范 …… 246
二、将美丽中国建设融入基层治理创新 …… 248
三、推进生态文明示范建设 …… 249

第八章 全民参与生态文明建设 …… 251
第一节 培育弘扬生态文化 …… 251
一、弘扬中华优秀的生态文化 …… 251
二、现代可持续发展思想 …… 253

三、全民生态文明意识的培育 …… 255
第二节 践行绿色低碳生活方式 …… 256
一、倡导绿色低碳生活方式 …… 256
二、绿色生活在绿色低碳循环发展经济体系中的作用 …… 258
三、全民践行绿色低碳生活 …… 259
第三节 建立多元参与行动体系 …… 261
一、全民参与绿色生产力的培育和发展 …… 261
二、大力发展民间组织 …… 262
三、开展全民生态文明教育 …… 263

第九章 健全美丽中国建设保障体系 …… 265
第一节 改革完善体制机制 …… 265
一、深化生态文明体制改革 …… 265
二、强化美丽中国建设法治保障 …… 266
三、加强行政执法与司法协同合作 …… 267
四、实施最严格的生态环境治理制度 …… 268
五、深化环境信息依法披露制度改革 …… 269
六、完善自然资源资产管理制度体系 …… 270
七、强化河湖长制、林长制 …… 272
八、推进领导干部自然资源资产离任审计 …… 274
九、强化国家自然资源督察 …… 275
十、强化对生态和环境的统筹协调和监督管理 …… 276
十一、深化生态环境机构监测监察执法垂直管理制度改革 …… 277
十二、实施市县生态环境队伍专业培训工程 …… 279
第二节 强化激励政策 …… 279
一、健全资源环境要素市场化配置体系 …… 279
二、强化税收政策支持 …… 281
三、加强清洁生产审核和评价认证结果应用 …… 283
四、完善高耗能行业阶梯电价制度 …… 284
五、构建合理的污水、污泥收费机制 …… 286

六、完善以农业绿色发展为导向的经济激励政策 …………… 287
七、建立企业生态环保费用提取使用制度 …………………… 288
八、健全生态产品价值实现机制 …………………………… 289
九、深化横向生态保护补偿机制建设 ……………………… 290
十、发展绿色金融 …………………………………………… 292
第三节　加强科技支撑 ………………………………………… 294
一、构建市场导向的绿色技术创新体系 …………………… 294
二、加强关键核心技术攻关 ………………………………… 296
三、实施生态环境科技创新重大行动 ……………………… 297
四、加强生态文明领域智库建设 …………………………… 300
五、加强环境学科建设和人才培养 ………………………… 301
第四节　加快数字赋能 ………………………………………… 303
一、构建数字化治理体系 …………………………………… 303
二、实施生态环境信息化工程 ……………………………… 304
三、建立现代化生态环境监测体系 ………………………… 305
四、加强环境监测能力建设 ………………………………… 306
五、提升生态环境质量预测预报水平 ……………………… 307
六、建设智慧执法体系 ……………………………………… 308
第五节　实施重大工程 ………………………………………… 309
一、实施减污降碳协同工程 ………………………………… 309
二、实施环境品质提升工程 ………………………………… 311
三、实施生态保护修复工程 ………………………………… 313
四、实施现代化生态环境基础设施建设工程 ……………… 315
第六节　共谋全球生态文明建设 ……………………………… 317
一、坚持人类命运共同体理念 ……………………………… 317
二、构建全球环境气候治理体系 …………………………… 318
三、推动共建“一带一路”绿色发展 ……………………… 320

主要参考文献 ……………………………………………………… 323
后　记 ……………………………………………………………… 327

第一章 生态系统对绿色转型的作用

生态系统对人类的生存和发展起基础性的作用。当前，经济和社会的全面绿色转型，一方面要建设绿色低碳经济体系保护生态系统，另一方面要用良好的生态系统支撑经济社会的长期可持续发展。在“绿水青山就是金山银山”理念的指引下，只有进行生态文明建设的实践，才能实现经济增长与环境保护的双赢效果，进而发挥良好生态系统在美丽中国建设中的作用。

第一节 生态系统及作用

一、生态系统的含义

（一）生态系统的概念

生态系统是由生物群落（包括动植物、微生物等）与其所处的非生物环境（如阳光、水、大气、土壤等）相互作用、相互依存而形成的自然系统。它是一个具有能量流动、物质循环和信息交换的动态平衡体系。

生态系统主要包括生物成分、非生物成分、生态过程。

生物成分　生产者（如绿色植物）、消费者（如动物）、分解者（如细菌、真菌）。

非生物成分　阳光、水、空气、土壤、温度、矿物质等环境因素。

生态过程　包括能量流动（主要来自太阳能，植物通过光合作用转化为化学能）、物质循环（如碳循环、氮循环）和食物链或食物网的相互作用。

（二）生态系统和生态环境系统、生态环境经济系统的区别

生态系统是一个自然系统，其核心在于生物群落与环境的动态交互，如森林、草原、湿地、湖泊等生态系统。

生态系统主要是一个自然科学概念，强调自然界中的生态关系，而生态环境系统是一个更广义的环境科学概念，涉及生态、环境、人类社会的综合协调。生态系统关注生物与环境的相互作用，生态环境系统关注生态、环境、人类活动的综合管理；研究生态系统主要研究自然界，研究生态环境系统重点关注人类影响；生态系统研究主要是能量流动、物质循环、生物多样性等，生态环境系统则侧重于污染治理、环境保护、资源管理等。

生态环境系统的关注点在于：环境管理（如资源合理利用、污染治理、污染预防、农村环境整治、打击环境犯罪）、生态保护（如生态系统保护、生物多样性保护、生态红线划定、自然保护地体系建设、生态保护补偿机制建立）、可持续发展（如人与自然的协调发展）。

生态环境经济系统是在生态环境系统的基础上，进一步引入经济因素，强调生态、环境、经济之间的协调发展。它关注如何在经济增长的同时保护生态环境，实现可持续发展。生态环境经济系统的关注重点是生态环境与经济发展的互动关系，即如何在经济活动中减少环境破坏，实现绿色增长，其核心内容包括绿色经济（如低碳经济、循环经济、共享经济）、生态产品价值实现（如生态补偿机制、碳交易市场）、环境政策与经济发展（如环保税收、绿色金融、产业结构优化）等。

生态环境系统的核心要素是生态、环境和人类活动，生态环境经济系统的核心要素是生态、环境和经济发展；生态环境系统的研究重点是生态环境的保护与修复，生态环境经济系统的研究重点是经济活动与生态环境的协调；生态环境系统涉及自然生态系统、污染治理、污染预防等，生态环境经济系统涉及绿色经济、生态补偿、碳交易等。

二、生态系统对人类生存的作用

生态系统提供人类基本的生存条件，还维持地球生态平衡，支持经济社会的可持续发展，对人类的生存和发展起到基础性的作用。

生命支持功能　生态系统维持地球上的基本生命条件，为人类提供生存所必需的资源和环境，包括空气净化（森林、湿地等生态系统吸收二氧化碳，释放氧气，维持大气成分平衡）、水循环调节（森林、湖泊和湿地等可储存和净化水资源，减少水污染，保障人类用水安全）、土壤形成与保护（植被可防止水土流失，维持土壤肥力，支持农业生产）等。

资源供给功能　生态系统为人类提供了各种直接可利用的自然资源，包括食物来源（农田、渔业、森林等生态系统提供粮食、肉类、水产品和水果等）、木材与能源（森林提供木材，生物质能可作为可再生能源）、药用资源（许多药物来源于植物、微生物和动物）等。

生态调节功能　生态系统能够调节自然环境，减少灾害影响，维持生态平衡，包括气候调节（森林和海洋吸收二氧化碳，缓解全球变暖，维持气候稳定）、洪水调节（湿地、湖泊、森林等可以蓄水，减少洪水灾害）、虫害和疾病控制（生物多样性有助于控制病害和虫害，减少农作物损失和人类健康风险）等。

文化与精神价值　生态系统不仅提供物质资源，还对人类社会文化、心理健康和娱乐有重要影响，包括文化与信仰（许多宗教、传统文化与自然景观紧密相关）、旅游与休闲（自然风光优美的生态系统，如森林、公园、湿地等是旅游、度假、探险的场所，带动生态旅游产业发展）、心理健康（接触自然可以减少压力，提高幸福感，促进身心健康）等。

经济发展支撑　健康的生态系统是生态环境经济系统的基础，为农业、渔业、林业、生态旅游等产业提供支持，包括绿色产业发展（生态农业、生态工业、新能源产业等依赖健康的生态系统）、碳汇交易（森林和湿地等生态系统能够吸收二氧化碳，成为碳市场交易的重要组成部分，促进低碳经济发展）等。

三、良好的生态系统是绿色生产力

良好的生态系统不仅是人类生存的基础，更是推动经济社会全面绿色转型的基础。保护生态环境就是保护生产力，改善生态环境就是发展生产力。随着“绿水青山就是金山银山”理念深入实践，生态系统不断转化为直接或间接的经济收益，成为绿色生产力。

（一）生态系统提供可持续的生产资源

健康的生态系统能够持续稳定地提供生产所需的自然资源，如清洁的水源、肥沃的土壤和适宜的气候等。农业中健康的土壤和水源可支持农业可持续发展，减少化肥和农药的使用，提高农产品质量；渔业中良好的水生态系统保障渔业资源的稳定供给，避免过度捕捞导致的资源枯竭；林业中的森林生态系统为木材、药材等产业提供了可持续资源，并支持碳汇交易。良好的生态系统能够降低生产成本，增强经济发展的稳定性。

（二）生态环境促进产业转型升级

绿色产业的发展以良好的生态系统为基础，生态环境的改善催生了一系列新兴产业。绿色农业中的有机农业、生态农业依赖健康的生态环境，能够生产高附加值的绿色食品；生态旅游中优质的生态环境带动旅游业发展，如开展森林公园、湿地公园、乡村旅游等，可创造大量就业机会和经济收益；新能源产业中的风能、太阳能、水能等清洁能源依赖健康的自然生态系统，在减少环境污染的同时创造绿色经济效益。因此，生态系统优化能够提升经济发展的质量，推动传统产业向绿色产业转型，为经济发展提供新动能。

（三）生态系统增强经济韧性，降低环境治理成本

良好的生态系统具有调节气候、减少自然灾害、净化空气与水体的功能，能够降低因环境污染和气候变化带来的经济损失。防灾减灾中的森林、湿地等生态系统能够减少洪水、沙尘暴等自然灾害带来的损失，降低基础设施建设和灾害修复成本；大健康产业中的良好生态环境可减少空气污染，降低因环境污染导致的疾病发病率，从而减少社会医疗支出，提高劳动生产率；环境治理中良好的生态系统能够自我修复和净化，减少对人工治理的依赖，减少污染治理的成本。生态环境的改善不仅能够降低政府和企业的治理成本，还能提高社会整体效益。

（四）生态系统为碳汇经济提供基础，促进碳中和目标实现

良好的生态系统在全球气候治理、实现碳中和目标过程中发挥重要作用，

森林、湿地、海洋等生态系统是天然的“碳汇”，能够吸收和储存二氧化碳，为绿色经济发展提供了新机遇。碳汇交易中，良好的生态系统使企业可以通过碳交易市场购买或出售碳排放额度，形成绿色经济的新增长点；可再生能源发展中，健康的生态系统能支持可再生能源的发展，如水力、风力和生物质能源，可减少对化石能源的依赖；运用生态补偿机制，可通过生态保护和修复措施获得经济收益，推动区域协调发展。生态系统的碳汇功能使其成为重要的绿色生产力，可助力经济向低碳化、高效化方向发展。

（五）绿色科技与生态创新提升生态系统价值

科技创新赋能生态系统，可使其成为更高效的生产力源泉。大数据、人工智能等技术可优化生态系统管理，提高资源利用效率，如开展智慧农业、智能水资源管理等；生物修复能够提升生态系统的自我修复能力，使生态系统长期保持高效的自然生产力；环保材料、新能源汽车、节能设备等产业依赖绿色技术的发展，可实现产业生态化。科技创新让生态系统的价值不断提升，使生态系统在现代经济体系中发挥更大的生产力作用。

第二节　中国的生态系统

一、陆地生态系统

（一）森林生态系统

森林生态系统是指以乔木为主体的森林生物群落（包括动物、植物和微生物）与非生物环境（光、热、水、气、土壤等）相互作用，并进行能量转换和物质循环流动的综合生态体系[①]。

森林生态系统是地球上最重要的生态系统之一，是万物生长的基础和生

① 中国生物多样性国情报告编写组．中国生物多样性国情研究报告（中文版）［M］．北京：中国环境出版集团，2018.

物栖息地，可以涵养水源、阻挡风沙，为人类生存提供直接的物质资源。这个系统中，动物种类繁多，群落的结构复杂，种群的密度和群落的结构能够长期处于稳定的状态。保护森林生态系统，维护其健康和多样性，对确保地球生态平衡和人类福祉至关重要。森林生态系统的分布是森林植物区系对特定地区环境条件的综合反映。

寒温带北方针叶林　又称泰加林，是寒温带的地带性植被，广泛分布于北半球各地，是世界面积最大的原始针叶林，也是最主要的木材生产基地。中国的寒温带北方针叶林主要分布于大兴安岭北部，其他地区的寒温带北方针叶林则分布在高海拔山地，构成垂直分布的山地寒温带北方针叶林。寒温带北方针叶林群落结构简单，树冠整齐，层次分明，乔木以松属、云杉属、冷杉属和落叶松属等树种占优势，多为单优势种森林。

中温带针阔叶混交林　是寒温带针叶林和夏绿阔叶林间的过渡类型，在中国主要分布在东北和西南，通常由栎属、槭属、椴属等阔叶树种与云杉属、冷杉属、松属的一些种类混合组成。我国东北形成了以红松为主的针阔叶混交林，西南是以铁杉为主的针阔叶混交林。该森林生态系统的种类组成丰富，群落的结构也较复杂。

暖温带落叶阔叶林　是暖温带地区地带性的森林类型，种类组成比较丰富。水青冈林和栎林是落叶阔叶林中最主要的树种类型，分布于整个北半球的温带和暖温带森林区域。该种群落可明显分为乔木层、灌木层和草本层。乔木层主要由栎属、桦木属、鹅耳枥属、桤木属和杨属等种类组成，是中国北方温带地区的主要森林类型，也是华北暖温带的地带性植被。

北亚热带常绿落叶阔叶混交林　是在亚热带与暖温带过渡地区湿润季风气候条件下的地带性植被，也是落叶阔叶林和常绿阔叶林的过渡森林类型，广泛分布于中国亚热带地区。该森林群落内物种丰富，结构复杂，常见的常绿树种有青冈、交让木、豹皮樟等，而栓皮栎、麻栎、枹栎、枫香等是常见的落叶树种。常绿的青冈属植物与落叶的水青冈属植物组成的山地常绿落叶阔叶混交林，是中国亚热带山地垂直带的重要森林类型之一。

亚热带常绿阔叶林　是亚热带湿润地区由常绿阔叶树种组成的地带性森林类型，其分布区域的气候温暖，四季分明，夏季高温潮湿，冬季降水较少。该森林植被类型在中国亚热带地区具有较强的代表性，内部结构复杂，仅次于热带雨林。以壳斗科、樟科、山茶科和木兰科中的常绿乔木为典型代表，种类丰富，常有明显的建群种或共建种。在森林群落的组成上，偏湿润的生境条件下，厚壳桂属的种类更为丰富，南部水热条件好的地区，树种组成以栲属和石栎属为主。

亚热带西部山地硬叶常绿阔叶林　是在亚热带夏季干燥炎热、冬季温和多雨的气候区域内，由硬叶栎类为主组成的森林植被类型。该森林植被类型在中国主要分布于川西、滇北、藏东南和喜马拉雅地区，主要由壳斗科、栎属中常绿的高山栎等硬叶常绿栎类树种组成。硬叶常绿阔叶林对夏季多雨、冬季干冷的气候有较强的适应能力。

亚热带山地针叶林及山地针阔叶混交林　分布于亚热带地区山地垂直带谱的中、上部，由耐寒的针叶树种为优势树种组成，是亚热带山地寒温带气候条件下的森林群落。建群种为云冷杉树种，亚高山针叶林一般分布于海拔2500～4500米的地区。中国川西亚高山森林不仅是西南林区重要的组成部分，也是中国生物多样性保护的重要区域。

热带雨林和热带季雨林　中国的热带森林主要分布在台湾南部、海南、广西西南部、云南南部及西南部和西藏东南部。

（二）草地生态系统

草地生态系统是指在中纬度地带大陆性半湿润和半干旱气候条件下，由多年生耐旱、耐低温、以禾草占优势的植物群落的总称，是以多年生草本植物为主要生产者的陆地生态系统。草地生态系统具有防风、固沙、保土、调节气候、净化空气、涵养水源等生态功能。草地生态系统是自然生态系统的重要组成部分，对维系生态平衡、地区经济、人文历史具有重要的地理价值①。

草地生态系统是一种以草本植物为主的生态系统，在不同的地理和气候条件下展现出多样化的结构特征。

垂直结构　主要指群落的分层现象，也称为群落的成层性。群落的垂直结构不仅表现在地上部分，地下的根系也有明显的分层性。不同种类的根系

---

① 黄炎和．土地生态学［M］．北京：中国农业出版社，2013.

可分布在不同的土层深度。在干旱的荒漠草原或沙地草地群落中，某些植物的根系可达数米深。但是，最大根量仍主要分布在土壤的表层，这与土壤养分主要分布在土壤表层有关。

水平结构 是指群落的水平空间格局。环境资源分布的不均匀性、植物传播种子方式的差异、动物行为的影响等原因使种群个体在其生活空间中的位置状态或布局有所不同，种群的水平空间格局大致有均匀型、随机型和成群型三种类型。草地生态系统中的环境条件的不均匀性，使草地植物群落往往在水平空间上表现出斑块相间的镶嵌性分布现象，即群落的镶嵌性。每一个斑块都是一个小群落，它们彼此组合形成群落的镶嵌性水平结构，是成群型分布的一个典型体现。

时间结构 在不同的时期或不同的季节，同一个生态系统存在有规律的形态变化。在温带草原群落中，由于温带气候四季分明，温带草原群落的外貌形态变化也十分明显。早春气温回升，植物开始发芽、生长，草原出现春季返青景象；盛夏季节水热充沛，植物开始繁茂生长；秋末冬初植物地上部分开始干枯休眠；冬季的草原则是一片枯黄或是被白雪覆盖。草原上的动物随季节变化也十分明显，典型草原上的大多数鸟类在冬季来临时都向南方迁徙，热带草原上的角马在干旱季节时也要跋涉上千里往水草丰美的地方迁移，一些草原啮齿类动物在冬季要进行冬眠。

（三）荒漠生态系统

荒漠生态系统是指分布于干旱地区，极端耐旱植物占优势的生态系统。由于缺乏水分，荒漠的植被极其稀疏，甚至出现大片的裸露土地，植物种类单调，生物生产量很低，能量流动和物质循环较为缓慢。

荒漠生态系统按气候条件可分为亚热带荒漠、温带典型荒漠和高寒荒漠（在高山和高原上分布）。每个地带内都可按不同土壤基质分为砾质荒漠（戈）、沙质荒漠（沙漠）、干泥漠和龟裂地、盐碱荒漠等。各类型荒漠在环境的严酷性、生物适应方式、生物群落的稀疏性等方面基本一致，差别主要表现在动植物的组成上。

温带典型荒漠生态系统 温带典型荒漠主要分布于欧亚大陆中部的暖温带，具典型的大陆性气候，四季分明，冬季严寒，夏季酷热。温带典型荒漠极度干旱的原因，是距海洋遥远和湿润气流被高山阻挡极难到达。温带典型荒漠区被一些高大山系分隔成大小不一的片状区域，这些区域就是盆地，盆地中部往往是成片沙漠，沙漠外围直到山体中部是其他土壤基质的荒漠类型。中国的荒漠区占国土面积 1/5 以上，大部分属于温带典型荒漠。中国的温带典型荒漠植物以超旱生半灌木、灌木最普遍，如霸王、泡泡刺、裸果木、沙冬青、麻黄、沙拐枣、各种蒿类等，还有盐柴类灌木如藜科的猪毛菜、假木贼、碱蓬、合头草、小蓬、盐穗木及柽柳科的红砂等，加上旱生小乔木梭梭、白梭梭，在典型荒漠生境形成稀疏或极稀疏的单一优势种的群落，各盆地极端干旱的核心地带往往无植被。温带典型荒漠的典型动物是双峰驼、鹅喉羚、沙蜥、西域沙虎等。

亚热带荒漠生态系统　亚热带荒漠分布于中低纬度地区，除欧洲和南极洲外，几乎各大洲都有分布。亚热带荒漠的年平均温度都在 10℃ 以上，在能得到水的地方，植物可全年生长，各区域的动植物分布有所不同。大陆型亚热带荒漠的植物主要以藜科肉质灌木滨藜、地肤、盐角草、假木贼等和麻黄、蒿、短叶丝兰为主，代表性动物如单峰驼等。在荒漠区中有水的地段会形成绿洲，植物以海枣、金合欢、桉树、木麻黄等乔木为主。西海岸型亚热带荒漠的优势植物以贮水型的肉质植物为主，有仙人掌、仙人柱、芦荟、龙舌兰、松叶菊等。

绿洲生态系统　荒漠区并不都是一片荒凉，有利地形和特殊地质作用对大气降水重新分配的局部区域，使水分集中于地表，形成泉、湖、河流，周围植被茂盛，人类活动频繁，绿洲就是荒漠区中的特殊生态系统。绿洲的水源来自荒漠周围海拔数千米以上的高山，在山体的中上部，水汽会不断聚集，形成较多降雨，滋养了山地森林、山地草原和草甸等植被，其土壤成为调蓄河流水量的巨大“水库”，山顶部降雪形成冰川，山体成为荒漠河流的水源涵养地。天然绿洲是冰川融水和降水汇成河流入荒漠平原后，荒漠平原受河水滋润的干旱土地上生长出茂密的荒漠河岸林和草甸；人工绿洲是人类引用河水在荒漠上灌溉农田，种植农作物、果树、防护林及城镇绿化地等形成的。绿洲的生物生产量和经济生产量比典型荒漠高数百至数千倍，且种类繁多、质量佳。植被改善了绿洲内部的小环境，成为荒漠区人类的主要居住地和社会经济活动场所。中国的河西走廊和新疆全区，90% 以上的人口和主要城镇都分布在仅占土地总面积约5%的绿洲内。绿洲的环境基础较为脆弱，受干旱气候控制，被荒漠包围，作为生存命脉的水，绝大部分来源于山地。以水为纽带，山地、绿洲、荒漠三个差异很大的子系统就构成了相互依存又相互制约的复合生态系统。

二、水域生态系统

（一）海洋生态系统

海洋生态系统是一定海域内生物群落与周围环境相互作用构成的自然系统，具有相对稳定功能并能自我调控的生态单元。海洋生物群落和海洋环境组成了海洋生态系统，海洋生物群落和海洋环境各自又包涵有众多的要素。

海洋生态系统大致可以分为以下类型：**红树林生态系统**（热带、亚热带海陆交错区生产能力最高的海洋生态系统之一，在净化海水、防风消浪、维持生物多样性、固碳储碳等方面发挥重要作用）；**盐沼生态系统**（受周期性潮汐运动影响的覆盖草本植物的滨海或岛屿边缘区域的滩涂）；**海草床生态系统**（中、低纬度海域潮间带的中、下区和低潮线以下数米乃至数十米浅水区海生显花植物/海草和草栖动物繁茂的平坦软相地带）；**海藻场生态系统**（沿岸潮间带下区和潮下带水深30米以内浅硬质底区的大型底栖藻类与其他海洋生物群落共同构成的一种典型近岸海洋生态系统）；**珊瑚礁生态系统**（活珊瑚、死亡珊瑚的骨骼及其他礁区生物共同堆积组成的聚集体）；**牡蛎礁生态系统**（由活体牡蛎、死亡牡蛎的壳及其他礁区生物共同堆积组成的聚集体）；**海湾与河口生态系统**（海湾是被陆地环绕且面积不小于以口门宽度为直径的半圆面积的海域，河口是半封闭的海岸水域、向陆地延伸至潮汐水位变化影响的上界，河口有一条或多条通道与外海或其他咸水的近岸水域相通）；**深海热液区生态系统**（不依赖于太阳光能，由化能自养微生物支撑的典型黑暗生态系统）；**冷泉生态系统**（深海中的绿洲，冷泉是由海底之下的甲烷、硫化氢和二氧化碳等气体在地质结构或压力变化驱动下渗漏溢出海底进入海水形成的，冷泉与其周围的双壳类、多毛类、虾蟹类、冷水珊瑚等高等生物和海底菌席等微生物组成一个完整生态系统）；**冷水珊瑚林生态系统**（冷水珊瑚可形成树木、羽毛、柱状或扇形的小树丛，海绵、海葵、海参、虾蟹等生物依附其生活）；**海山生态系统**（海山指在深度超过200米的深海、高度差大于100米的海底隆起，常见的海山栖息生物有海绵、珊瑚、海鳃、水螅、海百合等）；**深渊带生态系统**（深渊是深海中深度大于6000米的区域，由33个海沟和13个海槽构成深渊带，平均深度达8216米）；**极地生态系统**（由南极海洋生态系统和北极海洋生态系统构成）①。

我国典型的海洋生态系统主要包括河口、海湾、滩涂湿地、珊瑚礁、红树林、海草床生态系统。2023年，我国检测的24个海洋生态系统中，7个呈健康状态，分别为雷州半岛西南海岸、广西北海、海南东海岸和西沙4个珊瑚礁生态系统，广西北海和北仑河口红树林生态系统，广西北海海草床生态系统；17个呈亚健康状态，分别为鸭绿江口、双台子河口、滦河口—北戴河、黄河口、长江口、闽江口和珠江口7个河口生态系统，渤海湾、莱州湾、胶州湾、杭州湾、乐清湾、闽东沿岸、大亚湾和北部湾8个海湾生态系统，苏北浅滩滩涂湿地生态系统，海南东海岸海草床生态系统。目前，我国没有不健康状态的生态系统。

（二）淡水生态系统

淡水湿地生态系统是介于陆地生态系统和水生生态系统之间的生态系统。常见的有淡水湖泊生态系统、淡水沼泽生态系统。

淡水湖泊生态系统　是地球上重要的淡水资源之一，为人类和各种生物提供水、食物和其他资源。淡水湖泊由河流、降水和地下水补给，其水质通常含有较低的盐分。淡水湖泊生态系统拥有丰富的生物多样性，包括各种鱼类、两栖动物、水生植物、昆虫、鸟类和微生物。湖泊生态系统中存在复杂的食物链和食物网，从浮游生物到大型捕食者，湖泊底部的沉积物是有机物分解和营养循环的重要场所。淡水湖泊提供多种生态服务，如水源供应、休闲娱乐、渔业资源、生物多样性保护和洪水调节。淡水湖泊生态系统的保护对维持区域生态平衡、保障人类福祉和生物多样性至关重要。

---

① 什么是海洋生态系统［EB/OL］.（2022－06－08）［2024－05－18］. https：//m. thepaper. cn/baijiahao_18487819.

淡水沼泽生态系统 是一种特殊的湿地环境，它们通常由缓慢流动或静止的水体组成，具有独特的水文、土壤和生物特征。淡水沼泽生态系统的植被主要由湿生植物组成，如芦苇、香蒲、苔草等。沼泽是许多特殊动植物的栖息地，沼泽生态系统具有强大的水质净化能力，能够过滤和吸收水中的污染物，同时也是地球上重要的碳储存库之一。

三、人工生态系统

（一）农田生态系统

农田生态系统是农业生物群落与农业无机环境构成的生态整体，是人类赖以生存的基础，作为农业生物多样性的重要组成部分，不仅为人类提供食物和原材料，还有助于维持生态平衡和环境健康。

我国的农田生态系统主要分布在东北平原、华北平原、长江中下游平原、珠江三角洲、四川盆地等区域，含耕地、田埂、园地、农田林网、灌渠等，面积合计 179.29 万平方千米，占中国陆地面积的 18.68%。从空间看，水田旱地大致以淮河为界，淮河以北多为旱地，北方农田集中分布于几大平原区，少量水田主要分布在东北三江平原、松花江河道两旁及辽东湾；淮河以南以水田为主，西南地区旱地分布集中。灌木和乔木园地主要分布于南方，较有代表性的类型有西双版纳橡胶园、云南茶园、海南岛热作园、宿州砀山梨园等。

根据不同的农业实践和环境条件划分，农田生态系统主要分为稻田生态系统、旱作农田生态系统和灌溉农田生态系统。

稻田生态系统 中国水稻田面积达 3.166×10^7 公顷以上，占全国耕地面积的 23.8%。稻田生态系统分布遍及全国，南起海南省三亚市，北至黑龙江省漠河市；东自台湾，西达新疆；低自东南沿海的潮田，高至海拔 2700 米以上的西南高原。在暖温带及其以北的水稻田占全国水稻田的 10%，属于北方稻区，主要分布于河谷平原地区；北亚热带水稻占全国的 54%，主要分布在长江各大小支流的河谷平原，集中在太湖、洞庭湖、鄱阳湖及川西平原；中亚热带及其以南的水稻占全国的 36%，包括华中、华南和西南，分布形式多样，稻田在珠江三角洲、汉江三角洲和台湾西部平原分布比较集中，在丘陵、山区和山间盆地比较分散。从全国范围来看，中国水稻田90%集中分布于秦岭淮河以南，且以东南部最为密集。

旱作农田生态系统 旱作农田生态系统的生产潜力很大程度上是由自然降水的丰缺及其时空分布状况决定的。风调雨顺的年份，旱作农田生产水平较高；干旱年份或降水季节分配失衡而导致作物水分供求错位的年份，旱作农田生产将会受损减产甚至绝收。旱作农田生态系统是一种典型的粗放经营、功能脆弱、可持续发展基础薄弱的农田生态系统。

灌溉农田生态系统 一般指具有灌溉条件的旱地农田，介于水（稻）田生态系统和旱作农田生态系统之间，是开放度极高的人工生态系统。灌溉农田与水田、旱作农田、荒漠或其他灌溉农田毗连，其边界主要取决于灌溉水源条件，如果光热资源丰富，光、温、水匹配较好，则作物产量较高。越干旱的地区，灌溉增产的幅度越大。

通过合理的农业管理，可以提高农田生态系统的生产力和可持续性。保护农田生态系统中的生物多样性非常重要，可以有效增强生态系统的稳定性和抵抗力。

（二）聚落生态系统

聚落生态系统是指人类居住区及其周边环境形成的生态系统，它包括人类活动对自然环境的影响和自然环境对人类社会的反馈。

聚落是人口集中的地区，人类活动是聚落生态系统的主要驱动力。聚落由住宅、商业建筑、工业设施、公共设施等构成，这些建筑物对生态系统的结构和功能有显著影响。聚落生态系统中的土地利用类型多样，包括住宅用地、商业用地、工业用地、绿地和农业用地等。

尽管人类活动可能会减少自然生物多样性，但聚落生态系统中仍然存在多样的生物，包括植物、动物和微生物。聚落生态系统高度依赖外部资源输入，如水、食物、能源等，同时会产生废物和污染物。聚落中的社会组织、文化和经济活动会对生态系统产生深远影响。

人类活动可能会产生大气、水、土壤、噪音和辐射污染等问题。尽管受到人类活动的影响，聚落生态系统仍然会提供一些生态服务，如休闲空间、文化价值、生物多样性保护等。城市规划和管理对维护聚落生态系统的健康和可持续性至关重要。

公园、花园和其他绿色空间是聚落生态系统的重要组成部分，它们会给人类提供休闲、生态和美学价值。聚落生态系统需要具备适应环境变化和抵御自然灾害的能力。应用创新的思维、技术和路径，如建设绿色建筑、智能交通系统，倡导废物循环利用等，人类可提高聚落生态系统的可持续性。聚落生态系统的健康发展，可以提高聚落生态系统的生态服务功能和人类的生活质量。

第三节　绿水青山与金山银山

一、绿水青山与金山银山的时代释意

绿水青山原意指的是人类赖以生存的美丽大自然拥有的清新的空气、洁净的水体、肥沃的土地，以及丰富的生物多样性和其他充沛的生态资源；金山银山原意指的是丰厚的经济收入和拥有的物质财富。

工业革命开创了文明发展的新纪元，但传统工业化消耗了大量自然资源，人类的生产和生活向大自然排放了巨量的废弃物，使当今世界人类可用的资源濒临枯竭、生态严重破坏、环境受到污染，人类生存和发展面临危机。在这个语境下，“绿水青山”是指人类生存和发展的生态环境。全球工业化和科技革命的成果，使人类在近 100 多年中所创造的物质财富，超过了以往所有时代，中国工业化发展创造的财富更为人类文明的进步贡献了东方智慧，仅用短短几十年的时间就走过了发达国家几百年的历程，成为世界制造业第一大国和全球第二大经济体。在这个语境下，“金山银山”是指人类的物质财富。

从人类生存和发展视角看，“绿水青山”是人类的生存之本，“金山银山”是人类的发展之源。如果不保护好生态环境，人类就无法生存下去，更谈不上发展；如果忽视物质财富的增长，文明发展的进程就会停滞不前甚至倒退，这又与文明演进的规律背道而驰。

二、“绿水青山就是金山银山”的哲学内涵

“既要绿水青山，也要金山银山。宁要绿水青山，不要金山银山，而且绿水青山就是金山银山”，这个理念完整地表述了在生态文明建设中，我们要正确处理好环境与发展、生存与发展、生态与财富的关系。

（一）正确处理环境与发展的关系

“既要绿水青山，又要金山银山”，就是正确处理环境与发展的关系，这是“绿水青山就是金山银山”理念对环境和发展问题在新时代的科学定义。

在生态文明的语境下，经济发展和生态环境保护是生态文明建设不可分割的内容，两者是统一而不是对立排斥的。只有坚持人与自然共生和谐的理念，尊重自然、顺应自然、保护自然，在此基础之上，生存和发展就能使“绿水青山”和“金山银山”成为推动生态文明建设的两个巨大动力源。在实现“绿水青山”常在的同时，要打造绿色国土空间开发格局、融通城乡、保护和开发海洋，发展低碳经济改变能源结构，推进清洁生产和节能减排，降低投入减少排放，发展循环经济充分利用资源，倡导共享经济节约资源，大力发展绿色产业，建立绿色生活方式。

（二）正确处理生存与发展的关系

“宁要绿水青山，不要金山银山”，就是正确处理生存与发展的关系，这是“绿水青山就是金山银山”理念对生存和发展问题的科学判断。

良好的生态环境和充沛的自然资源是人类生存的首要条件，人类离开了清新的空气、洁净的饮水、生态的土壤以及大自然提供的资源，一刻也不能生存，发展更是无从谈起。生存是基础，发展对生存具有重大意义，人类要生存就必须用正确的方式发展，在生存的基础上发展，在发展中求生存。“宁要绿水青山，不要金山银山”，就是彻底否定破坏生态环境的 GDP，正确处理好生存和发展关系。绿色发展模式的确立，将引导人类真正走向持续生存和持续发展的光明大道。

（三）正确处理生态与财富的关系

“绿水青山就是金山银山”，就是正确处理生态与财富的关系，这是“绿水青山就是金山银山”理念对生态与财富、增长问题的重新定义。

人类社会的发展，离不开财富的稳步积累和经济的持续增长。在生态文明的视野下，绿水青山的首要使用价值就是维持修复生态系统和从整体上支持人类的生存，所以减少对自然资源的消耗和对生态环境的污染就是保护绿水青山。从这个意义上说，绿水青山是另一层含义上的“金山银山”，保护绿水青山就是使金山银山增值。同时，自然资源、生态环境、生态产品作为一种经济资源，可以被开发利用，转化为金山银山，此时，绿水青山就具有一般商品的使用价值。要维护“自然—社会—经济”生态系统的动态平衡，必须使生态经济化和经济生态化有机统一起来，这是“绿水青山就是金山银山”的深层含义。

三、“绿水青山就是金山银山”是发展理念和方式的转变

我国社会主要矛盾已经转化为人民日益增长的美好生活需要和不平衡不充分的发展之间的矛盾。人民美好生活需要日益增长，就是要在民主、法治、公平、正义、安全、环境等方面不断满足人民的需要。要摆脱资源约束趋紧、环境承受力脆弱、生态系统退化的困境，必须走“绿水青山就是金山银山”理念为核心的生态文明建设之路，通过绿色发展解决发展的不平衡、不充分问题，稳步推进生态文明建设进程。

“绿水青山就是金山银山”理念提出并在区域发展中成功实践后，为处于发展困惑中的区域经济走出工业文明“发展还是保护”模式、走向生态文明的全面发展、重构人与自然的关系，开拓了一个全新的视野。20 年来，以“绿水青山就是金山银山”理念为指导的中国区域经济和社会的发展，向世界展现了巨大的活力，充分显示了绿色发展对于打造绿色国土开发空间格局、促进区域经济社会发展的重大意义。

浙江省作为“绿水青山就是金山银山”理念的发源地和率先实践地，2005 年以来坚持一张蓝图绘到底，谱写了美丽中国建设时代篇章。2018 年，浙江的“千村示范、万村整治”工程获得联合国“地球卫士奖”，2019 年，

支付宝推出的“蚂蚁森林”项目第二次荣获联合国“地球卫士奖”。2023 年，浙江省的海洋塑料废弃物治理模式再度荣获联合国“地球卫士奖”。

海洋塑料污染已经对生态环境和人类健康构成严峻挑战，是当前全球环境治理的一大难点，亟需全球共同行动。面对“收集、回收海洋垃圾”这个全世界的治理难题，浙江蓝景科技有限公司首创“蓝色循环”海洋塑料垃圾治理模式，创造性地推出政府引领、企业主导、产业协同、公众联动的海洋塑料污染治理新模式，构建“收集、处理、追踪、认证、共富”于一体的治污样板，创新陆海统筹治理模式，成为中国最大的海洋塑料废弃物处理项目，也为解决全球海洋污染治理难题提供了中国方案。2024 年召开的第六届联合国环境大会向全球推荐了“蓝色循环”海洋塑料垃圾治理模式，该模式还入选 2024 年生态环境部“美丽中国，我是行动者”十佳公众参与先进典型案例。此外，浙江省在建设美丽中国先行区上为全国树立了诸多的新样板，台州市推进土壤污染综合防治先行区建设项目入选生态环境部美丽中国先锋榜。

2021 年 4 月，为加快推动建立健全生态产品价值实现机制，走出一条生态优先、绿色发展的新路子，中共中央办公厅、国务院办公厅印发了《关于建立健全生态产品价值实现机制的意见》，提出以培育经济高质量发展新动力、塑造城乡区域协调发展新格局、引领保护修复生态环境新风尚、打造人与自然和谐共生新方案为战略取向，到 2025 年，生态产品价值实现的制度框架将初步形成，比较科学的生态产品价值核算体系也会初步建立，生态优势转化为经济优势的能力也将明显增强。到 2035 年，完善的生态产品价值实现机制将全面建立。

2024 年 4 月，中共中央、国务院发布了《生态保护补偿条例》，为生态产品价值实现提供制度保障。推进生态保护补偿市场化发展，拓展生态产品价值实现模式。采取多种方式发展生态产业，推动生态优势转化为产业优势，提高生态产品价值。

第二章　中国的生态文明建设

生态文明建设是中国长期的国家发展战略，这一战略不仅是处理人与自然关系的价值观转变，也是执政理念的转变。十多年来，中国生态文明建设全面展开，经济社会发展全面绿色转型，美丽中国建设全面推进，人与自然和谐共生的中国式现代化加快推进。

第一节　生态文明建设的国家战略

一、生态文明的理论升华

（一）生态文明是先进的社会文明形态

世界上最早用生态史观研究人类文明史的是日本民族学和文化人类学学者梅棹忠夫。1944 年以来，他多次在亚洲、非洲、欧洲各地从事民族学考察。1957 年，他利用考察获得的资料，以生态学方法探讨世界文明史的规律，发表了《文明的生态史观序说》一文。1967 年，《文明的生态史观：梅棹忠夫文集》出版，他提出的生态史观，强调了自然环境、生态条件对文明史进程的重要作用①。

最早使用生态文明（Ecological Civilization）一词的是法兰克福大学政治

---

① 《文明的生态史观》中译本见：梅棹忠夫．文明的生态史观［M］．王子今，译．上海：三联书店上海分店，1988.

系教授伊林·费切尔（Iring Fetscher），1978 年发表了《人类生存的条件——论进步的辩证法》[①]。伊林·费切尔认为："构成人类生存的最大威胁……是工业文明本身所固有的扩张能力的潜在威胁"，"面对环境破坏、资源枯竭和人口过剩提出的挑战，仅仅做些一般意义上的宣传和对传统技术进步主义的局部修正是不够的"，"不能再热衷于追求消费主义的繁荣扩张"，"在国际进行共同组织好人与自然界之间的共处关系的工作，包括创造最佳的永久性生存环境"，"人们向往生态文明是一种迫切的需要"。费切尔用生态文明表达对工业文明和技术进步主义的批判，提出了生态文明的愿景。[②]

1983 年，赵鑫珊在《读书》（1983 年第 4 期）上发表的《生态学与文学艺术》[③] 一文中，论及人与自然之间的关系时提出："只有当人与自然处在和平共生状态时，人类的持久幸福才有可能。没有生态文明，物质文明和精神文明就不会是完善的。"

1984 年，B. C. 利皮茨基（B. C. Липицкий）在《莫斯科大学学报·科学共产主义理论》（1984 年第 2 期）上发表了《在成熟社会主义条件下个体生态文化的形成途径》[④] 一文，张捷在《光明日报》（1985 年 2 月 18 日）的"国外研究动态"栏目中对该篇文章进行了简短介绍[⑤]。利皮茨基认为"生态文明是社会对个人进行一定影响的结果，是从现代生态要求的角度看社会与自然相互作用的特性。它不仅包括自然资源的利用方法及其物质基础、工艺以及社会同自然相互作用的思想，而且包括这些问题与一般生态学、社会生态学、社会与自然相互作用的马列主义理论的科学规范和要求的一致程度"。

1986 年，叶谦吉提出生态文明是"人类既获利于自然，又还利于自然，在改造自然的同时又保护自然，人与自然之间保持和谐统一的关系"，"生态

---

① Iring Fetscher. *Conditions for the Survival of Humanity: On the Dialectics of Progress* [J]. UNIVERSITAS, 1978, 20 (3): 161-172.

② ［西德］伊林·费切尔. 人类生存的条件——论进步的辩证法 [J]. 孟庆时，摘译. 哲学译丛，1982 (5): 54-57.

③ 赵鑫珊. 生态学与文学艺术 [J]. 读书，1983 (4): 110-111.

④ B. C. Липицкий. *Пути формирования экологической культуры личности в условиях зрелого социализма* [J]. Вестн. Моск. ун-та. Сер. 12, Теория научного коммунизма, 1984 (2): 40-47.

⑤ 张捷. 在成熟社会主义条件下培养个人生态文明的途径 [N]. 光明日报，1985-02-18 (3).

文明的提出，使建设物质文明的活动成为改造自然又保护自然的双向活动。建设精神文明既要建立人与人的同志式的关系，又要建立人与自然的伙伴式的关系”，“21 世纪应该是生态文明建设的世纪 ”①；刘思华提出了“社会主义物质文明建设、精神文明建设、生态文明建设的同步协调发展”的观点。

1988 年，刘宗超、刘粤生在《地球表层系统的信息增殖》一文中提出要确立“全球生态意识和全球生态文明观”；1989 年，刘宗超、刘粤生完成了《地球表层的信息增殖范型——全球生态文明观》一文；以后几年，他们连续发表了“生态文明观与可持续发展”等文章②。

1995 年出版的美国学者罗伊·莫里森（Roy Morrison）写的《生态民主》一书中明确提出生态文明是工业文明之后的文明形式③。

1996 年，全国哲学社会科学规划办公室将“生态文明与生态伦理的信息增殖基础”课题正式列入国家哲学社会科学“九五”规划重点项目④，课题的研究首开世界系统研究生态文明理论的先河。1997 年，“生态文明与生态伦理的信息增殖基础”课题组的研究成果、《生态文明丛书》第一册《生态文明观与中国可持续发展走向》⑤ 一书提出，“面对人类的困境，及早确立全球生态文明观具有伦理意义”，“21 世纪是生态文明时代，生态文明是继农业文明、工业文明之后的一种先进的社会文明形态”，奠定了当代生态文明理论的基础，基本完成了生态文明观作为哲学、世界观、方法论的建构。2003 年，全球首家生态文明的专门研究机构——北京生态文明工程研究院正式成立，踏上了生态文明理论的科研之路。2010 年，《生态文明观：理念与转折》⑥ 的

---

① 叶谦吉．生态需要与生态文明建设［M］//郭书田．中国生态农业．北京：中国展望出版社，1988.

② 刘宗超，刘粤生．地球表层系统的信息增殖［J］．自然杂志，1991（6）；刘宗超，刘粤生．全球生态文明观——地球表层的信息增殖范型［J］．自然杂志，1993（11－12）；黄顺基，刘宗超．生态文明观与中国的可持续发展［J］．中外科技政策与管理，1994（9）；刘宗超，刘粤生．地球表层系统研究的新视角——从物理观到生态文明观［J］．大自然探索，1995（3）；刘宗超．科技进步与生态文明观［M］//黄天授，黄顺基，刘大椿．现代科学技术导论．北京：中国人民大学出版社，1995：190－218.

③ 罗伊·莫里森．生态民主［M］．刘仁胜，张甲秀，李艳君，译．北京：中国环境出版社，2016.

④ 国家哲学社会科学“九五”规划重点项目“生态文明与生态伦理的信息增殖基础”，项目编号：96AZX022。

⑤ 刘宗超．生态文明观与中国可持续发展走向［M］．北京：中国科学技术出版社，1997.

⑥ 贾卫列，刘宗超．生态文明观：理念与转折［M］．厦门：厦门大学出版社，2010；Liu Zongchao，Jia Weilie. *An Outlook on Ecological Civilization*［M］．厦门：厦门大学出版社，2010.

出版标志着生态文明理论体系的初步确立；2020 年，《生态文明：愿景、理念与路径》[①] 一书构建了比较完整的生态文明理论体系，为生态文明理论研究奠定了坚定的基础。

（二）建设山川秀美的生态文明社会

2003 年 6 月，中共中央、国务院发表的《中共中央 国务院关于加快林业发展的决定》提出“建设山川秀美的生态文明社会”，“生态文明”一词首次出现在国家正式文件中。

（三）生态文明观念在全社会牢固树立

2007 年 10 月，党的十七大报告强调了建设生态文明的重要性，“坚持生产发展、生活富裕、生态良好的文明发展道路”，“建设生态文明，基本形成节约能源资源和保护生态环境的产业结构、增长方式、消费模式。循环经济形成较大规模，可再生能源比重显著上升。主要污染物排放得到有效控制，生态环境质量明显改善。生态文明观念在全社会牢固树立。”

二、走向生态文明新时代

（一）大力推进生态文明建设

2012 年 11 月，党的十八大报告提出要大力推进生态文明建设。“建设生态文明，是关系人民福祉、关乎民族未来的长远大计。面对资源约束趋紧、环境污染严重、生态系统退化的严峻形势，必须树立尊重自然、顺应自然、保护自然的生态文明理念，把生态文明建设放在突出地位，融入经济建设、政治建设、文化建设、社会建设各方面和全过程，努力建设美丽中国，实现中华民族永续发展”，“坚持节约资源和保护环境的基本国策，坚持节约优先、保护优先、自然恢复为主的方针，着力推进绿色发展、循环发展、低碳发展，形成节约资源和保护环境的空间格局、产业结构、生产方式、生活方式，从源头上扭转生态环境恶化趋势，为人民创造良好生产生活环境，为全球生态

① 贾卫列，刘宗超．生态文明：愿景、理念与路径［M］．厦门：厦门大学出版社，2020.

安全作出贡献”，“加强生态文明宣传教育，增强全民节约意识、环保意识、生态意识，形成合理消费的社会风尚，营造爱护生态环境的良好风气”，“要更加自觉地珍爱自然，更加积极地保护生态，努力走向社会主义生态文明新时代”。

（二）明确生态文明建设的战略地位

2012 年 11 月，党的十八大通过了《中国共产党章程（修正案）》。党章修正案总纲增写了党领导人民建设社会主义生态文明的自然段，表述为：“树立尊重自然、顺应自然、保护自然的生态文明理念，坚持节约资源和保护环境的基本国策，坚持节约优先、保护优先、自然恢复为主的方针，坚持生产发展、生活富裕、生态良好的文明发展道路。着力建设资源节约型、环境友好型社会，形成节约资源和保护环境的空间格局、产业结构、生产方式、生活方式，为人民创造良好生产生活环境，实现中华民族永续发展。”

（三）加快生态文明制度建设

2013 年 11 月，党的十八届三中全会审议通过了《中共中央关于全面深化改革若干重大问题的决定》，首次提出“用制度保护生态环境”，从责、权、利，从源头、过程、后果，确立了生态文明建设的体制机制，指明了生态文明制度建设的内容构成、改革重点和难点突破，对党的十八大提出的生态文明进行了卓有成效的实践化和具体化。

“紧紧围绕建设美丽中国深化生态文明体制改革，加快建立生态文明制度，健全国土空间开发、资源节约利用、生态环境保护的体制机制，推动形成人与自然和谐发展现代化建设新格局。”

“建设生态文明，必须建立系统完整的生态文明制度体系，实行最严格的源头保护制度、损害赔偿制度、责任追究制度，完善环境治理和生态修复制度，用制度保护生态环境。”

《中共中央关于全面深化改革若干重大问题的决定》提出，健全自然资源资产产权制度和用途管制制度，划定生态保护红线，实行资源有偿使用制度和生态补偿制度，改革生态环境保护管理体制。

（四）深入持久地推进生态文明建设

2015 年 4 月，中共中央、国务院发布了《关于加快推进生态文明建设的意见》，包括“生态文明建设的总体要求”“强化主体功能定位，优化国土空间开发格局”“推动技术创新和结构调整，提高发展质量和效益”“全面促进资源节约循环高效使用，推动利用方式根本转变”“健全生态文明制度体系”“加强生态文明建设统计监测和执法监督”“加快形成推进生态文明建设的良好社会风尚”，专门就生态文明建设作出全面部署。

（五）增强生态文明体制改革的系统性、整体性、协同性

2015 年 9 月，中共中央、国务院印发了《生态文明体制改革总体方案》，共十大部分 56 条，系统阐述了生态文明体制改革的指导思想、理念、原则、目标以及各项制度具体的改革内容，提出要建立和完善生态文明领域的六大制度体系，主要包括自然资源资产产权制度、国土空间开发保护制度、资源总量管理和节约制度、环境治理体系、生态保护和修复制度、生态文明绩效考核与责任追究制度。

《生态文明体制改革总体方案》是推进生态文明建设的重要纲领性文件，标志着中国生态文明建设进入系统化、制度化、法治化的新阶段，对优化资源管理、推动绿色发展、完善生态保护机制具有深远意义。

（六）将生态文明的理念具体化、规则化、操作化

2016 年 3 月，《中华人民共和国国民经济和社会发展第十三个五年规划纲要》正式发布，该纲要分为 20 篇 80 章，对未来 5 年经济社会的发展进行了全面的部署。“绿色发展”贯穿于该纲要的始终，将生态文明建设的理念具体化、规则化、操作化。

“坚持发展是第一要务，牢固树立和贯彻落实创新、协调、绿色、开放、共享的发展理念，以提高发展质量和效益为中心，以供给侧结构性改革为主线，扩大有效供给，满足有效需求，加快形成引领经济发展新常态的体制机制和发展方式。”

“生产方式和生活方式绿色、低碳水平上升。能源资源开发利用效率大幅

提高，能源和水资源消耗、建设用地、碳排放总量得到有效控制，主要污染物排放总量大幅减少。主体功能区布局和生态安全屏障基本形成。”

“必须牢固树立和贯彻落实创新、协调、绿色、开放、共享的新发展理念”，“绿色是永续发展的必要条件和人民对美好生活追求的重要体现。必须坚持节约资源和保护环境的基本国策，坚持可持续发展，坚定走生产发展、生活富裕、生态良好的文明发展道路，加快建设资源节约型、环境友好型社会，形成人与自然和谐发展现代化建设新格局，推进美丽中国建设，为全球生态安全作出新贡献”。

（七）建设生态文明是中华民族永续发展的千年大计

党的十九大报告提出，建设生态文明是中华民族永续发展的千年大计。

党的十九大报告强调坚持人与自然和谐共生，“必须树立和践行绿水青山就是金山银山的理念，坚持节约资源和保护环境的基本国策，像对待生命一样对待生态环境，统筹山水林田湖草系统治理，实行最严格的生态环境保护制度，形成绿色发展方式和生活方式，坚定走生产发展、生活富裕、生态良好的文明发展道路，建设美丽中国，为人民创造良好生产生活环境，为全球生态安全作出贡献”，“牢固树立社会主义生态文明观，推动形成人与自然和谐发展现代化建设新格局”。

（八）推动生态文明等五大文明协调发展

2018 年 3 月，《中华人民共和国宪法修正案》序言提出，“推动物质文明、政治文明、精神文明、社会文明、生态文明协调发展，把我国建设成为富强民主文明和谐美丽的社会主义现代化强国，实现中华民族伟大复兴”，《宪法》第八十九条提到了“（六）领导和管理经济工作和城乡建设、生态文明建设”。把生态文明写入宪法，是中国倡导的生态文明引领世界文明发展的一个重大举措。

2018 年 5 月召开的全国生态环境保护大会提出，生态文明建设正处于压力叠加、负重前行的关键期，要加大力度推进生态文明建设、解决生态环境问题，坚决打好污染防治攻坚战，推动中国生态文明建设迈上新台阶。

2018 年 6 月，中共中央、国务院印发的《关于全面加强生态环境保护 坚决打好污染防治攻坚战的意见》提出，到2020年，生态环境质量总体改善。通过加快构建生态文明体系，确保到2035年节约资源和保护生态环境的空间格局、产业结构、生产方式、生活方式总体形成，生态环境质量实现根本好转，美丽中国目标基本实现。到21世纪中叶，生态文明全面提升，实现生态环境领域国家治理体系和治理能力现代化。

（九）推动绿色发展，促进人与自然和谐共生

2021年3月，十三届全国人大四次会议通过的《中华人民共和国国民经济和社会发展第十四个五年规划和2035年远景目标纲要》提出，推动绿色发展，促进人与自然和谐共生。坚持“绿水青山就是金山银山”理念，坚持尊重自然、顺应自然、保护自然，坚持节约优先、保护优先、自然恢复为主，实施可持续发展战略，完善生态文明领域统筹协调机制，构建生态文明体系，推动经济社会发展全面绿色转型，建设美丽中国。到2035年，广泛形成绿色生产生活方式，碳排放达峰后稳中有降，生态环境根本好转，美丽中国建设目标基本实现。“十四五”时期，生态文明建设实现新进步。国土空间开发保护格局得到优化，生产生活方式绿色转型成效显著，能源资源配置更加合理、利用效率大幅提高，单位国内生产总值能源消耗和二氧化碳排放分别降低13.5%和18%，主要污染物排放总量持续减少，森林覆盖率提高到24.1%，生态环境持续改善，生态安全屏障更加牢固，城乡人居环境明显改善。通过完善生态安全屏障体系、构建自然保护地体系、健全生态保护补偿机制，提升生态系统质量和稳定性；通过深入开展污染防治行动、全面提升环境基础设施水平、严密防控环境风险、积极应对气候变化，健全现代环境治理体系，持续改善环境质量；通过全面提高资源利用效率、构建资源循环利用体系、大力发展绿色经济、构建绿色发展政策体系，加快发展方式绿色转型。

三、世界大变局中的中国生态文明建设

（一）以中国式现代化全面推进中华民族伟大复兴

党的二十大报告提出，中国式现代化是人与自然和谐共生的现代化。人与自然是生命共同体，无止境地向自然索取甚至破坏自然，必然会遭到大自

然的报复。我们坚持可持续发展，坚持节约优先、保护优先、自然恢复为主的方针，像保护眼睛一样保护自然和生态环境，坚定不移走生产发展、生活富裕、生态良好的文明发展道路，实现中华民族永续发展。尊重自然、顺应自然、保护自然，是全面建设社会主义现代化国家的内在要求。必须牢固树立和践行“绿水青山就是金山银山”的理念，站在人与自然和谐共生的高度谋划发展。推进美丽中国建设，坚持山水林田湖草沙一体化保护和系统治理，统筹产业结构调整、污染治理、生态保护、应对气候变化，协同推进降碳、减污、扩绿、增长，推进生态优先、节约集约、绿色低碳发展。

加快发展方式绿色转型 推动经济社会发展绿色化、低碳化，是实现高质量发展的关键环节。应加快推动产业结构、能源结构、交通运输结构等调整优化；实施全面节约战略，推进各类资源节约集约利用，加快构建废弃物循环利用体系；完善支持绿色发展的财税、金融、投资、价格政策和标准体系，发展绿色低碳产业，健全资源环境要素市场化配置体系，加快节能降碳先进技术研发和推广应用，倡导绿色消费，推动形成绿色低碳的生产方式和生活方式。

深入推进环境污染防治 坚持精准治污、科学治污、依法治污，持续深入打好蓝天、碧水、净土保卫战。应加强污染物协同控制，基本消除重污染天气，统筹水资源、水环境、水生态治理，推动重要江河湖库生态保护治理，基本消除城市黑臭水体；加强土壤污染源头防控，开展新污染物治理；提升环境基础设施建设水平，推进城乡人居环境整治；全面实行排污许可制，健全现代环境治理体系，严密防控环境风险，深入推进中央生态环境保护督察。

提升生态系统多样性、稳定性、持续性 以国家重点生态功能区、生态保护红线、自然保护地等为重点，加快实施重要生态系统保护和修复重大工程。要推进以国家公园为主体的自然保护地体系建设，实施生物多样性保护重大工程，科学开展大规模国土绿化行动；深化集体林权制度改革，推行草原森林河流湖泊湿地休养生息，实施好长江十年禁渔，健全耕地休耕轮作制度；建立生态产品价值实现机制，完善生态保护补偿制度；加强生物安全管理，防治外来物种侵害。

积极稳妥推进碳达峰碳中和 实现碳达峰碳中和是一场广泛而深刻的经济社会系统性变革。要立足我国能源资源禀赋，坚持先立后破，有计划分步

骤实施碳达峰行动；完善能源消耗总量和强度调控，重点控制化石能源消费，逐步转向碳排放总量和强度“双控”制度，推动能源清洁低碳高效利用，推进工业、建筑、交通等领域清洁低碳转型，深入推进能源革命，加强煤炭清洁高效利用，加大油气资源勘探开发和增储上产力度，加快规划建设新型能源体系，统筹水电开发和生态保护，积极安全有序发展核电，加强能源产供储销体系建设，确保能源安全；完善碳排放统计核算制度，健全碳排放权市场交易制度，提升生态系统碳汇能力，积极参与应对气候变化全球治理。

（二）建设美丽中国是实现中华民族伟大复兴的重要内容

2023 年 12 月，中共中央、国务院印发的《关于全面推进美丽中国建设的意见》提出，新时代新征程开启全面推进美丽中国建设新篇章。必须把美丽中国建设摆在强国建设、民族复兴的突出位置，保持加强生态文明建设的战略定力，坚定不移走生产发展、生活富裕、生态良好的文明发展道路，建设天蓝、地绿、水清的美好家园。

《关于全面推进美丽中国建设的意见》提出，通过优化国土空间开发保护格局、积极稳妥推进碳达峰碳中和、统筹推进重点领域绿色低碳发展、推动各类资源节约集约利用，加快发展方式绿色转型；通过持续深入打好蓝天、碧水、净土保卫战和强化固体废物与新污染物治理，持续深入推进污染防治攻坚；通过筑牢自然生态屏障、实施山水林田湖草沙一体化保护和系统治理、加强生物多样性保护，提升生态系统多样性稳定性持续性；通过健全国家生态安全体系、确保核与辐射安全、加强生物安全管理、有效应对气候变化不利影响和风险、严密防控环境风险，守牢美丽中国建设安全底线；通过建设美丽中国先行区、建设美丽城市、建设美丽乡村、开展创新示范，打造美丽中国建设示范样板；通过培育弘扬生态文化、践行绿色低碳生活方式、建立多元参与行动体系，开展美丽中国建设全民行动；通过改革完善体制机制、强化激励政策、加强科技支撑、加快数字赋能、实施重大工程、共谋全球生态文明建设，健全美丽中国建设保障体系。到 2027 年，绿色低碳发展已深入推进，主要污染物排放总量持续减少，生态环境质量持续提升，国土空间开发保护格局得到优化，生态系统服务功能不断增强，城乡人居环境明显改善，国家生态安全有效保障，生态环境治理体系更加健全，形成一批实践样板，美丽中国建设成效显著。到2035年，广泛形成绿色生产生活方式，碳排放达峰后稳中有降，生态环境根本好转，国土空间开发保护新格局全面形成，生态系统多样性稳定性持续性显著提升，国家生态安全更加稳固，生态环境治理体系和治理能力现代化基本实现，美丽中国目标基本实现。展望21世纪中叶，生态文明将全面提升，绿色发展方式和生活方式全面形成，重点领域实现深度脱碳，生态环境健康优美，生态环境治理体系和治理能力现代化全面实现，美丽中国全面建成。

2025年1月，国务院办公厅转发了生态环境部《关于建设美丽中国先行区的实施意见》，要求聚焦全面推进美丽中国建设中心任务，通过打造绿色发展高地、谱写美丽中国建设省域篇章、推进美丽中国建设行动、支持引导政策，分级分类建设美丽中国先行区，到2027年底前形成一批实践创新和制度创新成果，为全面推进美丽中国建设积累经验、树立标杆。

2025年1月，生态环境部、中央宣传部、国家发展改革委、工业和信息化部、财政部、自然资源部、住房城乡建设部、交通运输部、文化和旅游部、中国人民银行、国家数据局联合印发了《美丽城市建设实施方案》，要求聚焦城市生态环境重点领域和突出问题，围绕绿色低碳、环境优美、生态宜居、安全健康、智慧高效5个维度，有序推进各地以城市为载体探索美丽中国建设实践路径，有力支撑美丽中国先行区建设，实现高水平保护、高质量发展、高品质生活、高效能管理，让人民群众在美丽家园中共享自然之美、生命之美、生活之美。

2025年1月，生态环境部、农业农村部、国家发展改革委、财政部、自然资源部、住房城乡建设部、水利部、市场监管总局、国家林草局联合印发了《美丽乡村建设实施方案》，要求深入学习运用“千万工程”经验，围绕农村的生态环境质量、绿色低碳发展、幸福宜居品质3个维度，加强农村生态文明建设，统筹乡村生态振兴和农村人居环境整治，建设村庄干净整洁、农业绿色低碳、生态环境优美的人与自然和谐共生的美丽乡村，形成山清水秀、天蓝地绿、村美人和的新时代“富春山居图”。

（三）新质生产力本身就是绿色生产力

2023年9月，习近平总书记在黑龙江考察期间首次提到“新质生产力”，此后又在多个重要场合进行了深入论述。

2024 年 3 月 5 日，李强总理向十四届全国人大二次会议作政府工作报告时提出，大力推进现代化产业体系建设，加快发展新质生产力。

培育和发展新质生产力，是中国经济进入新的发展阶段后国家新一轮的发展战略，以科技创新为主要驱动力的新质生产力发展是我们建设现代化国家的基础。持续推动经济实现质的有效提升和量的合理增长，必须以科技创新引领现代化产业体系建设，以绿色发展构筑新质生产力发展基石，以融合发展培育新质生产力内源动力。

绿色发展是新质生产力的“底色”，绿色发展有助于促进经济、社会和环境的协调发展，有助于提升新质生产力的创新能力和竞争力。必须协同推进降碳、减污、扩绿、增长，把绿色发展理念、方式、技巧和程序赋能新质生产力主体。

2024 年 1 月 31 日，习近平总书记在二十届中央政治局第十一次集体学习时指出，绿色发展是高质量发展的底色，新质生产力本身就是绿色生产力。我们必须加快发展方式绿色转型，助力碳达峰碳中和。要牢固树立和践行“绿水青山就是金山银山”的理念，坚定不移走生态优先、绿色发展之路。加快绿色科技创新和先进绿色技术推广应用，做强绿色制造业，发展绿色服务业，壮大绿色能源产业，发展绿色低碳产业和供应链，构建绿色低碳循环经济体系。要持续优化支持绿色低碳发展的经济政策工具箱，发挥绿色金融的牵引作用，打造高效生态绿色产业集群。同时，在全社会大力倡导绿色健康生活方式。

第二节　中国生态文明建设的评价

一、生态文明建设目标评价考核办法

2016 年 12 月，为加快绿色发展，推进生态文明建设，规范生态文明建设目标评价考核工作，中共中央办公厅、国务院办公厅印发了《生态文明建设目标评价考核办法》，规定了生态文明建设目标评价考核在资源环境生态领域

有关专项考核的基础上综合开展，采取评价和考核相结合的方式，实行年度评价、5 年考核。

年度评价按照绿色发展指标体系实施，主要评估各地区资源利用、环境治理、环境质量、生态保护、增长质量、绿色生活、公众满意程度等方面的变化趋势和动态进展，生成各地区绿色发展指数，纳入生态文明建设目标考核，由国家统计局、国家发改委、原环保部会同有关部门组织实施。

生态文明建设目标考核的内容主要是 5 年规划期的国民经济和社会发展规划纲要中确定的资源环境约束性指标、生态文明建设重大目标任务完成情况，突出公众的获得感，考核目标体系由国家发改委、环境保护部、中央组织部会同财政部、国土资源部、水利部、农业部、国家统计局、国家林业局、国家海洋局等部门制定并组织实施。考核结果向社会公布并作为省（区、市）党政领导班子和领导干部综合考核评价、干部奖惩任免的重要依据。

2017 年 3 月，为做好生态文明建设目标评价考核工作，加强部门协调配合，国家发改委办公厅印发了《生态文明建设目标评价考核部际协作机制方案》和《生态文明建设目标评价考核部际协作机制组成单位成员名单》，制订了生态文明建设目标评价考核部际协作机制方案。

2017 年 12 月，国家统计局发布了《2016 年生态文明建设年度评价结果公报》，首次公布了各省份绿色发展指数，2016 年，北京、福建、浙江、上海、重庆排在前 5 位。福建、江苏、吉林、湖北、浙江的资源利用指数排在前 5 位，北京、河北、上海、浙江、山东的环境治理指数排在前 5 位，海南、西藏、福建、广西、云南的环境质量指数排在前 5 位，重庆、云南、四川、西藏、福建的生态保护指数排在前 5 位，北京、上海、浙江、江苏、天津的增长质量指数排在前 5 位，北京、上海、江苏、山西、浙江的绿色生活指数排在前 5 位，西藏、贵州、海南、福建、重庆的公众满意程度排在前 5 位。

2019 年 4 月，中国工程院发布的“生态文明建设若干战略问题研究（二期）”项目研究成果暨生态文明发展水平评估报告指出，2017 年中国生态文明指数为 69.96 分，福建、浙江和重庆位列全国的前 3 位，厦门、杭州、珠海、广州、长沙、三亚、惠州、海口、黄山和大连 10 个城市在地级及以上城市排名前 10 位。

二、绿色发展指标体系

2016 年 12 月，根据中共中央办公厅、国务院办公厅印发的《生态文明建设目标评价考核办法》的要求，国家发改委、国家统计局、环境保护部、中央组织部制定了《绿色发展指标体系》①。

绿色发展指标体系包括资源利用、环境治理、环境质量、生态保护、增长质量、绿色生活、公众满意程度 7 个一级指标和 56 个二级指标。

资源利用　资源利用权重为 29.3，包括 14 个二级指标：能源消费总量、单位 GDP 能源消耗降低、单位 GDP 二氧化碳排放降低、非化石能源占一次能源消费比重 4 个能源消费指标；用水总量、万元 GDP 用水量下降、单位工业增加值用水量降低率、农田灌溉水有效利用系数 4 个用水指标；耕地保有量、新增建设用地规模、单位 GDP 建设用地面积降低率 3 个用地指标；资源产出率、一般工业固体废物综合利用率、农作物秸秆综合利用率 3 个资源循环利用指标。

环境治理　环境治理权重为 16.5，包括 8 个二级指标：化学需氧量排放总量减少、氨氮排放总量减少、二氧化硫排放总量减少、氮氧化物排放总量减少 4 个约束性指标；危险废物处置利用率、生活垃圾无害化处理率、污水集中处理率 3 个污染物治理指标；环境污染治理投资占 GDP 比重 1 个环境治理投入力度指标。

环境质量　环境质量权重为 19.3，包括 10 个二级指标：地级及以上城市空气质量优良天数比率、细颗粒物（$PM_{2.5}$）未达标地级及以上城市浓度下降 2 个空气质量指标；地表水达到或好于Ⅲ类水体比例、地表水劣Ⅴ类水体比例 2 个地表水质量指标；重要江河湖泊水功能区水质达标率、地级及以上城市集中式饮用水水源水质达到或优于Ⅲ类水体比例、近岸海域水质优良（一、二类）比例 3 个水质指标；受污染耕地安全利用率、单位耕地面积化肥使用量、单位耕地面积农药使用量 3 个耕地质量指标。

生态保护　生态保护权重为 16.5，包括森林覆盖率、森林蓄积量、草原

---

① 发展改革委印发《绿色发展指标体系》《生态文明建设考核目标体系》［EB/OL］．（2016－12－22）［2024－06－02］．http：//www.gov.cn/xinwen/2016－12/22/content_5151575.htm.

综合植被覆盖度、自然岸线保有率、湿地保护率、陆域自然保护区面积、海洋保护区面积、新增水土流失治理面积、可治理沙化土地治理率、新增矿山恢复治理面积10个二级指标。

增长质量　增长质量权重为9.2，包括人均GDP增长率、居民人均可支配收入、第三产业增加值占GDP比重、战略性新兴产业增加值占GDP比重、研究与试验发展经费支出占GDP比重5个二级指标。

绿色生活　绿色生活权重为9.2，包括公共机构人均能耗降低率、绿色产品市场占有率（高效节能产品市场占有率）、新能源汽车保有量增长率、绿色出行（城镇每万人口公共交通客运量）、城镇绿色建筑占新建建筑比重、城市建成区绿地率、农村自来水普及率、农村卫生厕所普及率8个二级指标。

公众满意程度　公众满意度只有公众对生态环境质量满意程度1个二级指标，涉及公众对空气质量、饮用水、公园、绿化、绿色出行、污水和危险废物和垃圾处理，以及噪声、光污染、电磁辐射等环境状况的满意度。

绿色发展指数由除“公众满意程度”之外的55个指标个体指数加权平均计算而成，计算公式为：

$$Z = \sum_{i=1}^{N} W_i Y_i \ (N = 1, 2, \cdots, 55)$$

式中：Z为绿色发展指数，Y_i为指标的个体指数，N为指标个数，W_i为指标Y_i的权数。

三、生态文明建设考核目标体系

2016年12月，根据中共中央办公厅、国务院办公厅印发的《生态文明建设目标评价考核办法》的要求，国家发改委、国家统计局、环境保护部、中央组织部制定了《生态文明建设考核目标体系》[①]。

生态文明建设考核目标体系包括资源利用、生态环境保护、年度评价结果、公众满意程度、生态环境事件5个目标类别和23个子目标。

资源利用　分值为30分，包括单位GDP能源消耗降低（4分）、单位

---

① 发展改革委印发《绿色发展指标体系》《生态文明建设考核目标体系》[EB/OL].（2016-12-22）[2024-06-02]. http://www.gov.cn/xinwen/2016-12/22/content_5151575.htm.

GDP二氧化碳排放降低（4分）、非化石能源占一次能源消费比重（4分）、能源消费总量（3分）、万元GDP用水量下降（4分）、用水总量（3分）、耕地保有量（4分）、新增建设用地规模（4分）8个子目标。

生态环境保护　分值为40分，包括地级及以上城市空气质量优良天数比率（5分）、细颗粒物（$PM_{2.5}$）未达标地级及以上城市浓度下降（5分）、地表水达到或好于Ⅲ类水体比例（天津、河北、辽宁、上海、江苏、浙江、福建、山东、广东、广西、海南等沿海省份为3分，其他省份为5分）、近岸海域水质优良（一、二类）比例（2分，为天津、河北、辽宁、上海、江苏、浙江、福建、山东、广东、广西、海南等沿海省份）、地表水劣Ⅴ类水体比例（5分）、化学需氧量排放总量减少（2分）、氨氮排放总量减少（2分）、二氧化硫排放总量减少（2分）、氮氧化物排放总量减少（2分）、森林覆盖率（4分）、森林蓄积量（5分）、草原综合植被覆盖度（3分）12个子目标。

年度评价结果　分值为20分，只有各地区生态文明建设年度评价的综合情况1个子目标，采用“十三五”期间各地区年度绿色发展指数，每年绿色发展指数最高的地区得4分，其他地区的得分按照指数排名顺序依次减少0.1分。

公众满意程度　分值为10分，只有居民对本地区生态文明建设、生态环境改善的满意程度1个子目标。计算方法为：每年调查居民对本地区生态环境质量表示满意和比较满意的人数占调查人数的比例，然后将5年的年度调查结果的算术平均值乘以该目标分值。

生态环境事件　为扣分项，也是一个子目标，包括地区重特大突发环境事件、造成恶劣社会影响的其他环境污染责任事件、严重生态破坏责任事件的发生情况，每发生一起扣5分，该项总扣分不超过20分。

根据各地区约束性目标完成情况，生态文明建设目标考核对有关地区进行扣分或降档处理：仅1项约束性目标未完成的地区，该项考核目标不得分，考核总分不再扣分；2项约束性目标未完成的地区，在相关考核目标不得分的基础上，在考核总分中再扣除2项未完成约束性目标的分值；3项（含）以上约束性目标未完成的地区，其考核等级直接确定为不合格。其他非约束性目标未完成地区的有关目标不得分，考核总分中不再扣分。

四、生态文明建设标准体系

2018 年 6 月，国家标准委发布了《生态文明建设标准体系发展行动指南（2018—2020 年）》[①]。生态文明建设标准体系框架包括空间布局、生态经济、生态环境、生态文化 4 个标准子体系，标准体系框架根据发展需要进行动态调整。

空间布局　包括 4 个指标：**陆地空间布局**（自然资源确权赋权活权、国土空间用途管制、绿色矿山、自然保护区与国家公园、沙化土地封禁保护区、城市化地区综合整治、农村土地综合整治、生态功能区综合整治、矿产资源开发集中区综合整治等）、**海洋空间布局**（海岸带保护与利用、海岛保护与利用、海洋灾害风险区划、围填海管理、海洋权属管理、海岸线保护与利用、海域动态监视监测等）、**生态人居**（生态城市、生态小镇、生态社区、美丽乡村等）、**生态基础设施**（交通运输基础设施、给排水基础设施、水利基础设施、环保环卫基础设施、新能源供应基础设施等）。

生态经济　包括 4 个指标：**能源资源节约与利用**（传统能源清洁高效利用、资源节约利用、资源循环利用、新能源与可再生能源等）、**生态农业**（生态农林产品、生态农林业生产设施、生态农林业生产技术、农林产品流通等）、**绿色工业**（绿色设计、绿色生产、绿色产品、绿色供应链等）、**生态服务业**（节能环保评价、绿色金融、绿色物流、生态旅游等）。

生态环境　包括 4 个指标：**环境质量**（环境监测技术方法、环境健康与安全评价、污染物排放、环境质量评价与分级、环境管理技术等）、**污染防治**（环境风险防控、大气污染防治、水污染防治、土壤污染防治、固体废物与化学品污染控制、农业面源污染防治、噪声污染防治、辐射防护、海洋污染防治等）、**生态保护修复**（生态保护修复管理与技术、生态系统服务功能评价、生态承载力与生态足迹、生物多样性保护、生态安全等）、**应对气候变化**（碳排放核算与报告、低碳评价、碳捕集与储存等）。

---

① 国家标准委关于印发《生态文明建设标准体系发展行动指南（2018—2020 年）》的通知［EB/OL］.（2018 - 06 - 07）［2024 - 06 - 02］http://www.sac.gov.cn/sgybzyb/gzdt/bmxw/201806/t20180607_342464.htm.

生态文化　包括3个指标：绿色消费、绿色出行、生态文化教育。

2021年12月，国家标准委等十部门印发的《"十四五"推动高质量发展的国家标准体系建设规划》提出，在生态文明建设领域，制定自然资源标准、资源高效循环利用标准、生态环境标准、碳达峰碳中和标准。

五、美丽中国建设评估指标体系

2020年2月，国家发改委印发了《美丽中国建设评估指标体系及实施方案》，指标体系包括空气清新、水体洁净、土壤安全、生态良好、人居整洁5类指标，分类细化提出22项具体指标[①]。

空气清新　包括地级及以上城市细颗粒物（$PM_{2.5}$）浓度（微克/立方米）、地级及以上城市可吸入颗粒物（PM_{10}）浓度（微克/立方米）、地级及以上城市空气质量优良天数比例（%）3个指标。

水体洁净　包括地表水水质优良（达到或好于Ⅲ类）比例（%）、地表水劣Ⅴ类水体比例（%）、地级及以上城市集中式饮用水水源地水质达标率（%）3个指标。

土壤安全　包括受污染耕地安全利用率（%）、污染地块安全利用率（%）、农膜回收率（%）、化肥利用率（%）、农药利用率（%）5个指标。

生态良好　包括森林覆盖率（%）、湿地保护率（%）、水土保持率（%）、自然保护地面积占陆域国土面积比例（%）、重点生物物种种数保护率（%）5个指标。

人居整洁　包括城镇生活污水集中收集率（%）、城镇生活垃圾无害化处理率（%）、农村生活污水处理和综合利用率（%）、农村生活垃圾无害化处理率（%）、城市公园绿地500米服务半径覆盖率（%）、农村卫生厕所普及率（%）6个指标。

在评估实施过程中，由开展美丽中国建设进程评估的第三方机构根据有关地区的不同特点，选取各地区美丽中国建设的特征性指标进行评估，体现

① 国家发展改革委关于印发《美丽中国建设评估指标体系及实施方案》的通知［EB/OL］.(2020-03-07)［2024-06-02］. http://www.gov.cn/zhengce/zhengceku/2020-03/07/content_5488275.htm.

各地区差异化的特性。

由自然资源部、生态环境部、住房城乡建设部、水利部、农业农村部、国家林草局等部门根据工作职责，综合考虑我国发展阶段、资源环境现状以及对标先进国家水平，分阶段研究提出2025年、2030年、2035年美丽中国建设预期目标，并结合各地区经济社会发展水平、发展定位、产业结构、资源环境禀赋等因素，商地方科学合理分解各地区目标，在目标确定和分解上体现地区差异。

2023年12月，《关于全面推进美丽中国建设的意见》提出，加快推进美丽中国建设重点领域标准规范制定修订，开展环境基准研究，适时修订环境空气质量等标准，鼓励出台地方性法规标准；研究建立美丽中国建设成效考核指标体系，制定美丽中国建设成效考核办法。

六、区域生态质量评价指标体系

2021年10月，生态环境部发布《区域生态质量评价办法（试行）》，适用于县级、市级、省级行政区及全国生态质量现状及趋势的综合评价。

（一）生态质量评价办法

评价办法包括4个一级指标、11个二级指标和18个三级指标①。

生态格局　反映评价区域生态系统类型、数量与空间分布，包括2个二级指标：生态组分（2个三级指标：生态用地面积比指数——林地、草地、湿地、农田、沙地、近海等具有生态属性的用地面积占比情况；海洋自然岸线保有指数——海岸线中自然岸线长度不包括海岛岸线的占比情况）、生态结构（3个三级指标：生态保护红线面积比指数——生态保护红线面积比情况、生态质量指数——由于生态系统类型不同而体现的生物栖息地质量差异、重要生态空间联通度指数——重要生态空间斑块之间的整体联通程度）。

生态功能　反映生态系统维持地球生命系统、提供人类福祉的能力，包括5个二级指标：水土保持（1个三级指标：水土保持指数——植被保持土壤

① 一图读懂《区域生态质量评价办法（试行）》[EB/OL].（2021-11-16）[2024-06-02]. http://www.mee.gov.cn/zcwj/zcjd/202111/t20211116_960524.shtml.

的能力)、**水源涵养**（1个三级指标：水源涵养指数——各生态类型的水源涵养综合功能情况)、**防风固沙**（1个三级指标：防风固沙指数——植被抵抗风力侵蚀的能力)、**生态宜居**（2个三级指标：建成区绿地率指数——地级及以上城市建成区林地、草地等各类绿地总面积占比情况；建成区公园绿地可达指数——地级及以上城市建成区公园绿地周边步行10分钟可达范围覆盖的面积占比情况)、**生态活力**（2个三级指标：植被覆盖指数——植被覆盖状况；水网密度指数——河流、湖泊、水库、永久性冰川雪地、近海等面积占比情况)。各县级行政区按照主体功能分区选择相应的指标计算。

生物多样性　反映区域物种层次生物多样性状况，包括2个二级指标：**生物保护**（1个三级指标：重点保护生物指数——已记录的符合《国家重点保护野生动物名录》和《国家重点保护野生植物名录》的高等植物及哺乳类、鸟类、爬行类和两栖类动物种数)、**重要生物功能群**（2个三级指标：指示生物类群生命力指数——已记录的野生哺乳类、鸟类、两栖类和蝶类等生态环境指示生物类群的物种多样性的变化状况；原生功能群种占比指数——监测样地地带性原生生态系统群落建群种生物量或生物个数占样地生物量或个数的比例情况)。

生态胁迫　反映生态系统所受到的干扰与压力情况，包括2个二级指标：**人为胁迫**（2个三级指标：陆域开发干扰指数——开发建设用地占比情况；海域开发强度指数——海岸线向海一侧，填海造地、围海、构筑物用海面积之和占管辖海域面积比例情况)、**自然胁迫**（1个三级指标：自然灾害受灾指数——气象、地质、生物、生态环境、海洋等自然灾害受灾面积占比情况)。

（二）生态质量分类

生态质量分为五类（指数EQI)：①一类，EQI≥70，自然生态系统覆盖比例高、人类干扰强度低、生物多样性丰富、生态结构完整、系统稳定、生态功能完善；②二类，55≤EQI<70，自然生态系统覆盖比例较高、人类干扰强度较低、生物多样性较丰富、生态结构较完整、系统稳定、生态功能较完善；③三类，40≤EQI<55，自然生态系统覆盖比例一般、受到一定程度的人类活动干预、生物多样性丰富度一般、生态结构完整性和稳定性一般、生态

功能基本完善；④四类，30≤EQI<40，自然生态本底条件较差或人类干扰强度较大，自然生态系统较脆弱，生态功能较低；⑤五类，EQI<30，自然生态本底条件差或人类干扰强度大，自然生态系统较脆弱，生态功能低。

生态质量变化幅度分为三级（阈值△EQI）：①变好（轻微变好1≤△EQI<2、一般变好2≤△EQI<4、明显变好△EQI≥4）；②基本稳定-1<△EQI<1；③变差（轻微变差-2<△EQI≤-1、一般变差-4<△EQI≤-2、明显变差△EQI≤-4）。

七、完善绿色发展标准化保障

2021年10月，中共中央、国务院印发的《国家标准化发展纲要》提出完善绿色发展标准化保障。

建立健全碳达峰、碳中和标准　加快节能标准更新升级，抓紧修订一批能耗限额、产品设备能效强制性国家标准，提升重点产品能耗限额要求，扩大能耗限额标准覆盖范围，完善能源核算、检测认证、评估、审计等配套标准。加快完善地区、行业、企业、产品等碳排放核查核算标准。制定重点行业和产品温室气体排放标准，完善低碳产品标准标识制度。完善可再生能源标准，研究制定生态碳汇、碳捕集利用与封存标准，实施碳达峰、碳中和标准化提升工程。

持续优化生态系统建设和保护标准　不断完善生态环境质量和生态环境风险管控标准，持续改善生态环境质量。进一步完善污染防治标准，健全污染物排放、监管及防治标准，筑牢污染排放控制底线。统筹完善应对气候变化标准，制定修订应对气候变化减缓、适应、监测评估等标准。制定山水林田湖草沙多生态系统质量与经营利用标准，加快研究制定水土流失综合防治、生态保护修复、生态系统服务与评价、生态承载力评估、生态资源评价与监测、生物多样性保护及生态效益评估与生态产品价值实现等标准，增加优质生态产品供给，保障生态安全。

推进自然资源节约集约利用　构建自然资源统一调查、登记、评价、评估、监测等系列标准，研究制定土地、矿产资源等自然资源节约集约开发利用标准，推进能源资源绿色勘查与开发标准化。以自然资源资产清查统计和资产核算为重点，推动自然资源资产管理体系标准化。制定统一的国土空间规划技术标准，完善资源环境承载能力和国土空间开发适宜性评价机制。制定海洋资源开发保护标准，发展海洋经济，服务陆海统筹。

筑牢绿色生产标准基础　建立健全土壤质量及监测评价、农业投入品质量、适度规模养殖、循环型生态农业、农产品食品安全、监测预警等绿色农业发展标准。建立健全清洁生产标准，不断完善资源循环利用、产品绿色设计、绿色包装和绿色供应链、产业废弃物综合利用等标准。建立健全绿色金融、生态旅游等绿色发展标准。建立绿色建造标准，完善绿色建筑设计、施工、运维、管理标准。建立覆盖各类绿色生活设施的绿色社区、村庄建设标准。

强化绿色消费标准引领　完善绿色产品标准，建立绿色产品分类和评价标准，规范绿色产品、有机产品标识。构建节能节水、绿色采购、垃圾分类、制止餐饮浪费、绿色出行、绿色居住等绿色生活标准。分类建立绿色公共机构评价标准，合理制定消耗定额和垃圾排放指标。

八、美丽宜居村庄创建示范标准指标

2022 年 9 月，农业农村部办公厅、住房和城乡建设部办公厅印发了《关于开展美丽宜居村庄创建示范工作的通知》，提出了美丽宜居村庄创建示范标准指标，包括 3 个一级指标、12 个二级指标①。

环境优美　分值为 30 分，包括整体风貌（村庄布局合理，村庄形态与自然环境有机融合，村庄建设顺应地形地貌，彰显乡土特征和地域特色，整体风貌和谐）、自然风光（山水林田湖草等自然资源得到有效保护和修复，不挖山填湖、不破坏水系、不砍老树）、田园景观（村域内农田、牧场、林场、渔塘等田园景观优美，避免破坏性开发和过度改造）、环境保护（工业污染物、农业面源污染得到有效控制，农业生产废弃物基本实现资源化利用。推广使用清洁能源。推进农村人居环境整治提升，村庄干净整洁有序）。

① 农业农村部办公厅 住房和城乡建设部办公厅关于开展美丽宜居村庄创建示范工作的通知[EB/OL]. (2022-10-20) [2024-06-02]. http://www.moa.gov.cn/govpublic/ncshsycjs/202210/t20221020_6413662.htm.

生活宜居 分值为40分，包括**宜居农房**（开展农村危房改造和农房抗震加固，村内无危房。推广“功能现代、成本经济、结构安全、绿色环保、与乡村环境相协调”的现代宜居农房建设，满足农民现代生产生活需要。农房建设管理规范有序，新建农房有审批，农房风貌协调）、**街巷院落**（村庄街巷、公共空间等保持传统乡村形态、尺度宜人，古树名木、石阶铺地、井泉沟渠等乡村景观保护良好，街巷院落干净整洁，广泛开展美丽庭院创建活动。积极采用乡土树种、果蔬对公共空间、房前屋后进行绿化美化）、**基础设施**（基础设施完善，长效管护措施到位，管理维护良好。村庄道路硬化亮化，供水安全清洁，供电稳定，通信网络畅通，消防和防灾减灾设施齐全。基本普及卫生厕所，农村生活垃圾收运处置体系和生活污水治理设施完善）、**公共服务**（农村教育、医疗、养老、文化体育、应急救援等基本公共服务体系健全，居民享受公共服务可及性、便利性高。设置寄递物流和电商服务网点、益农信息社等服务平台，满足村民需求）。

治理有效 分值为30分，包括**共建共治**（强化党建引领，村级党组织领导有力，村民自治制度健全，村民议事协商形式务实有效，村民主动参与村庄事务，共建共治共享美好家园）、**共同富裕**（因地制宜发展特色产业，村集体经济可持续发展，村民人均可支配收入达到所在省份平均水平，村民获得感、幸福感、安全感显著提升）、**文化传承**（充分挖掘和保护村庄物质和非物质文化遗存，传承中华优秀传统文化。保护利用文物古迹、传统村落、民族村寨、传统建筑、农业文化遗产、灌溉工程遗产。培育乡村建设工匠、乡村“明白人”“带头人”）、**乡风文明**（社会主义核心价值观融入村民日常生活，村规民约务实管用，乡风民风淳朴、邻里和谐，推进移风易俗）。

各地可结合实际对上述标准指标进行分值赋权，并根据指标内容进一步细化评分标准。

九、生态文明建设示范区建设指标

（一）生态文明建设示范区（市）建设指标

2024年2月，生态环境部办公厅印发《生态文明建设示范区（市）建设指标》，建设指标分为约束性指标和参考性指标两类①。

约束性指标 生态文明建设工作占党政实绩考核的比例、党政领导干部生态环境损害责任追究制度、领导干部自然资源资产离任审计、环境空气质量（优良天数比率、$PM_{2.5}$浓度）、水环境质量（地表水达到或好于Ⅲ类水体比例、地下水国控点位Ⅴ类水比例、集中式饮用水水源水质达到或优于Ⅲ类比例、近岸海域水质优良比例）、城乡环境治理（城市生活污水集中收集率、地级及以上城市建成区黑臭水体消除率、较大面积农村黑臭水体整治率、城市生活垃圾回收利用率、声环境功能区夜间达标率）、区域生态保护监管（生态质量指数、生态保护红线、自然保护地和生态保护红线生态环境重点问题整改率、生物多样性调查）、生态系统保护修复（森林覆盖率、草原综合植被盖度、自然岸线保有率）、受污染耕地安全利用率、重点建设用地安全利用、外来物种入侵防控、突发环境事件应急管理机制、非化石能源占能源消费总量比重、单位地区生产总值能耗降低率、单位地区生产总值二氧化碳排放下降率、全国碳排放权交易市场履约完成率、主要污染物排放重点工程减排量、一般工业固体废物综合利用率、万元地区生产总值用水量下降率、单位地区生产总值建设用地使用面积下降率、公众对生态环境质量满意程度、绿色出行比例、城镇新建绿色建筑比例、人均公园绿地面积、生态环境信息公开率、生态环境分区管控体系、生态环境损害赔偿。

参考性指标 农村生活污水治理（管控）率（内蒙古、新疆、西藏、青海等省份呈分散居住的村落不纳入评估范围，其他区域山区分散居住的村落不纳入评估范围）、河湖岸线保护率、危险废物填埋处置量占比、绿色食品和有机农产品种植面积、生态保护补偿制度。

（二）生态文明建设示范区（县）建设指标

2024 年 2 月，生态环境部办公厅印发《生态文明建设示范区（县）建设

① 关于印发《生态文明建设示范区（市）建设指标》《生态文明建设示范区（县）建设指标》《生态文明建设示范区管理规程》《“绿水青山就是金山银山”实践创新基地建设管理规程》的通知[EB/OL].（2024-02-18）[2024-06-02]. https://www.mee.gov.cn/xxgk2018/xxgk/xxgk05/202402/t20240218_1066210.html.

指标》，建设指标分为约束性指标和参考性指标两类①。

约束性指标 生态文明建设工作占党政实绩考核的比例、党政领导干部生态环境损害责任追究制度、领导干部自然资源资产离任审计、$PM_{2.5}$浓度、水环境质量（地表水达到或好于Ⅲ类水体比例、县城污水处理率、县级城市建成区黑臭水体消除率、较大面积农村黑臭水体整治率）、区域生态保护监管（生态质量指数、自然保护地和生态保护红线生态环境重点问题整改率、生物多样性调查）、生态系统保护修复（森林覆盖率、草原综合植被盖度）、受污染耕地安全利用率、重点建设用地安全利用、外来物种入侵防控、突发环境事件应急管理机制、新增和更新公共汽电车中新能源和清洁能源车辆比例、万元工业增加值用水量下降率、农田灌溉水有效利用系数、农膜回收率、一般工业固体废物综合利用率、公众对生态环境质量满意程度、城镇新建绿色建筑比例、生态环境信息公开率。

参考性指标 农村生活污水治理（管控）率（内蒙古、新疆、西藏、青海等省份呈分散居住的村落不纳入评估范围，其他区域山区分散居住的村落不纳入评估范围）、声环境功能区夜间达标率、危险废物填埋处置量占比、河湖岸线保护率、规模以下畜禽粪污集中收运利用体系、耕地土壤有机质含量。

十、美丽城市和美丽乡村建设参考指标

（一）美丽城市建设参考指标

2025年1月，生态环境部等11个部门印发《美丽城市建设实施方案》，制定了美丽城市建设参考指标体系②。

绿色低碳 绿色生产［单位地区生产总值二氧化碳排放降低（%）、单位

① 关于印发《生态文明建设示范区（市）建设指标》《生态文明建设示范区（县）建设指标》《生态文明建设示范区管理规程》《“绿水青山就是金山银山”实践创新基地建设管理规程》的通知［EB/OL］.（2024-02-18）［2024-06-02］. https://www.mee.gov.cn/xxgk2018/xxgk/xxgk05/202402/t20240218_1066210.html.

② 关于印发《美丽城市建设实施方案》的通知［EB/OL］.（2025-01-17）［2025-02-22］. https://www.mee.gov.cn/xxgk2018/xxgk/xxgk03/202501/t20250117_1100861.html.

地区生产总值能源消耗降低（%）、碳市场覆盖行业单位产出碳排放降低（%）]、低碳建设［社区低碳能源设施覆盖率（%）、绿色建筑面积占比（%）]、绿色生活［年人均二氧化碳排放量（吨/人）、绿色出行比例（%）]。

环境优美　空气清新（《环境空气质量标准》GB 3095－2012 规定的 6 项基本污染物）、水体洁净［城区内美丽河湖建设情况、沿海城市近岸海域水质优良比例（%）]、土壤安全（重点建设用地安全利用情况）。

生态宜居　空间有序［蓝绿空间比例（%）、城区 15 分钟社区生活圈覆盖率（%）]、生态优良（城市生态功能指数）、宁静和谐［城市声环境功能区夜间达标率（%）]、安居无废（“无废城市”建设进展情况）、绿色旅游（城市积极发展绿色旅游的情况）。

安全健康　环境健康［环境健康风险源管控率（%）]、生物多样（本土物种生物多样性水平）、城市韧性［城区透水面积占比（%）]。

智慧高效　设施完善［城市生活污水集中收集率（%）]、感知高效（生态环境监测网络覆盖情况）、管理智能［城市智慧环保信息平台应用场景（个）]、公众满意［公众对城市生态环境满意度（%）]。

（二）美丽乡村建设参考指标

2025 年 1 月，生态环境部等 9 个部门印发《美丽乡村建设实施方案》，制定了整县推进美丽乡村建设基本指标体系①。

农村生态环境质量　农村生活污水治理/管控率（2027 年以前东部 75%以上、其他地区 65%以上，2028—2035 年东部 90%以上、其他地区 80%以上）、农村生活垃圾（有效治理）、农村黑臭水体（基本消除）、畜禽养殖污染（属实的重复信访举报一年不超过 3 起）、水土保持率（达到省级分解到县级的水土保持率目标值）、生态清洁小流域建设及乡村河湖长效管护（适宜区域基本建成，乡村河湖长效管护机制基本建立并有效落实）。

农业绿色低碳发展　耕地土壤有机质含量（基本稳定或提高）、农药包装废弃物回收率（到 2027 年 80%以上，到 2035 年 90%以上）、农膜生产使用

---

① 关于印发《美丽乡村建设实施方案》的通知［EB/OL］.（2025－01－20）［2025－02－22］. https：//www. mee. gov. cn/xxgk2018/xxgk/xxgk03/202501/t20250120_1100929. html.

（基本消除违规生产、销售、使用农膜现象）、秸秆利用和管控（秸秆综合利用率达到88%以上，基本消除因秸秆集中焚烧引发重污染天气情况）。

农村幸福宜居品质 乡村形态（集中建设区域整洁有序）、乡风建设（没有重大负面舆情）。

第三节 中国生态文明建设取得的成就

一、绿色低碳转型持续深入

近年来，我国的绿色低碳发展迅速。初步测算，2024 年，全国万元国内生产总值二氧化碳排放比 2023 年下降 3.4%。水电、核电、风电、太阳能发电等清洁能源发电量 37126 亿千瓦时，比 2023 年增长 16.4%。

2024 年，水资源总量 30010 亿立方米。我国总用水量 5925 亿立方米，比 2023 年增长 0.3%。其中，生活用水增长 1.9%，工业用水下降 0.2%，农业用水下降 0.7%，人工生态环境补水增长 7.8%。万元国内生产总值用水量 46 立方米，下降 4.4%。万元工业增加值用水量 25 立方米，下降 5.6%。人均用水量 421 立方米，增长 0.4%。

2024 年，我国全年完成造林面积 445 万公顷，其中人工造林面积 118 万公顷，占全部造林面积的 26.6%。种草改良面积 322 万公顷。全年新增水土流失治理面积 6.4 万平方千米。

初步核算，2024 年我国能源消费总量 59.6 亿吨标准煤，比 2023 年增长 4.3%。煤炭消费量增长 1.7%，原油消费量下降 1.2%，天然气消费量增长 7.3%，电力消费量增长 6.8%。煤炭消费量占能源消费总量的比重为 53.2%，比 2023 年下降 1.6 个百分点；天然气、水电、核电、风电、太阳能发电等清洁能源消费量占能源消费总量的比重为 28.6%，上升 2.2 个百分点。重点耗能工业企业单位电石综合能耗下降 0.8%，单位合成氨综合能耗下降 1.2%，吨钢综合能耗下降 0.1%，单位电解铝综合能耗下降 0.2%，每千瓦时火力发电标准煤耗下降 0.2%。初步测算，扣除原料用能和非化石能源消费量后，全国万元国内生产总值能耗比 2023 年下降 3.8%。全国碳排放权交易市场碳排放配额成交量 1.89 亿吨，成交额 181.1 亿元[①]。

二、生态环境保护进一步加强

“十四五”以来，我国的污染防治攻坚战向纵深推进，碳达峰碳中和工作积极稳妥推进，绿色、循环、低碳发展迈出坚实步伐，生态系统质量和稳定性持续提升，坚持山水林田湖草沙一体化保护和系统治理，以国家公园为主体的自然保护地体系加快建立，生物多样性保护全面加强。生态安全屏障不断加固，环境质量改善成果不断巩固，大气多污染物协同治理和区域联防联控深入推进，重点流域水生态环境保护力度持续加大，土壤污染风险防控和修复力度不断加大，固体废物和新污染物治理继续加强，噪声污染防治行动启动实施。绿色低碳转型步伐加快，非化石能源发电装机容量历史性超过化石能源，重点领域、行业和产品设备节能降碳更新改造加快推进，国家节水行动持续实施，循环经济加快发展，绿色金融加快发展，绿色产业成为推动经济增长的新生力量[②]。

2024 年，在监测的 339 个地级及以上城市中，空气质量达标的城市占 65.5%，未达标的城市占 34.5%，细颗粒物（$PM_{2.5}$）年平均浓度 29.3 微克/立方米，比 2023 年下降 2.7%。3641 个国家地表水考核断面中，水质优良（Ⅰ～Ⅲ类）断面比例为 90.4%，Ⅳ类断面比例为 7.8%，Ⅴ类断面比例为 1.2%，劣Ⅴ类断面比例为 0.6%。全年近岸海域海水水质达到国家一、二类海水水质标准的面积占 83.7%，三类海水占 4.1%，四类、劣四类海水占 12.2%。在开展城市区域声环境昼间监测的 326 个城市中，全年声环境质量好的城市占 7.1%，较好的占 66.9%，一般的占 25.5%，较差的占 0.6%，无差的城市[③]。

---

① 中华人民共和国 2024 年国民经济和社会发展统计公报［EB/OL］.（2025-02-28）［2025-02-28］. https://www.gov.cn/lianbo/bumen/202502/content_7008605.htm.

② 《中华人民共和国国民经济和社会发展第十四个五年规划和 2035 年远景目标纲要》实施中期评估报告［EB/OL］.（2023-12-27）［2025-02-28］. https://www.ndrc.gov.cn/fzggw/wld/zsj/zyhd/202312/t20231227_1362958.html.

③ 中华人民共和国 2024 年国民经济和社会发展统计公报［EB/OL］.（2025-02-28）［2025-02-28］. https://www.gov.cn/lianbo/bumen/202502/content_7008605.htm.

三、经济持续进步

“十四五”以来，我国农业农村现代化建设迈上新台阶，巩固拓展脱贫攻坚成果同乡村振兴有效衔接，农业农村发展呈现新气象，农业质量效益不断提高，国家黑土地保护工程扎实推进，种业振兴行动深入实施，农业适度规模经营有序推进，新型农业经营主体加快发展，农村第一、第二、第三产业融合发展步伐加快，宜居宜业和美乡村建设成效显著，行政村基础金融服务、乡镇保险服务基本实现全覆盖，脱贫攻坚成果持续巩固拓展，防止返贫动态监测和帮扶工作机制不断健全。完整产业体系和全链条产业链更加巩固，实体经济不断壮大，战略性新兴产业持续发展，数字经济与先进制造业、现代服务业深度融合，产业发展向中高端稳步迈进，制造业竞争优势持续增强，产业基础再造工程全面推进，产业链补短板、锻长板取得突出成效，新能源、船舶等领域全产业链竞争力巩固提升，新能源汽车产销量、新能源发电装机量、船舶与海洋工程装备国际市场份额等稳居全球第一，高端产业和重大装备创新发展取得积极成效，制造服务业专业化服务能力不断提升，数字化发展取得明显成效，网络强国战略深入实施，数字中国建设加快整体布局。5G网络建设全球领先，国家算力网络加快构建，“东数西算”工程全面实施，产业数字化取得明显进展，数字产业化加快发展，移动操作系统快速发展，开源生态建设加快推进，数字政府建设成效明显，电子政务“在线服务”指数排名保持全球领先水平，现代化基础设施体系持续完善，交通强国建设稳步推进，国家综合立体交通网主骨架空间格局基本形成，现代物流体系不断健全，“通道+枢纽+网络”的现代物流运行体系框架基本形成，现代能源体系加快建设，以沙漠、戈壁、荒漠地区为重点的大型风电光伏基地和西南水电基地建设加快推进，国家水网工程加快推进①。

2024年，全年国内生产总值（GDP）1349084亿元，比2023年增长5.0%。其中，第一产业增加值91414亿元，增长3.5%；第二产业增加值

① 《中华人民共和国国民经济和社会发展第十四个五年规划和2035年远景目标纲要》实施中期评估报告［EB/OL］.（2023-12-27）［2025-02-28］. https://www.ndrc.gov.cn/fzggw/wld/zsj/zyhd/202312/t20231227_1362958.html.

492087 亿元，增长 5.3%；第三产业增加值 765583 亿元，增长 5.0%。第一产业增加值占国内生产总值比重为 6.8%，第二产业增加值比重为 36.5%，第三产业增加值比重为 56.7%。国民总收入 1339672 亿元，比 2023 年增长 5.1%。全员劳动生产率为 173898 元/人，比 2023 年提高 4.9%。

2024 年，我国全年粮食播种面积 11932 万公顷，棉花播种面积 284 万公顷，油料播种面积 1429 万公顷，糖料播种面积 148 万公顷；全年粮食产量 70650 万吨，棉花产量 616 万吨，油料产量 3979 万吨，糖料产量 11870 万吨，茶叶产量 374 万吨；全年猪牛羊禽肉产量 9663 万吨；水产品总产量 7366 万吨；全年木材产量 13740 万立方米。

2024 年，我国全年全部工业增加值 405442 亿元，比 2023 年增长 5.7%。规模以上工业增加值增长 5.8%。采矿业增长 3.1%，制造业增长 6.1%，电力、热力、燃气及水生产和供应业增长 5.3%。全年规模以上工业中，农副食品加工业增加值比 2023 年增长 2.2%，纺织业增长 5.1%，化学原料和化学制品制造业增长 8.9%，非金属矿物制品业下降 1.4%，黑色金属冶炼和压延加工业增长 4.0%，通用设备制造业增长 3.6%，专用设备制造业增长 2.8%，汽车制造业增长 9.1%，电气机械和器材制造业增长 5.1%，计算机、通信和其他电子设备制造业增长 11.8%，电力、热力生产和供应业增长 5.2%。

2024 年，年末全国发电装机容量 334862 万千瓦，比 2023 年末增长 14.6%。其中，火电装机容量 144445 万千瓦，增长 3.8%；水电装机容量 43595 万千瓦，增长 3.2%；核电装机容量 6083 万千瓦，增长 6.9%；并网风电装机容量 52068 万千瓦，增长 18.0%；并网太阳能发电装机容量 88666 万千瓦，增长 45.2%。

2024 年，我国全年建筑业增加值 89949 亿元，比 2023 年增长 3.8%。

2024 年，我国全年批发和零售业增加值 137981 亿元，比 2023 年增长 5.5%；交通运输、仓储和邮政业增加值 59232 亿元，增长 7.0%；住宿和餐饮业增加值 24729 亿元，增长 6.4%；金融业增加值 98544 亿元，增长 5.6%；房地产业增加值 84565 亿元，下降 1.8%；信息传输、软件和信息技术服务业增加值 63438 亿元，增长 10.9%；租赁和商务服务业增加值 56576 亿元，增长 10.4%。规模以上服务业企业营业收入比上年增长 7.2%，利润总额增长 2.4%。

2024 年，我国全年货物运输总量 578 亿吨，比 2023 年增长 3.8%。货物运输周转量 261948 亿吨公里，增长 5.6%。港口完成货物吞吐量 176 亿吨，比 2023 年增长 3.7%，其中，外贸货物吞吐量 54 亿吨，增长 6.9%。港口集装箱吞吐量 33200 万标准箱，增长 7.0%。

2024 年，我国全年旅客运输总量 171 亿人次，比 2023 年增长 8.5%。旅客运输周转量 33886 亿人公里，增长 13.6%。年末全国民用汽车保有量 35268 万辆，比 2023 年末增加 1651 万辆，新能源汽车保有量 3140 万辆，增加 1099 万辆。全年完成邮政行业寄递业务总量 1937 亿件，比 2023 年增长 19.2%。全年完成电信业务总量 18307 亿元，比 2023 年增长 10.0%。

2024 年末全国常住人口城镇化率为 67.00%，比 2023 年末提高 0.84 个百分点。全年东部地区生产总值 702356 亿元，比 2023 年增长 5.0%；中部地区生产总值 287156 亿元，增长 5.0%；西部地区生产总值 287350 亿元，增长 5.2%；东北地区生产总值 63451 亿元，增长 4.4%。全年京津冀地区生产总值 115394 亿元，增长 5.2%；长江经济带地区生产总值 630228 亿元，增长 5.4%；长三角地区生产总值 331691 亿元，增长 5.5%。粤港澳大湾区建设、黄河流域生态保护和高质量发展等区域重大战略实施取得新成效①。

四、新质生产力稳步发展

“十四五”以来，我国创新驱动发展战略深入实施，发展新优势不断塑造。关键核心技术攻关取得突破。在第五代移动通信（5G）和光通信、高速铁路等领域攻克一批重大关键核心技术，新一代人工智能、量子通信与量子计算机、脑科学与类脑研究、生物育种等科技创新 2030—重大项目取得重要进展。多项“卡脖子”技术被攻克并实现产业化，核电机组关键部件实现整机国产化，腔镜手术机器人、体外膜肺氧合机（ECMO）、深海采矿等核心技术取得突破。战略高技术领域取得新突破，中国空间站全面建成并开启长期有人驻留时代，“天问一号”火星探测器开展中国首次地外行星环绕、着陆、巡视探测，“羲和号”实现太阳探测零的突破。

---

① 中华人民共和国 2024 年国民经济和社会发展统计公报［EB/OL］.（2025-02-28）［2025-02-28］. https://www.gov.cn/lianbo/bumen/202502/content_7008605.htm.

国家战略科技力量加快布局。国家实验室组建运行，全国重点实验室基本重组完成。北京、上海、粤港澳大湾区国际科技创新中心建设成效显著，综合性国家科学中心建设进展顺利。原始创新能力有效提升，在国际上首次实现利用二氧化碳人工合成淀粉，首次实现人体细胞发育过程“大逆转”，成功证明凯勒几何两大核心猜想。企业技术创新能力稳步提升。各类创新要素加速向企业集聚。科技创新体制机制不断完善。社会主义市场经济条件下关键核心技术攻关新型举国体制进一步健全，探索型和任务导向型科技项目分类评价制度不断完善，赋予科研人员职务科技成果所有权或长期使用权、高等学校和科研院所薪酬制度改革、使命导向的科研院所管理改革等试点稳步开展。知识产权保护运用体制更加健全①。

2024 年，我国新质生产力稳步发展。全年规模以上工业中，装备制造业增加值比 2023 年增长 7.7%，占规模以上工业增加值比重为 34.6%；高技术制造业增加值增长 8.9%，占规模以上工业增加值比重为 16.3%。新能源汽车产量 1316.8 万辆，比 2023 年增长 38.7%；太阳能电池（光伏电池）产量 6.8 亿千瓦，增长 15.7%；服务机器人产量 1051.9 万套，增长 15.6%；3D 打印设备产量 341.8 万台，增长 11.3%。规模以上服务业中，战略性新兴服务业企业营业收入比 2023 年增长 7.9%。高技术产业投资比 2023 年增长 8.0%，制造业技术改造投资增长 8.0%。电子商务交易额 464091 亿元，比 2023 年增长 3.9%。网上零售额 152287 亿元，比 2023 年增长 7.2%。全年新设经营主体 2737 万户，日均新设企业 2.4 万户。

2024 年，我国全年累计发射运载火箭 68 次。“嫦娥六号”成功实现人类首次月球背面采样返回任务，首颗可重复使用返回式技术试验卫星实现成功回收，中国天眼 FAST 发现的脉冲星数量突破 1000 颗，全球首套高精度月球地质图集正式发布。中国环流三号（HL-3）等离子体电流突破 1.5MA，首次成功构建超越经典计算机的量子模拟器，新一代气象超算系统建成。自主设计建造的首艘大洋钻探船“梦想”号交付入列，新一代中型隐身多用途战

① 《中华人民共和国国民经济和社会发展第十四个五年规划和 2035 年远景目标纲要》实施中期评估报告［EB/OL］.（2023-12-27）［2025-02-28］. https://www.ndrc.gov.cn/fzggw/wld/zsj/zyhd/202312/t20231227_1362958.html.

斗机在第 15 届珠海航展首次公开亮相。

2024 年，我国移动电话基站数达 1265 万个，其中，4G 基站 711 万个，5G 基站 425 万个。全国移动电话用户 178960 万户，其中，5G 移动电话用户 101405 万户。移动电话普及率为 127.1 部/百人。固定互联网宽带接入用户 66983 万户，比 2023 年末增加 3352 万户，其中，1000M 速率及以上的宽带接入用户 20683 万户，增加 4355 万户。移动物联网终端用户 26.56 亿户，增加 3.24 亿户。互联网上网人数 11.08 亿人，其中，手机上网人数 11.05 亿人。互联网普及率为 78.6%，其中，农村地区互联网普及率为 67.4%。全年移动互联网用户接入流量 3376 亿 GB，比 2023 年增长 11.6%。软件和信息技术服务业完成软件业务收入 137276 亿元，比 2023 年增长 10.0%[①]。

① 中华人民共和国 2024 年国民经济和社会发展统计公报 [EB/OL].（2025 - 02 - 28）[2025 - 02 - 28]. https：//www.gov.cn/lianbo/bumen/202502/content_7008605.htm.

第三章　发展方式绿色转型

发展方式的绿色转型，是建立健全绿色低碳循环发展体系的起点和前提，进而为美丽中国建设奠定强大的经济基础。打造绿色国土空间开发格局，积极稳妥推进碳达峰碳中和，统筹推进重点领域绿色低碳发展，推动各类资源节约集约利用，才能推动经济社会发展全面绿色转型。

第一节　优化国土空间开发保护格局

一、健全主体功能区制度

主体功能区制度是我国国土空间规划的重要制度安排，根据各地区资源禀赋、生态环境承载力、经济社会发展水平以及土地利用现状，将国土空间划分为不同的功能区，并在此基础上实行差异化、分类管理的政策措施，实现生产空间集约高效、生活空间宜居适度、生态空间山清水秀。

《全国主体功能区规划》明确了国土空间划分为优化开发区域、重点开发区域、限制开发区域和禁止开发区域四类主体功能区，规定了相应的功能定位、发展方向和开发管制原则。

《全国国土规划纲要（2016—2030年）》提出，以培育重要开发轴带和开发集聚区为重点建设竞争力高地，以现实基础和比较优势为支撑建设现代产业基地，以发展海洋经济和推进沿海沿边开发开放为依托促进国土全方位开放，打造高效规范的国土开发开放格局。

《“十四五”规划和2035年远景目标纲要》提出，完善和落实主体功能区制度。

《关于推动城乡建设绿色发展的意见》提出，在国土空间规划中统筹划定生态保护红线、永久基本农田、城镇开发边界等管控边界。

《全国国土空间规划纲要（2021—2035年）》作为我国首部“多规合一”的国家级国土空间规划，以第三次全国国土调查成果为底数，在资源环境承载能力和国土空间开发适宜性评价基础上，统筹考虑各地资源环境禀赋和经济社会发展实际，以水而定、量水而行，优化国土空间开发保护格局，农业、生态、城镇等功能空间清晰划分，生态保护红线、耕地和永久基本农田、城镇开发边界三条控制线界限分明。“三区三线”的划定，确定了保障国家粮食安全、生态安全、城镇化健康发展的空间底线，构建和奠定了整个国土空间布局的骨架和基础。

《关于加强国土空间详细规划工作的通知》提出，分区分类推进详细规划编制，提高详细规划的针对性和可实施性，城镇开发边界内存量空间要推动内涵式、集约型、绿色化发展，城镇开发边界内增量空间要强化单元统筹、防止粗放扩张，强化详细规划编制管理的技术支撑。

《关于做好城镇开发边界管理的通知》提出，坚决维护“三区三线”划定成果的严肃性和权威性，推动城镇开发边界划定成果精准落地实施，统筹做好规划城镇建设用地安排，严格规范城镇开发边界的全生命周期管理。

《关于保护和永续利用自然资源扎实推进美丽中国建设的实施意见》提出，以国土空间规划为依据，将耕地和永久基本农田、生态保护红线、城镇开发边界三条控制线作为调整经济结构、规划产业发展、推进城镇化不可逾越的红线。

在统筹划定三条控制线的基础上，对农业、生态、城镇等功能空间布局进行优化，统筹了海岸带、海域、海岛开发利用保护活动，保障重大基础设施建设，有力地保护传承和塑造了国土的文化与自然价值。

截至2025年4月，所有的省级国土空间规划、跨行政区国土空间专项规划的《长三角生态绿色一体化发展示范区国土空间总体规划（2021—2035年）》和《京津冀国土空间规划（2021—2035年）》、流域性国家级国土空间专项规划的《长江经济带—长江流域国土空间规划（2021—2035年）》和《黄河流域国土空间规划（2021—2035年）》，经国务院批复实施。

二、坚守生态保护红线

生态保护红线是指在生态空间范围内具有特殊重要生态功能、必须强制性严格保护的区域，是国家生态安全的底线和生命线。

生态保护红线包括生态功能保障基线（禁止开发区生态红线、重要生态功能区生态红线和生态环境敏感区、脆弱区生态红线）、环境质量安全底线（环境质量达标红线、污染物排放总量控制红线和环境风险防控红线）、自然资源利用上线（能源利用红线、水资源利用红线、土地资源利用红线等）。

2014 年 1 月，环境保护部印发了首个生态保护红线划定的纲领性技术指导文件《国家生态保护红线——生态功能基线划定技术指南（试行）》，在此基础上，环境保护部于 2015 年 4 月印发了《生态保护红线划定技术指南》，全国 31 个省（区、市）开展了生态保护红线划定。2017 年 5 月，环境保护部办公厅、国家发改委办公厅印发了《生态保护红线划定指南》。2019 年 8 月，生态环境部办公厅、自然资源部办公厅印发了《生态保护红线勘界定标技术规程》。

《关于在国土空间规划中统筹划定落实三条控制线的指导意见》提出，按照生态功能划定生态保护红线。

《关于保护和永续利用自然资源扎实推进美丽中国建设的实施意见》提出，落实生态保护红线管理制度，完善分区差别化管控规则，开展生态保护红线监测及保护成效评估，规范管控对生态功能不造成破坏的有限人为活动，严格控制建设项目占用，加强对违法违规侵占行为执法，牢牢守住自然生态安全边界。

《关于加强资源环境生态红线管控的指导意见》《关于划定并严守生态保护红线的若干意见》《关于加强生态保护红线管理的通知（试行）》等提出，要划定并严守生态保护红线，建立生态保护红线制度，使国土生态空间得到优化和有效保护，生态功能保持稳定，全面保障国家生态安全。“十四五”期间，通过划定并严守生态保护红线，守住自然生态安全边界。

截至目前，我国划定的生态保护红线包括：整合优化后的自然保护地面积约 180 万平方千米；自然保护地外水源涵养、生物多样性维护、水土保持、防风固沙、海岸防护等生态功能极重要区域，以及水土流失、沙漠化、石漠化、海岸侵蚀等生态极脆弱区域约85万平方千米；其他具有潜在重要生态价值的区域约50万平方千米。

三、坚决守住耕地红线

耕地红线是指国家为了保障粮食安全而划定的一条保护耕地的底线，它规定了必须保留的最低耕地面积，禁止将优质耕地转变为非农业用途，确保在城市化和工业化进程中，不会因开发建设而大量占用耕地资源。

我国人口众多，确保充足的耕地面积是实现粮食自给自足和保障国家粮食安全的基础，在全球粮食市场波动和极端气候事件频发的背景下，稳定的耕地资源是应对粮食供应风险的重要保障。耕地不仅提供粮食，还在水土保持、碳汇、调节气候等方面发挥重要作用。优质的耕地一旦被非农业建设侵占，其生态功能就被破坏，生态安全将面临威胁。耕地对人类来说是有限的不可再生资源，一旦被破坏或转变为非农用途，恢复和替代成本非常高。我国农村人口众多，坚守耕地红线对于维护农业和农村的可持续发展、稳定农民收入有巨大的作用。

《关于加强耕地保护提升耕地质量完善占补平衡的意见》提出，坚决稳住耕地总量。

《关于在国土空间规划中统筹划定落实三条控制线的指导意见》提出，按照保质保量要求划定永久基本农田。

《关于坚决制止耕地“非农化”行为的通知》提出，严禁违规占用耕地绿化造林，严禁超标准建设绿色通道，严禁违规占用耕地挖湖造景，严禁占用永久基本农田扩大自然保护地，严禁违规占用耕地从事非农建设，严禁违法违规批地用地，全面开展耕地保护检查，严格落实耕地保护责任。

自然资源部、农业农村部起草了《永久基本农田保护红线管理办法》（征求意见稿），就是要牢牢守住永久基本农田保护红线和国家粮食安全底线。明确永久基本农田划定成果经批准后，该划定成果将作为永久基本农田保护红线纳入国土空间规划，同时，该征求意见稿还规定了永久基本农田的划定程序，明确禁止在城乡建设中以单个项目占用为目的，擅自调整永久基本农田保护红线，禁止在生态保护红线、城镇开发边界调整过程中，擅自占用永久基本农田。

《关于保护和永续利用自然资源扎实推进美丽中国建设的实施意见》提出，坚决守住 18 亿亩耕地红线，对永久基本农田实行特殊保护，确保可长期稳定利用的耕地不再减少。

《关于改革完善耕地占补平衡管理的通知》提出，改革完善耕地占补平衡管理，建立以省域耕地总量动态平衡为核心的占补平衡新机制，强化耕地总量管控和以补定占管理，稳步提升耕地质量，牢牢守住耕地保护红线。

《关于严格遵守“八不准”要求 坚决遏制新增农村乱占耕地建房问题的通知》提出，坚决整治乱占、破坏耕地违法行为，严防变相买卖、兼并土地，切实防止“大棚房”死灰复燃，坚决整治征占黑土地建“特色小镇”等各类侵占耕地问题。

《加快建设农业强国规划（2024—2035 年）》提出，健全耕地数量、质量、生态“三位一体”保护制度体系，改革完善耕地占补平衡制度，各类耕地占用纳入统一管理，完善补充耕地质量验收机制，确保达到平衡标准。守牢 18.65 亿亩耕地和 15.46 亿亩永久基本农田保护红线。

四、推动城镇空间内涵式集约化绿色发展

城镇空间内涵式集约化绿色发展，是指在城市发展过程中，通过优化土地利用、提升空间效率、推进绿色低碳发展，实现城市的高质量、可持续发展。

内涵式发展是优化存量、提高质量，不盲目扩大城镇规模，存量优化、提高城市空间的利用率和功能，通过旧城改造、产业升级、基础设施完善等，提高城市宜居性和发展质量；集约化发展是提高空间和资源利用效率，倡导“立体开发”、多功能复合利用，减少低效土地闲置，合理规划功能区，促进产业、就业、居住的空间均衡，减少通勤距离和资源浪费；绿色发展是减少环境影响、推动低碳转型，提升建筑节能标准以降低能源消耗，提高公共交通覆盖率、推广新能源汽车以减少碳排放，优化城市绿化结构、推进“海绵城市”建设以增强城市韧性。这一发展模式强调节约土地、提高人口和产业密度、优化基础设施利用，避免传统的“摊大饼”式城市扩张，减少资源浪费，提升生态环境质量。

我国人口众多，土地资源有限，坚守 18 亿亩耕地红线必须防止耕地被侵

占，提高土地利用效率，有效避免对耕地和生态空间的占用。集约化绿色发展可以减少能源消耗，提高建筑节能水平，减少碳排放，同时减少城市扩张带来的生态破坏，降低水土污染，提高空气质量，打造宜居城市。内涵式发展可以优化空间结构，提高城市运行效率，避免以往城镇化进程中的无序扩张导致的交通拥堵、公共服务分散、基础设施维护成本高的现象，通过合理规划，完善公共服务。产业园区、城市综合体的建设，可以提高空间利用率，推动高端制造业、数字经济、现代服务业集约化发展，促进新兴产业和创新经济增长。

《关于在国土空间规划中统筹划定落实三条控制线的指导意见》提出，按照集约适度、绿色发展要求划定城镇开发边界。

《关于做好城镇开发边界管理的通知》提出，引导城镇建设用地向城镇开发边界内集中，促进城镇集约集聚建设，提高土地节约集约利用水平。

《关于保护和永续利用自然资源扎实推进美丽中国建设的实施意见》提出，完善城镇开发边界管控，推动城镇空间内涵式集约化绿色发展。

五、严格河湖水域岸线空间管控

河湖水域岸线空间管控，是指通过科学规划、严格监管和生态修复，对河湖水域及其岸线空间的开发利用、保护修复等活动进行规范，以实现水资源可持续利用、生态环境保护和防洪安全的目标。

严格河湖水域岸线空间管控，要划定岸线功能区，明确保护与利用范围，按照保护区、保留区、利用区等功能划分，确定不同区域的开发利用程度，防止无序侵占河湖水域，限制大规模建设项目侵占岸线，确保河湖生态功能不受破坏。加强生态修复，推进湿地恢复、退养还湿、植被修复等，提升生态系统稳定性，加强水环境治理和污染控制，减少农业、工业和生活污水排放，维护水生态安全。强化行洪通道保护，防止沿河违规建设影响防洪功能，保障防洪安全。优化水资源开发利用，确保生态流量，防止过度取水影响生态。

《关于全面推行河长制的意见》提出，严格水域岸线等水生态空间管控，依法划定河湖管理范围。

《关于加强河湖水域岸线空间管控的指导意见》提出，明确河湖水域岸线空间管控边界，严格河湖水域岸线用途管制，规范处置涉水违建问题，推进河湖水域岸线生态修复，提升河湖水域岸线监管能力。

六、加强海洋和海岸带国土空间管控

海洋和海岸带国土空间管控，是指对海洋和海岸带区域的资源开发、生态保护、城镇建设、渔业养殖等活动进行科学规划、合理利用和有效管理，实现资源可持续利用和经济高质量发展，维护海洋生态安全。

加强海洋和海岸带国土空间管控，要加大海洋生态保护的力度，划定海洋生态保护红线，禁止围填海、破坏性捕捞等活动，采取各种措施恢复红树林、海草床、珊瑚礁等关键生态系统，加强海洋污染防治，减少陆源污染物排放，完善陆海统筹、建立健全海洋生态环境治理体系；优化利用海岸带土地，严格岸线分区管理，控制港口、工业、旅游等项目的岸线使用强度，保护自然岸线，提高岸线生态修复比例，推进海绵城市建设，减少滨海城镇对生态环境的影响；科学规划海洋渔业，减少近海过度捕捞，推行深远海养殖，规范海洋能开发，合理布局海洋交通航道，减少船舶污染排放，促进可持续海洋经济发展；在海洋灾害防控上，要加强沿海防护林建设，提升抵御台风、风暴潮能力，不断完善海岸带防洪防潮工程，减少海平面上升带来的影响，建立海洋预警监测系统，提高灾害预警和应急响应能力。

《关于全面建立实施海洋生态红线制度的意见》提出，海洋生态红线区面积占沿海各省（区、市）管理海域总面积的比例不低于30%，全国大陆自然岸线保有率不低于35%，全国海岛保持现有砂质岸线长度，到2020年近岸海域水质优良（一、二类）比例达到70%左右。

《关于划定并严守生态保护红线的若干意见》提出，依托“一带一链多点”的海洋生态安全格局，科学划定生态保护红线。

《“十四五”海洋生态环境保护规划》提出，推动沿海地区产业结构优化调整，促进生态、生产、生活空间合理布局和绿色高质量发展。“十四五”时期，自然岸线保有率不低于35%，整治修复岸线长度不少于400千米，滨海湿地面积不少于2万公顷。

《关于加强生态保护红线管理的通知（试行）》提出，加强人为活动管控，规范占用生态保护红线用地用海用岛审批，严格生态保护红线监管。

《关于保护和永续利用自然资源扎实推进美丽中国建设的实施意见》提出，加强海岸带空间管控，优化近岸海域利用，拓展深水远岸利用。

2017 年以来，沿海地区逐步开展近岸海域生态环境分区管控探索和实践，划定近岸海域环境管控单元 3036 个，促进产业发展与环境承载能力相结合。截至 2024 年 6 月，全国共划定海洋生态保护红线约 15 万平方千米，绝大多数的红树林、珊瑚礁、海草床等典型海洋生态系统都已经纳入红线。

七、完善全域覆盖的生态环境分区管控体系

生态环境分区管控是以保障生态功能和改善环境质量为目标，实施分区域差异化精准管控的环境管理制度，在生态环境源头预防体系中具有基础性作用。实施生态环境分区管控，严守生态保护红线、环境质量底线、资源利用上线，科学指导各类开发保护建设活动，对于推动高质量发展，建设人与自然和谐共生的现代化具有重要意义。

完善全域覆盖的生态环境分区管控体系，要健全分区管控体系，优化“三线一单”，确保红线区域严格保护，防止开发侵占，建立细化的污染防治标准，强化环境质量监测，优化自然资源利用结构，控制高耗能产业，分行业、分区域制定生态环境准入标准，增强可操作性；完善国土空间规划“一张图”，实现生态、农业、城镇空间的协调发展，推动县乡级分区管控落地，确保政策执行的精准性和可操作性，加强分区调整机制，定期优化管控范围和标准；运用大数据、人工智能、卫星遥感等技术，实现生态环境动态监测，建设生态环境监测网络，推进数字化管控平台；健全分区管控法律法规，严格执法监督，落实生态补偿机制，对因保护生态受限的地区提供财政支持；建立公众参与机制，提升全社会生态文明意识，引导企业绿色转型。通过构建精细化、智慧化、法治化、全民参与的生态环境分区管控体系，实现生态保护与经济社会发展的协调统一。

《关于深入打好污染防治攻坚战的意见》提出，加强生态环境分区管控。

《关于加强生态环境分区管控的意见》提出，通过制订生态环境分区管控方案、确定生态环境管控单元、编制生态环境准入清单、加强生态环境分区管控信息共享、统筹开展定期调整与动态更新，全面推进生态环境分区管控；通过服务国家重大战略、促进绿色低碳发展、支撑综合决策，助推经济社会

高质量发展；通过维护生态安全格局、推动环境质量改善、强化生态环境保护政策协同，实施生态环境高水平保护；通过强化监督管理、完善考核评价，加强监督考核。

为完善全域覆盖的生态环境分区管控体系，生态环境部于 2024 年 7 月 6 日发布了《生态环境分区管控管理暂行规定》。

《关于保护和永续利用自然资源扎实推进美丽中国建设的实施意见》提出，维护“三区三线”划定成果的严肃性，严格国土空间用途管制，落实生态环境分区管控方案与国土空间规划衔接的要求。

第二节　积极稳妥推进碳达峰碳中和

一、实施碳达峰行动

2020 年 9 月，我国明确提出 2030 年“碳达峰”与 2060 年“碳中和”目标。在提出碳达峰与碳中和目标之前，我国就高度重视气候变化问题。1994 年 3 月发布了《中国 21 世纪议程——中国 21 世纪人口、环境与发展白皮书》，2007 年 6 月发布了《中国应对气候变化国家方案》，2008 年 10 月发布了《中国应对气候变化的政策与行动》白皮书，2013 年 11 月发布了第一部专门针对适应气候变化的战略规划——《国家适应气候变化战略》，2015 年 6 月向《联合国气候变化框架公约》秘书处提交了《强化应对气候变化行动——中国国家自主贡献》文件，2016 年 4 月签署了《巴黎协定》，2016 年 9 月发布了《中国落实 2030 年可持续发展议程国别方案》。中国通过把低排放发展战略中的有关要求融入国民经济和社会发展规划，建立健全绿色低碳循环发展经济体系，有力地促进了经济社会发展的全面绿色转型。

2021 年 9 月中共中央、国务院印发了《关于完整准确全面贯彻新发展理念做好碳达峰碳中和工作的意见》，2021 年 10 月国务院印发了《2030 年前碳达峰行动方案》，这两个文件是我国实现碳达峰、碳中和目标的顶层设计。

《关于完整准确全面贯彻新发展理念做好碳达峰碳中和工作的意见》提出，推进经济社会发展全面绿色转型，深度调整产业结构，加快构建清洁低碳安全高效能源体系，加快推进低碳交通运输体系建设，提升城乡建设绿色低碳发展质量，加强绿色低碳重大科技攻关和推广应用，持续巩固提升碳汇能力，提高对外开放绿色低碳发展水平，健全法律法规标准和统计监测体系，完善政策机制。

《2030年前碳达峰行动方案》提出，重点实施能源绿色低碳转型行动、节能降碳增效行动、工业领域碳达峰行动、城乡建设碳达峰行动、交通运输绿色低碳行动、循环经济助力降碳行动、绿色低碳科技创新行动、碳汇能力巩固提升行动、绿色低碳全民行动、各地区梯次有序碳达峰行动。

《关于深入打好污染防治攻坚战的意见》提出，深入推进碳达峰行动。围绕“双碳”目标，各地区、各部门、各行业、各企业都制订了各自的碳达峰实施方案，因地制宜有效推进各项工作，在能源、工业、交通、城乡建设、循环经济、生态碳汇、全民行动、减污降碳、技术创新等方面取得了巨大的成就。当前，已经形成了较为系统完整的碳达峰碳中和“1+N”政策体系。

2023年，实施积极应对气候变化国家战略，坚定不移走生态优先、绿色低碳的高质量发展道路，调整产业结构、优化能源结构、调整交通运输结构、促进节能提效、控制非二氧化碳温室气体排放、提升生态系统碳汇能力、推动减污降碳协同增效、提高适应气候变化能力；编制印发《应对气候变化重点任务（2023—2025）》《甲烷排放控制行动方案》；推动全国碳排放权交易市场第二个履约周期（2021—2022年）顺利收官，共纳入发电行业重点排放单位2257家，年覆盖二氧化碳排放量超过50亿吨，履约完成率超过99%；建成全国碳市场管理平台并上线运行，开展碳排放报告数据质量专项监督帮扶，碳排放数据质量得到有效管控；印发实施《温室气体自愿减排交易管理办法（试行）》，启动全国温室气体自愿减排交易市场，中国完整的碳交易市场体系初步形成；成功举办首届中国碳市场大会；实施《国家适应气候变化战略2025》，推动地方印发实施省级适应气候变化行动方案，印发《关于深化气候适应型城市建设试点的通知》。

二、建设新型能源体系

新型能源体系是指以清洁、低碳、安全、高效为目标，推动能源生产、传输、消费和管理方式变革的现代化能源体系。

新型能源体系主要依托风能、太阳能、水能、生物质能等可再生能源为主体，同时结合煤炭、石油、天然气等传统能源清洁高效利用，以及氢能、储能、智能电网、CCUS 技术等新兴能源技术，形成绿色、低碳、智能、安全的能源结构。新型能源体系的主要特点是清洁低碳、多元互补、智能高效、安全稳定、灵活互动。

与传统能源体系相比，新型能源体系有巨大的优势。新型能源体系以可再生能源为主，减少化石能源依赖，降低碳排放，助力碳达峰与碳中和目标；新型能源体系中的风能、太阳能等波动性能源与水电、核能、储能、氢能等互补，提高系统稳定性和可靠性；新型能源体系利用数字化、智能化技术，大幅提升能源利用效率；新型能源体系优化能源供应结构，提高能源独立性，增强抗风险能力，保障能源安全；新型能源体系推动源网荷储（发电端、电网、用电侧、储能）协同发展，实现分布式能源与集中式能源的协同调度。

新型能源体系对推动能源结构转型、促进绿色发展、应对全球气候变化具有重要意义。要不断提高可再生能源占比，加快风电、光伏、水电、地热能等发展，实现能源结构绿色化；要进一步推动储能技术突破，发展电池储能、抽水蓄能、氢储能等，提高新能源消纳能力；要全力构建智能电网，发展分布式能源、微电网、智能调度系统，实现能源供需精准匹配；要推动能源数字化，利用物联网、大数据、AI 等优化能源管理和调配；要重视强化氢能与新兴技术，推动氢能制备、储存、运输及应用，发展碳捕集、碳交易等碳减排技术。

《2030 年前碳达峰行动方案》提出，大力推动煤炭清洁利用，逐步调整汽油消费规模，加快推进页岩气、煤层气、致密油（气）等非常规油气资源规模化开发，有序引导天然气消费，支持车船使用液化天然气作为燃料。

《“十四五”节能减排综合工作方案》提出，实施煤炭清洁高效利用工程。

《“十四五”现代能源体系规划》提出，大力推动煤炭清洁高效利用。

《关于完善能源绿色低碳转型体制机制和政策措施的意见》提出，建立煤矿绿色发展长效机制，大力推动煤炭清洁高效利用。

三、发展非化石能源

非化石能源是指不依赖煤炭、石油、天然气等化石燃料，而是通过可再生或其他清洁方式获取的能源，主要包括风能、太阳能、水能、生物质能、地热能、海洋能等和核能。

非化石能源的优点是：不直接排放或少量排放二氧化碳；来源广泛，可长期利用；减少进口化石燃料依赖，维护能源安全，提高国家能源自主性。但非化石能源的利用还需要配套储能、智能电网、氢能等技术的提升，提高非稳定性和利用率。

在应对全球气候变化的背景下，要大力发展非化石能源。要加快可再生能源发展的步伐，建设大型风电、光伏基地，发展分布式光伏，提升海上风电技术扩大深远海风电布局，开发流域梯级水电站，推动抽水蓄能电站建设，发展生物质发电、沼气、生物燃料等替代化石燃料，发展地热供暖，研究潮汐能、波浪能、海流能等新兴海洋能技术；要促进核能安全发展，发展第三代核电技术，研发第四代核电技术，发展磁约束核聚变和惯性约束核聚变技术。

《2030年前碳达峰行动方案》提出，全面推进风电、太阳能发电大规模开发和高质量发展，坚持集中式与分布式并举，加快建设风电和光伏发电基地，积极发展太阳能光热发电，推动建立光热发电与光伏发电、风电互补调节的风光热综合可再生能源发电基地，因地制宜发展生物质发电、生物质能清洁供暖和生物天然气，探索深化地热能以及波浪能、潮流能、温差能等海洋新能源开发利用，积极推进水电基地建设，在确保安全的前提下有序发展核电。

《“十四五”可再生能源发展规划》提出，统筹推进陆上风电和光伏发电基地建设，有序推进海上风电基地建设，稳步发展生物质发电，有序推动地热能发电发展，稳步发展潮汐能发电，统筹推进“水风光”综合基地一体化开发。

《“十四五”现代能源体系规划》提出，加快发展风电、太阳能发电。

《关于促进新时代新能源高质量发展的实施方案》提出，加大力度规划建设以大型风光电基地为基础、以其周边清洁高效先进节能的煤电为支撑、以稳定安全可靠的特高压输变电线路为载体的新能源供给消纳体系。

《关于完善能源绿色低碳转型体制机制和政策措施的意见》提出，完善适应可再生能源局域深度利用和广域输送的电网体系。

《关于推动能源电子产业发展的指导意见》提出，发展先进高效的光伏产品及技术，加快智能光伏创新突破。

《关于推动海洋能规模化利用的指导意见》提出，实施百兆瓦级潮流能重点工程，推进波浪能规模化利用，支持温差能资源综合利用，开展海岛多能互补应用，支持多领域融合试点，推动产业集聚发展。

四、构建新型电力系统

新型电力系统是以新能源为主体，依托智能化、数字化、灵活互动的技术手段，实现清洁低碳、安全高效、灵活可靠运行的现代化电力系统。

传统电力系统以煤电、气电、水电等可控电源为主，强调“源随荷动”；新型电力系统以新能源为主，风光发电具有随机性、波动性，需要“荷随源动”。

新型电力系统的最大特点是：新能源占比高，风电、光伏等可再生能源成为主力电源；高弹性和高智能，依赖储能、智能电网、灵活调节能力；“源网荷储”协同，发电、电网、负荷（用电侧）、储能系统深度融合；电力电子化，高比例新能源接入，使电网从“同步电网”转向“电力电子化电网”；数字化赋能，利用大数据、AI、云计算优化电力调度与管理。

构建新型电力系统，要建立新能源主导的电源结构，以风电、光伏为主，辅以水电、核电、生物质能等低碳电源，煤电转型为调节电源，主要提供调峰、备用；大力发展智能电网，采用柔性直流输电技术，提高远距离新能源输送能力，实行“电力大数据 + AI 智能”调度，精准匹配发电与用电需求，发展微电网实现分布式能源的本地消纳；开发新型储能技术，以电化学储能（锂电池、钠电池、液流电池）提高短时调节能力，以抽水蓄能、氢储能提供大规模长时储能，以虚拟电厂（VPP）聚合分散的储能资源提高调控能力；培育灵活互动的用电侧（负荷调节），推动电动汽车、智慧楼宇、工业负荷等可调负荷参与电网调节，通过价格引导用户调整用电时间，将“源随荷动”与“荷随源动”结合提高电力系统匹配度。

《2030 年前碳达峰行动方案》提出，构建新能源占比逐渐提高的新型电力系统，推动清洁电力资源大范围优化配置。

《“十四五”可再生能源发展规划》提出，促进存储消纳，高比例利用可再生能源，提升新型电力系统对高比例可再生能源的适应能力。

《“十四五”现代能源体系规划》提出，推动电力系统向适应大规模高比例新能源方向演进。

《“十四五”新型储能发展实施方案》提出，构建新型储能创新体系，支撑构建新型电力系统。

《关于加快建设全国统一电力市场体系的指导意见》提出，健全多层次统一电力市场体系，构建适应新型电力系统的市场机制。

《关于推动能源电子产业发展的指导意见》提出，开发安全经济的新型储能电池。

五、多领域多层次减污降碳协同

多领域多层次减污降碳协同，是指在不同产业、区域、技术层面上，通过统筹污染治理和碳减排，实现生态环境保护与应对气候变化的协同增效，推动经济社会绿色低碳发展。

多领域多层次减污降碳协同覆盖能源、工业、交通、建筑、农业、生态系统等多个行业，在国家、省、市、企业等不同层面推进协同治理，既减少大气、水、土壤等污染物排放，也降低二氧化碳等温室气体排放，提高整体环境治理效能。

要实现多领域多层次的减污降碳协同，需要综合运用各种手段，推动污染物和温室气体的协同治理。在能源领域加快能源结构转型，减少化石能源依赖，提高清洁能源占比，提升能源利用效率；在工业领域推动绿色制造与低碳转型，实施“工业减污降碳”行动，推动低碳技术应用，推广数字化与智能制造；在交通领域发展绿色低碳交通，加快新能源汽车推广，发展绿色物流与智慧交通，提升公共交通出行比例；在建筑领域推动建筑节能与绿色发展，推广绿色建筑，提升建筑能效，推动清洁取暖；在农业与生态领域增强碳汇能力，发展绿色低碳农业，提升生态系统碳汇，减少农业面源污染；在政策层面，完善法规标准，发展碳市场与绿色金融，建立减污降碳协同管理体系，推动区域协同治理。

《“十四五”规划和2035年远景目标纲要》提出，强化多污染物协同控制和区域协同治理。

《关于深入打好污染防治攻坚战的意见》提出，以实现减污降碳协同增效为总抓手，强化多污染物协同控制和区域协同治理。

《减污降碳协同增效实施方案》提出，协同推进减污降碳。

《深入打好重污染天气消除、臭氧污染防治和柴油货车污染治理攻坚战行动方案》提出，以实现减污降碳协同增效为总抓手。统筹大气污染防治和温室气体减排，促进减污降碳协同增效，聚焦 $PM_{2.5}$和臭氧协同控制，强化多污染物协同减排，加强区域协同治理、联防联控。开展大气减污降碳协同增效行动，强化挥发性有机物（VOCs）、氮氧化物等多污染物协同减排。开展 $PM_{2.5}$和臭氧协同防控科技攻关。

《重污染天气消除攻坚行动方案》提出，通过推动产业结构和布局优化调整、推动能源绿色低碳转型、开展传统产业集群升级改造，实施大气减污降碳协同增效行动。

《臭氧污染防治攻坚行动方案》提出，到 2025 年，$PM_{2.5}$和 O_3协同控制取得积极成效。

《柴油货车污染治理攻坚行动方案》提出，坚持协同防控，加强政策系统性、协调性，建立完善信息共享机制，强化部门联合监管和执法，完善部门协同监管模式。

《空气质量持续改善行动计划》提出，协同推进降碳、减污、扩绿、增长，开展区域协同治理，推进 $PM_{2.5}$和 O_3协同控制。

《长三角区域污染物总量协同控制实施方案》提出，建立长三角总量协同控制工作机制，深化区域大气污染物协同减排，深化区域水污染物协同减排，探索建立长三角区域排污权交易体系，建立长三角总量协同减排评估机制。

六、碳排放总量和强度双控

碳排放总量和强度双控，是指通过设定碳排放总量和碳排放强度的控制目标，来实现碳排放的科学管理和逐步减少。它是推动碳达峰、碳中和目标的重要政策工具。总量控制在于确保碳排放不无限增长，强度控制旨在提高经济发展的低碳效率。

“十四五”以来，我国坚持把减污降碳协同增效作为促进经济社会发展全面绿色转型的总抓手，强化源头治理、系统治理、综合治理，加快建立统一规范的碳排放统计核算体系，推动能耗双控向碳排放总量和强度双控转变。

实行碳排放总量和强度双控，在国家层面，设定总量和强度目标，建立碳排放权交易市场，通过市场机制控制碳总量，提高可再生能源占比推动能源结构调整；在地方层面，分解落实国家目标，制定区域碳双控政策，限制高能耗、高排放行业发展，提高区域碳减排效率；在企业层面，采用低碳技术减少排放，通过碳配额交易优化减排成本，提高能效管理，减少单位产出碳排放。

《“十四五”规划和2035年远景目标纲要》提出，完善能源消费总量和强度双控制度，重点控制化石能源消费。实施以碳强度控制为主、碳排放总量控制为辅的制度，支持有条件的地方和重点行业、重点企业率先达到碳排放峰值。

《关于推动能耗双控逐步转向碳排放双控的意见》提出，完善能源消耗总量和强度调控，逐步转向碳排放总量和强度双控制度。

《关于全面推进美丽中国建设的意见》提出，推动能耗双控逐步转向碳排放总量和强度双控，加强碳排放双控基础能力和制度建设。

《2024—2025年节能降碳行动方案》提出，完善能源消耗总量和强度调控，重点控制化石能源消费，强化碳排放强度管理，为实现碳达峰碳中和目标奠定坚实基础。

《加快构建碳排放双控制度体系工作方案》提出，完善碳排放相关规划制度，建立地方碳排放目标评价考核制度，探索重点行业领域碳排放预警管控机制，完善企业节能降碳管理制度，开展固定资产投资项目碳排放评价，加快建立产品碳足迹管理体系。

《关于加快经济社会发展全面绿色转型的意见》提出，建立能耗双控向碳排放双控全面转型新机制。

七、实施甲烷排放控制行动方案

甲烷是全球变暖的一个重要因素，是仅次于二氧化碳的第二大温室气体，具有增温潜势高、在大气中的寿命短的特点。积极稳妥有序控制甲烷排放，兼具减缓全球温升的气候效益、能源资源化利用的经济效益、协同控制污染物的环境效益和减少生产事故的安全效益。

甲烷排放主要来自化石能源、农业、废弃物三个领域。化石能源开采和使用的甲烷排放量约占甲烷总量排放的35%，畜牧业和水稻种植的甲烷排放量约占40%，垃圾填埋和废水处理的甲烷排放量约占20%。

《“十四五”规划和2035年远景目标纲要》提出，加大甲烷、氢氟碳化物、全氟化碳等其他温室气体的控制力度。

《甲烷排放控制行动方案》提出，“十四五”期间，甲烷排放控制政策、技术和标准体系逐步建立，甲烷排放统计核算、监测监管等基础能力有效提升，甲烷资源化利用和排放控制工作取得积极进展；“十五五”期间，甲烷排放控制政策、技术和标准体系进一步完善，甲烷排放统计核算、监测监管等基础能力明显提升，甲烷排放控制能力和管理水平有效提高。

全面有序推进甲烷排放控制工作，是积极参与应对气候变化全球治理的重要措施。通过加强甲烷排放监测，研究建立甲烷排放核算和报告及核查制度，提升甲烷排放数据信息化管理水平，加强甲烷排放监测、核算、报告和核查体系建设；通过强化甲烷综合利用、推广应用泄漏检测与修复技术、推动逐步减少油气系统常规火炬，推进能源领域甲烷排放控制；通过推进畜禽粪污资源化利用、科学控制肠道发酵甲烷排放、有序推进稻田甲烷排放控制，推进农业领域甲烷排放控制；通过推进垃圾处理甲烷排放控制、加强污水处理领域甲烷收集利用，加强垃圾和污水处理甲烷排放控制；通过强化污染物与甲烷协同控制措施、优化协同治理技术路线，加强污染物与甲烷协同控制；通过加强关键技术创新、强化甲烷排放控制监管，加强技术创新和甲烷排放控制监管；通过加强法规制度建设、建立完善技术标准体系、创新完善经济激励政策，加快构建法规标准政策体系；通过积极参与全球甲烷治理、开展全球甲烷交流合作，加强全球甲烷治理与合作。

八、发展全国碳市场

碳市场是一种以碳排放权为核心的市场交易机制，允许企业、机构或国家通过买卖碳配额或碳信用额来履行碳减排义务或实现碳中和目标。通过市场手段减少温室气体排放，鼓励企业采用更清洁的生产方式，降低碳排放成本，推动可再生能源、节能技术的发展。

碳市场主要分为强制性碳市场和自愿性碳市场两大类。强制性碳市场受政府法规约束，企业必须参与，适用于电力、钢铁、水泥、化工等高碳排行业，政府为企业设定碳排放配额，排放超过配额的企业需要购买额外碳配额，而低碳企业可以出售剩余配额，从而形成交易市场；自愿性碳市场是企业或个人可自愿参与，没有强制减排要求，主要用于企业碳中和、社会责任、ESG 投资，企业通过可再生能源、森林碳汇等支持减排项目获得碳信用额，并用于抵消自身排放。

全国碳排放权交易市场是推动实现我国碳达峰、碳中和目标的重要政策工具。2011 年 10 月，我国在北京、天津、上海、重庆、广东、湖北、深圳等地启动地方碳排放权交易市场试点工作，2017 年 12 月启动全国碳排放权交易市场建设，2021 年 7 月全国碳排放权交易市场正式上线交易，是当前全球最大碳市场。全国碳市场第一个履约周期共纳入发电行业重点排放单位 2162 家，年覆盖温室气体排放量约 45 亿吨二氧化碳当量。全国碳排放权交易市场第二个履约周期共纳入发电行业重点排放单位（含其他行业自备电厂）2257 家，年度覆盖温室气体排放量约 51 亿吨二氧化碳当量。截至 2024 年底，全国碳排放权交易市场配额累计成交量 6.3 亿吨，累计成交额 430.33 亿元。其中，2024 年配额成交量和成交额较 2023 年分别增长 44% 和 110%，交易规模持续扩大。2024 年纳入全国碳排放交易市场的重点排放单位应清缴配额总量 55.44 亿吨，配额清缴完成率 99.98%，创历史新高。

2024 年 1 月 22 日，全国温室气体自愿减排交易市场正式启动。市场由政府主导建立，突出“自愿”属性和市场主体作用，强化信息公开和公众监督，维护市场诚信、公平、透明。目前。在全国温室气体自愿减排注册登记系统及信息平台公示的项目有 74 个。

《全国碳排放权交易市场建设方案（发电行业）》提出，充分发挥市场机制对控制温室气体排放的作用，稳步推进建立全国统一的碳市场，还规定了市场要素、参与主体、制度建设、发电行业配额管理、支撑系统和保障措施。

《碳排放权交易管理办法（试行）》规定了全国碳排放权交易、相关活动，以及监督管理包括碳排放配额分配和清缴，碳排放权登记、交易、结算，温室气体排放报告与核查等。

《“十四五”规划和 2035 年远景目标纲要》提出，推进排污权、用能权、用水权、碳排放权市场化交易。

《2030年前碳达峰行动方案》提出，建立健全市场化机制，发挥全国碳排放权交易市场作用，建设全国用能权交易市场，统筹推进碳排放权、用能权、电力交易等市场建设。

《关于加快建设全国统一大市场的意见》提出，建设全国统一的碳排放权、用水权交易市场，实行统一规范的行业标准、交易监管机制。

《关于全面推进美丽中国建设的意见》提出，进一步发展全国碳市场，建设完善全国温室气体自愿减排交易市场。

《碳排放权交易管理暂行条例》构建了碳排放权交易管理的基本制度框架，明确了注册登记机构和交易机构的法律地位和职责、碳排放权交易覆盖范围以及交易产品与交易主体和交易方式、重点排放单位确定、碳排放配额分配、排放报告编制与核查、碳排放配额清缴和市场交易。

《关于进一步强化金融支持绿色低碳发展的指导意见》提出，推进碳排放权交易市场建设。

《关于加快经济社会发展全面绿色转型的意见》提出，推进全国碳排放权交易市场和温室气体自愿减排交易市场建设，健全法规制度，适时有序扩大交易行业范围。

《关于促进企业温室气体信息自愿披露的意见》提出，构建企业温室气体信息披露的配套技术规范体系，丰富和拓展企业温室气体信息披露形式和渠道，丰富企业温室气体信息披露的应用场景，引导第三方机构参与企业温室气体信息披露的市场化服务，鼓励企业温室气体信息自愿披露先行先试，加强企业温室气体信息披露国际合作。

第三节　统筹推进重点领域绿色低碳发展

一、推进产业数字化、智能化同绿色化深度融合

产业数字化、智能化同绿色化深度融合，是指通过数字技术和智能化手段，推动产业在生产、管理和服务等环节的绿色转型。推进产业数字化、智能化同绿色化深度融合，可以有效实现资源高效利用、减少环境污染、降低

碳排放，促进可持续发展。

利用大数据、云计算、物联网等技术，提升生产效率、优化资源配置、降低能耗和排放；通过人工智能、机器学习等技术，实现生产和管理过程的自动化与智能化，提高生产精度、减少资源浪费、降低环境影响；通过清洁生产、循环经济等手段，降低碳排放、减少废弃物、提升资源利用效率。将数字化、智能化与绿色化深度融合，可以形成协同效应，推动产业全面绿色转型。

《关于积极推进“互联网＋”行动的指导意见》提出，推动互联网与制造业融合，提升制造业数字化、网络化、智能化水平，大力发展智能制造。

《关于深化制造业与互联网融合发展的指导意见》提出，推动制造业与互联网融合，有利于形成叠加效应、聚合效应、倍增效应；面向生产制造全过程、全产业链、产品全生命周期，实施智能制造等重大工程。

《“十四五”工业绿色发展规划》提出，推动数字化智能化绿色化融合发展。

《“十四五”智能制造发展规划》提出，构建虚实融合、知识驱动、动态优化、安全高效、绿色低碳的智能制造系统，推动制造业实现数字化转型、网络化协同、智能化变革。

《关于推动能源电子产业发展的指导意见》提出，推动互联网、大数据、人工智能、5G 等信息技术与绿色低碳产业深度融合。

《关于加快经济社会发展全面绿色转型的意见》提出，加快数字化绿色化协同转型发展。

《数字化绿色化协同转型发展实施指南》提出，发展数字化绿色化融合产业体系。加快数字技术向重点行业深度拓展，在数字化绿色化转型中培育协同的融合产业，注重发展协同产业集群，构建协同公共服务体系。

二、建设现代化产业体系

（一）建设以实体经济为支撑的现代化产业体系

实体经济是国民经济的基础，涵盖制造业、农业、能源、交通等关键领域，直接影响国家经济安全。过度依赖虚拟经济或外部供应链可能导致产业

“空心化”，进而影响经济稳定。实体经济强则经济韧性强，面对全球供应链波动、国际市场变化时，实体经济更具抗风险能力。同时，先进制造业、新兴产业的崛起能增强国际竞争力，推动全球产业链深度参与。现代化产业体系强调科技创新、绿色低碳、数字化，能够提高全要素生产率，建立在实体经济基础上的现代化产业体系，促进经济结构优化，推动经济由规模扩张向质量提升转变。

构建现代产业体系，要以先进制造业的发展为基础，改造提升传统产业，布局战略性新兴产业，推动制造业智能化，加快数字经济与实体经济融合，深化绿色低碳转型。

《“十四五”规划和2035年远景目标纲要》提出，坚持把发展经济着力点放在实体经济上，加快推进制造强国、质量强国建设，促进先进制造业和现代服务业深度融合，强化基础设施支撑引领作用，构建实体经济、科技创新、现代金融、人力资源协同发展的现代产业体系。

（二）发展新兴产业

1. 战略性新兴产业和高技术产业

战略性新兴产业是以重大技术突破和重大发展需求为基础，对经济社会全局和长远发展具有重大引领带动作用的先导产业。战略性新兴产业代表新一轮科技革命和产业变革的方向，是获取未来竞争新优势的关键领域。

战略性新兴产业主要包括新一代信息技术（5G、人工智能、大数据、云计算、物联网等）、生物技术（生物医药、生物农业、生物制造等）、新能源（太阳能、风能、核能、氢能等）、新材料（纳米材料、高性能复合材料、智能材料等）、高端装备制造（机器人、智能制造装备、航空航天装备、海洋工程装备等）、新能源汽车（电动汽车、氢燃料电池汽车等）、绿色环保（节能环保技术、资源循环利用、环境治理等）等领域。

战略性新兴产业的特点是科技创新驱动、高成长性、强带动性、高附加值、绿色低碳。加快培育和发展战略性新兴产业，能助力从传统产业向高附加值、高技术含量产业升级，抢占全球科技和产业制高点，促进绿色低碳发展，助力“双碳”目标的实现。

高技术产业是指依赖高水平科技创新和先进技术的产业，通常涉及研发投入、技术壁垒、创新密集度均较高的领域，主要包括电子信息技术（5G、物联网、半导体、人工智能等）、生物技术（基因工程、精准医疗、疫苗研发等）、航空航天技术（卫星制造、航天器、无人机等）、新材料技术（纳米材料、碳纤维、先进合金等）、高端装备制造（机器人、智能制造、智能交通装备等）、新能源及环保技术（光伏、风能、氢能、储能等）等领域，发展高技术产业能够促进经济增长和产业升级，提升国家竞争力。

高技术产业是战略性新兴产业的一部分，高技术产业侧重于技术密集型行业，战略性新兴产业同时关注产业链和市场，高技术产业依赖科技创新，战略性新兴产业还依赖市场需求，高技术产业一般已具备成熟技术，而战略性新兴产业则处于快速发展和培育阶段。

《新能源汽车产业发展规划（2021—2035 年）》提出，推动汽车从单纯交通工具向移动智能终端、储能单元和数字空间转变，带动能源、交通、信息通信基础设施改造升级。提高技术创新能力，构建新型产业生态，推动产业融合发展，完善基础设施体系，深化开放合作。

《“十四五”规划和 2035 年远景目标纲要》提出，推动战略性新兴产业融合化、集群化、生态化发展。

《新一代人工智能发展规划》提出，布局新一代人工智能重大科技项目为核心、现有研发布局为支撑的“1 + N”人工智能项目群。“1”是指新一代人工智能重大科技项目，“N”是指国家相关规划计划中部署的人工智能研发项目。

《“十四五”可再生能源发展规划》提出，大力推进风电和光伏发电基地化开发，积极推进风电和光伏发电分布式开发，统筹推进水风光综合基地一体化开发，稳步推进生物质能多元化开发，积极推进地热能规模化开发，稳妥推进海洋能示范化开发，加大可再生能源技术创新攻关力度，培育再生能源发展新模式新业态，提升可再生能源产业链供应链现代化水平，完善可再生能源创新链。

《“十四五”大数据产业发展规划》提出，加快培育数据要素市场，发挥大数据特性优势，夯实产业发展基础，构建稳定高效产业链，打造繁荣有序产业生态，筑牢数据安全保障防线。

《“十四五”数字经济发展规划》提出，大力推进产业数字化转型，加快推动数字产业化。

《“十四五”机器人产业发展规划》提出，实施机器人核心技术攻关行动，实施机器人关键基础提升行动，实施机器人创新产品发展行动，实施“机器人+”应用行动。

《环保装备制造业高质量发展行动计划（2022—2025年）》提出，以攻克关键核心技术为突破口，强化科技创新支撑，提升高端装备供给能力，推进产业结构优化升级，推动发展模式数字化、智能化、绿色化、服务化转型。

《“十四五”现代能源体系规划》提出，大力发展非化石能源、推动构建新型电力系统、减少能源产业碳足迹、更大力度强化节能降碳，加快推动能源绿色低碳转型。

《“十四五”生物经济发展规划》提出，推动医疗健康产业发展，推动生物农业产业发展，推动生物能源与生物环保产业发展，推动生物信息产业发展。

《“十四五”智能制造发展规划》提出，实施智能制造技术攻关行动，实施智能制造示范工厂建设、行业智能化改造升级行动，实施智能制造装备创新发展、工业软件突破提升行动，实施智能制造标准领航行动。

《关于加强新能源汽车与电网融合互动的实施意见》提出，协同推进车网互动核心技术攻关，加快建立车网互动标准体系，优化完善配套电价和市场机制，探索开展双向充放电综合示范，积极提升充换电设施互动水平，系统强化电网企业支撑保障能力。

2. 绿色环保产业

绿色环保产业是指以减少环境污染、降低资源消耗、促进生态可持续发展为目标的产业。绿色环保产业的内涵和外延是动态变化的，主要受政策、技术进步、市场需求、全球环境治理趋势等因素的影响。绿色环保产业是当代全球发展战略性新兴产业的重要内容之一。

2019年2月，国家发展改革委等7个部门印发了《绿色产业指导目录（2019年版）》，目录包括6个一级分类、30个二级分类、211个三级分类，明确了绿色产业涵盖的行业。2024年2月，结合绿色发展新形势、新任务、新要求，国家发展改革委等10个部门又发布了《绿色低碳转型产业指导目录（2024年版）》。

从当前绿色发展的形势看，2024年版目录涵盖了绿色环保相关的领域，绿色低碳转型产业包括：节能降碳产业（高效节能装备制造、先进交通装备制造、节能降碳改造、重点工业行业绿色低碳转型、温室气体控制）、环境保护产业（先进环保装备和原料材料制造、大气污染治理、水污染治理、土壤污染治理、其他污染治理和环境综合整治）、资源循环利用产业（资源循环利用装备制造、资源循环利用）、能源绿色低碳转型（新能源与清洁能源装备制造、清洁能源设施建设和运营、能源系统安全高效运行、传统能源清洁低碳转型）、生态保护修复和利用（生态农林牧渔业、生态保护修复、国土综合整治）、基础设施绿色升级（建筑节能与绿色建筑、绿色交通、绿色物流、环境基础设施、城乡能源基础设施、信息基础设施）、绿色服务（咨询监理、运营管理、监测检测、评估审查核查、绿色技术产品研发认证推广、资源环境权益交易）7类一级目录、31类二级目录、246类三级目录。

要建立健全绿色低碳循环发展的经济体系，必须加快绿色低碳转型产业的发展步伐，这是应对气候变化和实现经济可持续发展的关键。在政策支持与引导上，要根据发展的实际情况确定目标，制订详细的行动计划，完善环保法规，通过财政、金融等手段，支持绿色低碳项目和企业；在技术创新与研发上，增加对绿色技术的研发投入，加快清洁能源、节能技术、污染治理等领域的先进技术应用，加强国际技术合作，引进和吸收先进绿色技术；在产业结构调整上，发展可再生能源减少化石能源依赖，优化能源结构，促进传统产业绿色改造，发展低碳工业和高新技术产业，发展循环经济；在绿色金融与投资上，开发绿色金融产品，支持并确保资金流向真正的绿色项目，吸引社会资本投入绿色低碳产业；在公众参与意识提升上，加强宣传教育，鼓励绿色消费，形成全社会共同参与的氛围；在基础设施建设上，建设智能电网，发展公共交通、电动汽车等绿色交通基础设施，加强生态修复和环境治理，提升生态系统的碳汇能力；在国际合作与交流上，参与全球气候治理，加强与国际绿色技术、资金、人才等方面的交流与合作，推动绿色“一带一路”建设。

《“十四五”规划和2035年远景目标纲要》提出，壮大节能环保、清洁生产、清洁能源、生态环境、基础设施绿色升级、绿色服务等产业，推广合同能源管理、合同节水管理、环境污染第三方治理等服务模式。

《加快建立健全绿色低碳循环发展经济体系的指导意见》提出，壮大绿色环保产业。

《关于深入打好污染防治攻坚战的意见》提出，加快发展节能环保产业，推广生态环境整体解决方案、托管服务和第三方治理。

《环保装备制造业高质量发展行动计划（2022—2025年）》提出，实施科技创新能力提升“补短板”行动、产品供给能力增强“锻长板”行动、产业结构调整“聚优势”行动、发展模式转型“蓄后势”行动。

《关于加快经济社会发展全面绿色转型的意见》提出，大力发展绿色低碳产业，加快发展战略性新兴产业，建设绿色制造体系和服务体系，不断提升绿色低碳产业在经济总量中的比重。

3. 现代服务业

现代服务业是相对于传统服务业而言的，是在产业结构中基于新兴服务业成长壮大和传统服务业改造升级而形成的新型服务业体系。现代服务业一般分为：基础服务（通信服务和信息服务等）、生产和市场服务（金融、物流、批发、电子商务、农业支撑服务以及中介和咨询等专业服务）、个人消费服务（教育、医疗保健、住宿、餐饮、文化娱乐、旅游、房地产、商品零售等）、公共服务（政府的公共管理服务、基础教育、公共卫生、医疗以及公益性信息服务等）。

现代服务业既包括随着技术发展而产生的新兴服务业态，也包括运用现代技术对传统服务业的改造和提升。数字经济形态下利用数字技术赋能现代服务业，产生新服务，突破了原有服务模式的时间和空间限制，通过改变运营模式有效提升了服务能力。

科技的创新带来了现代服务业的新发展，以云计算、大数据、移动互联网、物联网、务联网和新型终端技术等为代表的新一代信息技术正带动服务计算、知识图谱等技术深入研究和应用，为现代服务业发展提供了更好的技术基础和更大的发展空间；现代服务业进一步向全球化、专业化、网络化深化发展，由技术原创驱动的服务创新和规则制定成为未来服务业竞争的重要内容；商业模式创新成为现代服务业竞争的核心要素，行业融合、垂直整合、平台经济、特种定制、一站式集成服务将成为未来发挥主导作用的商业模式。

生产性服务业是现代服务业的核心内容，是连接制造业与服务业的桥梁，为制造业的升级转型提供强有力的支撑。2015 年 6 月，国家统计局首次发布生产性服务业分类统计标准。2019 年 4 月，国家统计局修订、印发《生产性服务业统计分类（2019）》，分类的范围包括：研发设计与其他技术服务（研发与设计服务、科技成果转化服务、知识产权及相关法律服务、检验检测认证标准计量服务、生产性专业技术服务）、货物运输通用航空生产及仓储和邮政快递服务（货物运输服务、货物运输辅助服务、通用航空生产服务、仓储服务、搬运及包装和代理服务、国家邮政和快递服务）、信息服务（信息传输服务、信息技术服务、电子商务支持服务）、金融服务（货币金融服务、资本市场服务、生产性保险服务、其他生产性金融服务）、节能与环保服务（节能服务、环境与污染治理服务、回收与利用服务）、生产性租赁服务（融资租赁服务、实物租赁服务）、商务服务（组织管理和综合管理服务、咨询与调查服务、其他生产性商务服务）、人力资源管理与职业教育培训服务（人力资源管理、职业教育和培训）、批发与贸易经纪代理服务（产品批发服务、贸易经纪代理服务）、生产性支持服务（农林牧渔专业及辅助性活动、开采专业及辅助性活动、为生产人员提供的支助服务、机械设备修理和售后服务、生产性保洁服务），共 10 个大类、35 个中类和 171 个小类。

2024 年 2 月，国家发展改革委等 10 个部门印发了《绿色低碳转型产业指导目录（2024 年版）》，其中，生产性服务业涉及：节能降碳产业（节能降碳改造、重点工业行业绿色低碳转型、温室气体控制）、环境保护产业（大气污染治理、水污染治理、土壤污染治理、其他污染治理和环境综合整治）、资源循环利用产业（资源循环利用）、能源绿色低碳转型（清洁能源设施运营、能源系统安全高效运行、传统能源清洁低碳转型）、生态保护修复和利用（生态农林牧渔业、生态保护修复、国土综合整治）、基础设施绿色升级（建筑节能与绿色建筑、绿色交通、绿色物流、环境基础设施、城乡能源基础设施、信息基础设施）、绿色服务（咨询监理、运营管理、监测检测、评估审查核查、绿色技术产品研发认证推广、资源环境权益交易），共 7 个一级分类、26 个二级分类、174 个三级分类。

发展现代产业体系，推动经济体系优化升级，必须大力发展生产性服务业。促进制造业与服务业深度融合，优化生产性服务业结构，推动生产性服务业集群式发展，促进生产性服务业与先进制造业、战略性新兴产业深度融合，破除制约制造业与服务业深度融合的体制机制障碍。

《“十四五”规划和2035年远景目标纲要》提出，推动生产性服务业融合化发展，推动现代服务业与先进制造业、现代农业深度融合，加快生活性服务业品质化发展。

《“十四五”商务发展规划》提出，壮大战略性新兴产业和现代服务业。

《“十四五”服务贸易发展规划》提出，持续推进服务业扩大开放，支持商业存在模式服务贸易加快发展。

《构建数据基础制度更好发挥数据要素作用的意见》提出，支持第三方机构、中介服务组织加强数据采集和质量评估标准制定，推动数据产品标准化，发展数据分析、数据服务等产业。

我国众多行业的“十四五”专项发展规划，都从不同领域和层面提出大力发展现代服务业。

三、遏制高耗能、高排放、低水平项目

高耗能、高排放、低水平项目，即“两高一低”项目，是指能源消耗大、污染物排放多、技术水平落后、资源利用效率低的项目，主要存在于传统高能耗行业，如钢铁、水泥、化工、电解铝等。

“两高一低”项目的主要特征是：高耗能——单位产品的能源消耗高，能源利用效率低；高排放——生产过程中排放大量二氧化碳、硫氧化物、氮氧化物、烟尘等污染物，对环境影响大；低水平——技术落后、产业附加值低、产能过剩、对经济贡献有限。

推进绿色低碳发展，必须严格遏制“两高一低”项目，实现高能耗、高排放、低水平项目的有效管控和替代。一是强化政策管控，严格准入门槛。提高项目能效准入标准，严控新增“两高”产能，对不符合能耗、排放、技术标准的项目不予批准。设定行业能耗上限，提高能效标杆要求。在能源消耗大、碳排放高的地区，严控“两高”项目，鼓励发展绿色产业。二是发挥市场机制作用，引导行业转型。通过全国碳排放权交易市场，提高高排放企业成本，倒逼企业转型，鼓励节能企业出售富余能耗指标，对“两高”行业实施阶梯电价。三是推动技术升级，提高产业能效。关停小型、高污染、低效的炼钢、炼铁、水泥、化工等企业，发展智能制造、循环经济、节能环保

技术，如低碳冶炼、重视 CCUS① 技术，推广清洁能源替代。四是强化金融约束，提升企业环保成本。取消“两高”项目的信贷支持，引导金融机构提供绿色贷款、绿色债券，支持环保企业，提高“两高”行业排污费、碳税、资源税。五是强化监管执法，提高违法成本。对超标排放、违规审批的“两高”项目加强督查、整改、处罚，将“两高”企业纳入信用监管，严重违法者列入“黑名单”，限制市场准入。六是促进国际合作，对标先进标准，推动绿色技术引进。

《“十四五”时期深化价格机制改革行动方案》提出，针对高耗能、高排放行业，完善差别电价、阶梯电价等绿色电价政策，强化与产业和环保政策的协同，加大实施力度，促进节能减碳。

《关于加强高耗能、高排放建设项目生态环境源头防控的指导意见》提出，加强生态环境分区管控和规划约束，严格“两高”项目环评审批，推进“两高”行业减污降碳协同控制。

《关于完整准确全面贯彻新发展理念做好碳达峰碳中和工作的意见》提出，坚决遏制高耗能高排放项目盲目发展。

《2030 年前碳达峰行动方案》提出，采取强有力措施，对“两高”项目实行清单管理、分类处置、动态监控。强化常态化监管，坚决拿下不符合要求的“两高”项目。

《关于严格能效约束推动重点领域节能降碳的若干意见》提出，推动重点工业领域节能降碳和绿色转型，坚决遏制全国“两高”项目盲目发展。

《“十四五”全国清洁生产推行方案》提出，加强高耗能高排放项目清洁生产评价，坚决遏制高耗能高排放项目盲目发展。

《关于深入打好污染防治攻坚战的意见》提出，坚决遏制高耗能高排放项目盲目发展。

《关于促进制造业有序转移的指导意见》提出，严格实施产能置换办法，坚决遏制“两高”项目盲目发展。

《“十四五”节能减排综合工作方案》提出，加强对“两高”项目节能审查、环境影响评价审批程序和结果执行的监督评估，坚决遏制高耗能高排放

---

① CCUS，即碳捕集、封存及再利用（Carbon Capture，Utilization and Storage）。

项目盲目发展，严禁违规“两高”项目建设、运行，坚决拿下不符合要求的“两高”项目。

《“十四五”环境影响评价与排污许可工作实施方案》提出，加强“两高”行业的生态环境源头和减污降碳源头防控。

《减污降碳协同增效实施方案》提出，坚决遏制高耗能、高排放、低水平项目盲目发展。

《工业能效提升行动计划》提出，坚决遏制高耗能、高排放、低水平项目盲目发展。

《工业领域碳达峰实施方案》提出，坚决遏制高耗能高排放低水平项目盲目发展，严把高耗能高排放低水平项目准入关。采取强有力措施，对高耗能高排放低水平项目实行清单管理、分类处置、动态监控。

《重污染天气消除攻坚行动方案》提出，坚决遏制高耗能、高排放、低水平项目盲目发展，严格落实国家产业规划、产业政策、“三线一单”、规划环评，以及产能置换、煤炭消费减量替代、区域污染物削减等要求，坚决叫停不符合要求的高耗能、高排放、低水平项目。

《“十四五”扩大内需战略实施方案》提出，严格控制建设高耗能、高排放项目。

四、实施清洁生产水平提升工程

清洁生产是指在生产全过程中采取预防污染的措施，减少资源消耗，提高能源利用率，降低污染物排放，从而实现经济效益、环境效益、社会效益的统一。实施传统产业清洁生产水平提升工程，是推动传统产业绿色低碳转型的重要举措，旨在通过减少污染、提高资源利用效率、降低碳排放，实现经济与环境的协调发展。

在重点行业推行清洁生产审核，建立企业环境绩效考核体系，提高节能减排标准，改造高能耗、高污染生产线，推广低碳制造技术，推广清洁能源应用，促进工业废弃物资源化利用，发展循环经济，提升传统产业的清洁生产水平。

1993 年我国开始启动了清洁生产工作，2002 年通过了《中华人民共和国清洁生产促进法》，清洁生产相关标准相继推出，《清洁生产审核暂行办法》

《重点企业清洁生产审核程序的规定》《工业清洁生产评价指标体系编制通则》《工业企业清洁生产审核技术导则》《国家重点行业清洁生产技术导向目录》等，对实施清洁生产作出了规定。迄今为止，我国在重点行业制定了清洁生产评价指标体系，涵盖了钢铁、水泥、化工、造纸等高耗能、高排放行业。

《关于深入打好污染防治攻坚战的意见》提出，引导重点行业深入实施清洁生产改造，依法开展自愿性清洁生产评价认证。大力推行绿色制造，构建资源循环利用体系，推动煤炭等化石能源清洁高效利用。

《“十四五”全国清洁生产推行方案》提出，突出抓好工业清洁生产，加快推行农业清洁生产，积极推动其他领域清洁生产，加强清洁生产科技创新和产业培育，深化清洁生产推行模式创新。

《“十四五”原材料工业发展规划》提出，推进超低排放和清洁生产。

《关于加快建立健全绿色低碳循环发展经济体系的指导意见》提出，全面推行清洁生产，依法在“双超双有高耗能”行业实施强制性清洁生产审核。

五、加快既有建筑和市政基础设施节能降碳改造

既有建筑和市政基础设施节能降碳改造，是指对现有建筑和城市公共设施进行节能技术升级和能源优化、低碳化改造，以提高能源利用效率、降低碳排放、减少环境污染，推动城市绿色低碳发展。

推动城市绿色低碳转型，建设美丽城市，要加快既有建筑和市政基础设施节能降碳改造的步伐，通过节能技术升级、智能化管理、可再生能源利用等方式，降低能源消耗和碳排放，推动超低能耗、低碳建筑规模化发展，助力实现“双碳”目标。

《关于完整准确全面贯彻新发展理念做好碳达峰碳中和工作的意见》提出，深化可再生能源建筑应用，加快推动建筑用能电气化和低碳化，开展建筑屋顶光伏行动，大幅提高建筑采暖、生活热水、炊事等电气化普及率。

《“十四五”建筑节能与绿色建筑发展规划》提出，加强既有建筑节能绿色改造。

《“十四五”全国城市基础设施建设规划》提出，开展城市配电网扩容和升级改造，推进分布式可再生能源和建筑一体化利用，因地制宜推动城市分

布式光伏发展；开展城市集中供热系统清洁化建设和改造；加强清洁热源和配套供热管网建设和改造，发展新能源、可再生能源等低碳能源，大力发展热电联产，因地制宜推进工业余热、天然气、电力和可再生能源供暖。

《减污降碳协同增效实施方案》提出，加强建筑拆建管理，多措并举提高绿色建筑比例，推动超低能耗建筑、近零碳建筑规模化发展。

《“十四五”节能减排综合工作方案》提出，实施城镇绿色节能改造工程。

《“十四五”全国清洁生产推行方案》提出，推进城镇既有建筑和市政基础设施节能改造，推广可再生能源建筑，推动建筑用能电气化和低碳化。

《“十四五”节能减排综合工作方案》提出，积极推进既有建筑节能改造、建筑光伏一体化建设。

《关于推动城乡建设绿色发展的意见》提出，建立城市建筑用水、用电、用气、用热等数据共享机制，提升建筑能耗监测能力，推动区域建筑能效提升，推广合同能源管理、合同节水管理服务模式，降低建筑运行能耗、水耗，大力推动可再生能源应用，鼓励智能光伏与绿色建筑融合创新发展。

《关于完善能源绿色低碳转型体制机制和政策措施的意见》提出，推进和支持既有建筑节能改造。

《城乡建设领域碳达峰实施方案》提出，推动建筑热源端低碳化，综合利用热电联产余热、工业余热、核电余热。

六、发展多式联运和开展交通基础设施绿色化提升改造

多式联运是指使用两种或两种以上不同的运输方式（如公路、铁路、水路、航空等），通过统一的运输组织方式，将货物或旅客从起点运输到终点的运输模式。它强调不同运输方式之间的高效衔接，以提高运输效率、降低成本，并减少环境影响。多式联运可以提高运输效率，减少运输工具对环境的污染，减少货损货差，增强供应链稳定性，提升大宗货物清洁化运输水平。

传统交通基础设施的建设和运营，对传统能源的消耗大，同时产生了大量碳排放、粉尘、噪声等污染。交通基础设施绿色化提升改造，是推动可持续交通发展的关键举措，既能减少环境污染，又能提高交通系统的韧性和效率。采用绿色材料、节能技术、智慧交通、降低全生命周期能耗和碳排放等

多种手段，能够实现经济效益、社会效益和环境效益的多赢。

加快形成绿色低碳运输方式，要大力推进“公转铁”“公转水”，加快铁路专用线建设，提升大宗货物清洁化运输水平；推进铁路场站、民用机场、港口码头、物流园区等绿色化改造和铁路电气化改造，推动超低和近零排放车辆规模化应用、非道路移动机械清洁低碳应用。

《2030年前碳达峰行动方案》提出，大力发展以铁路、水路为骨干的多式联运。

《交通强国建设纲要》提出，优化运输结构，加快推进港口集疏运铁路、物流园区及大型工矿企业铁路专用线等“公转铁”重点项目建设，推进大宗货物及中长距离货物运输向铁路和水运有序转移。推动铁水、公铁、公水、空陆等联运发展。

《国家综合立体交通网规划纲要》提出，优化调整运输结构，推进多式联运型物流园区、铁路专用线建设，形成以铁路、水运为主的大宗货物和集装箱中长距离运输格局。

《关于完整准确全面贯彻新发展理念做好碳达峰碳中和工作的意见》提出，大力发展多式联运，提高铁路、水路在综合运输中的承运比重，持续降低运输能耗和二氧化碳排放强度。

《数字交通“十四五”发展规划》提出，建设多式联运的智慧物流网络。

《绿色交通“十四五”发展规划》提出，深入推进多式联运发展，推进综合货运枢纽建设，推动铁水、公铁、公水、空陆等联运发展。

《“十四五”全国清洁生产推行方案》提出，大力发展多式联运、甩挂运输和共同配送等高效运输组织模式，提升交通运输运行效率。

《综合运输服务“十四五”发展规划》提出，深入推进多式联运发展，推动铁水、公铁、空陆等联运发展。

《“十四五”现代综合交通运输体系发展规划》提出，大力发展货物多式联运。推进大宗货物和集装箱铁水联运系统建设，扩大铁水联运规模。

《关于促进制造业有序转移的指导意见》提出，积极发展多式联运，推动完善港口、物流园区集疏运铁路、公路，提高物流运行效率，降低物流成本。

《“十四五”节能减排综合工作方案》提出，加快大宗货物和中长途货物运输“公转铁”“公转水”，大力发展铁水、公铁、公水等多式联运。

《“十四五”现代流通体系建设规划》提出，大力发展多式联运。

《公路“十四五”发展规划》提出，持续推进多式联运发展，推动公铁、公水、公空等联运发展。

《水运“十四五”发展规划》提出，大力发展铁水联运、水水中转，推动联程运输高质量发展。

《关于推进共建“一带一路”绿色发展的意见》提出，发展多式联运和绿色物流。

《减污降碳协同增效实施方案》提出，加快推进“公转铁”“公转水”，提高铁路、水运在综合运输中的承运比例。

《柴油货车污染治理攻坚行动方案》提出，推进“公转铁”“公转水”行动。

《“十四五”扩大内需战略实施方案》提出，推动联运转运设施、场站合理布局建设，积极发展公铁水联运、江海联运和铁路快运。

《绿色交通“十四五”发展规划》提出，开展近零碳枢纽场站建设行动。

《“十四五”民航绿色发展专项规划》提出，鼓励新建机场全面执行绿色智能建筑标准，既有机场建筑设施积极选用先进高效技术设备，加快实施节能降碳改造。

《“十四五”现代流通体系建设规划》提出，大力推动交通运输绿色低碳转型。

《关于完善能源绿色低碳转型体制机制和政策措施的意见》提出，开展多能融合交通供能场站建设，推进新能源汽车与电网能量互动试点示范，推动车桩、船岸协同发展。

《“十四五”航空物流发展专项规划》提出，推动基础设施绿色升级。提升设施绿色发展水平，强化资源集约节约利用，推进航空脱碳技术应用，提升燃油效率。

《关于扎实推动“十四五”规划交通运输重大工程项目实施的工作方案》提出，实施交通运输新基建赋能工程，实施绿色低碳交通可持续发展工程。

《“十四五”全国城市基础设施建设规划》提出，实施城市交通设施体系化与绿色化提升行动。

第四节　推动各类资源节约集约利用

一、实施全面节约战略

全面节约战略是指在经济社会发展的各个领域和环节，系统推进资源的高效利用、节约消耗、循环利用，以实现经济增长与资源环境协调发展的战略。其核心目标是降低资源消耗，提高利用效率，减少环境负担，推动可持续发展。

实施全面节约战略，需要在政策、技术、产业、社会等多个层面协同推进，形成政府引导、市场调节、企业主体、全民参与的建设资源节约型社会的氛围。要强化政策引导和制度保障，健全法律法规，完善标准体系，优化价格和税收政策，强化监督考核；推进工业节能，提升建筑节能，发展节能交通，强化智慧能源管理，推动能源节约，提高能效水平；优化水资源配置，推进节水技术创新，强化污水处理与再生利用，加强水资源节约和高效利用，建设节水型社会；优化城乡规划，严格耕地保护，推动工业用地集约化，提高土地节约集约利用；强化废弃物资源化利用，建设“无废城市”，发展循环经济和共享经济，促进资源循环利用；推行绿色采购制度，倡导绿色生活方式，建立绿色低碳消费和社会节约型文化；加强科技创新和数字化赋能，推动节能减排技术创新，发展数字化管理系统，建立“碳足迹”与“水足迹”监测体系。

《粮食节约行动方案》提出，强化农业生产环节节约减损，加强粮食储存环节减损，加强粮食运输环节减损保障，加快推进粮食加工环节节粮减损，坚决遏制餐饮消费环节浪费，大力推进节粮减损科技创新，加强节粮减损宣传教育引导。

《“十四五”节能减排综合工作方案》提出，实施重点行业绿色升级工程、园区节能环保提升工程、城镇绿色节能改造工程、交通物流节能减排工程、农业农村节能减排工程、公共机构能效提升工程、重点区域污染物减排工程、煤炭清洁高效利用工程、挥发性有机物综合整治工程、环境基础设施水平提升工程。

《关于全面加强资源节约工作的意见》提出，要突出抓好能源、工业、建筑、交通等重点领域资源节约，促进生产领域节能降碳。要增强全民节约意识，推行简约适度、绿色低碳的生活方式；加快建立体现资源稀缺程度、生态损害成本、环境污染代价的资源价格形成机制，不断完善和逐步提高重点产业、重点产品的能耗、水耗、物耗标准，促进资源科学配置和节约高效利用；要处理好利用和节约、开发和保护、整体和局部、短期和长期的关系。

《“十四五”公共机构节约能源资源工作规划》提出，实施低碳引领行动、绿色化改造行动、可再生能源替代行动、节水护水行动、生活垃圾分类行动、反食品浪费行动、绿色办公行动、绿色低碳生活方式倡导行动、示范创建行动、数字赋能行动等绿色低碳转型行动，实现公共机构能源和水资源消费总量与强度双控。

《2024—2025 年节能降碳行动方案》提出，开展化石能源消费减量替代行动、非化石能源消费提升行动、钢铁行业节能降碳行动、石化化工行业节能降碳行动、有色金属行业节能降碳行动、建材行业节能降碳行动、建筑节能降碳行动、交通运输节能降碳行动、公共机构节能降碳行动、用能产品设备节能降碳行动。

《粮食节约和反食品浪费行动方案》提出，开展粮食节约减损行动、全民节粮意识提升行动、餐饮行业反浪费行动、单位食堂反浪费行动。

二、持续深化重点领域节能

重点领域节能是指在能源消耗较高、节能潜力较大的行业或领域，通过技术改造、管理优化和政策引导等手段，降低能源消耗，提高能源利用效率，实现节能减排。这些领域通常包括工业、建筑、交通、公共机构等。

从行业或部门层面看，工业、建筑、交通等领域是能源消耗的主要部门，占全社会能源消费的绝大部分，在这些领域节能能显著降低整体能源消耗。在经济转型过程中，重点领域往往节能空间较大，通过技术改造和管理优化，可以大幅提升能源利用效率，节能在减少化石能源消耗、降低温室气体和污染物排放的同时，还能降低成本，带来直接的经济收益。重点领域节能可以推动节能技术的研发和应用，促进产业升级和技术进步。从宏观层面看，政府通过制定节能目标和政策，推动重点领域节能，确保能源安全和可持续发展。

持续深化重点领域节能。在工业领域，推动电力、钢铁、化工、建材、有色金属等高耗能行业节能降碳，推广先进工艺、设备，优化生产流程，实施余热余压利用等；在建筑领域，围绕新建建筑和既有建筑改造，采用节能材料、优化设计，推广绿色建筑，提升供暖、空调、照明等系统的能效；在交通领域，推广新能源汽车，优化交通管理，发展公共交通，提升运输效率；在政府机关、学校、医院等公共机构，推广节能产品，加强能耗管理，开展节能改造，倡导绿色办公。同时，在其他领域也要推广节能技术，优化能源结构，提升能源管理水平，全社会要提高公众节能意识，用市场机制推动能源节约。

《2030 年前碳达峰行动方案》提出，实施重点行业节能降碳工程，推动电力、钢铁、有色金属、建材、石化化工等行业开展节能降碳改造，提升能源资源利用效率。

《关于完整准确全面贯彻新发展理念做好碳达峰碳中和工作的意见》提出，大幅提升能源利用效率。持续深化工业、建筑、交通运输、公共机构等重点领域节能，提升数据中心、新型通信等信息化基础设施能效水平。

《关于严格能效约束推动重点领域节能降碳的若干意见》提出，突出抓好重点行业，分步实施、有序推进重点行业节能降碳工作，分行业研究制定具体行动方案，借助重点行业节能降碳技术改造有利时机，加快先进成熟绿色低碳技术装备推广应用，提高重点行业技术装备绿色化、智能化水平。

《“十四五”节能减排综合工作方案》提出，实施重点行业绿色升级工程。

《“十四五”现代能源体系规划》提出，大力推动煤炭清洁高效利用，实施重点行业领域节能降碳行动，提升终端用能低碳化电气化水平。

《减污降碳协同增效实施方案》提出，一体推进重点行业大气污染深度治理与节能降碳行动，推进大气污染治理设备节能降耗，提高设备自动化智能化运行水平，推进污水处理厂节能降耗。

《工业能效提升行动计划》提出，大力提升重点行业领域能效。

三、加强新型基础设施用能管理

新型基础设施用能管理，是指针对5G基站、数据中心、人工智能（AI）、物联网、智能交通、智能电网等新基建领域的能源消耗情况，运用先进技术和管理手段，提高能源利用效率、降低能耗、优化能源配置，实现绿色、低碳、智能化的能源管理模式。

随着数字经济的快速发展，新基建领域的能源消耗快速增长，特别是数据中心、5G基站、智能制造等行业，其高能耗问题已经成为数字经济进一步发展的一大瓶颈，必须加强新型基础设施的用能管理，提高能效，减少能源浪费，减少碳排放，助力绿色低碳转型，优化能源供给结构，减少对化石能源的依赖，采用智能监测与管理系统、可再生能源与储能系统，建设绿色数据中心，发展智能微电网与能源互联网，采用AI算法进行智能调度。在总体布局上，优化新型基础设施空间布局，优化新型基础设施用能结构，推动既有设施率先升级改造。

《2030年前碳达峰行动方案》提出，优化新型基础设施空间布局，统筹谋划、科学配置数据中心等新型基础设施，避免低水平重复建设。

《"十四五"数字经济发展规划》提出，优化升级数字基础设施。加快建设信息网络基础设施，推进云网协同和算网融合发展，有序推进基础设施智能升级。

《"十四五"全国城市基础设施建设规划》提出，加快新型城市基础设施建设，推动城市基础设施智能化建设与改造，构建信息通信网络基础设施系统。

《"十四五"扩大内需战略实施方案》提出，系统布局新型基础设施，加强新型基础设施建设。

《新型数据中心发展三年行动计划（2021—2023年）》提出，开展绿色低碳发展行动。

《关于严格能效约束推动重点领域节能降碳的若干意见》提出，鼓励重点行业利用绿色数据中心等新型基础设施实现节能降耗。

《工业能效提升行动计划》提出，推进重点领域能效提升绿色升级，积极推动数字能效提档升级。

《“十四五”节能减排综合工作方案》提出，推进新型基础设施能效提升，加快绿色数据中心建设。

四、实施国家节水行动

国家节水行动是指为应对水资源短缺、提高水资源利用效率、保护水资源而实施的一系列措施，确保水资源的可持续利用。

实施国家节水行动要采取政策、技术、管理、教育等综合措施。在政策与法规层面，制定和修订节水相关法规，编制节水型社会建设规划，通过水价改革、税收优惠和财政补贴，鼓励节水行为；在技术层面，推广滴灌、喷灌等高效灌溉技术减少农业用水，鼓励工业企业采用节水工艺和循环用水技术提高用水效率，推广节水器具，改造老旧供水管网减少漏损；在管理与监督层面，建立严格的水资源管理制度，实施取水许可和用水定额管理，完善水资源监测系统，严格执法；在社会层面，提高公众节水意识，鼓励社区和家庭参与节水行动，培养青少年节水习惯。

《国家节水行动方案》提出，控制水资源消耗总量和强度，强化水资源承载能力的刚性约束，推进农业节水提升灌溉用水效率，推动工业领域节水减少废水排放，降低城镇供水管网漏损率提高用水效率，在缺水地区推进节水和开源措施缓解水资源短缺，加强节水科技创新推广先进适用的节水技术和工艺。

《“十四五”规划和2035年远景目标纲要》提出，实施国家节水行动，建立水资源刚性约束制度，强化农业节水增效、工业节水减排和城镇节水降损，鼓励再生水利用，加强土地节约集约利用。

《“十四五”节水型社会建设规划》提出，通过提升节水意识、强化刚性约束、补齐设施短板、强化科技支撑、健全市场机制，聚焦农业农村、工业、城镇、非常规水源利用等重点领域，全面推进节水型社会建设。

《关于加强城市节水工作的指导意见》提出，构建城市健康水循环体系，着力提高城市用水效率，加强节水型城市建设，完善城市节水机制。

《关于进一步加强水资源节约集约利用的意见》提出，落实最严格水资源管理制度，加强农业农村节水，强化工业节水，厉行城镇节水，推进生态景观节水，推广非常规水源利用，发展节水产业。

五、推动污水资源化利用

污水资源化利用，是指将污水经过处理后，转化为可再利用的水资源，以减少水资源浪费并降低环境污染。

推动污水资源化利用，不仅可以保护生态环境，还可以带来经济效益。将污水处理后用于市政、工业、农业或景观生态补水，保护有限的水资源；污水通过高级处理技术，如膜过滤、活性炭吸附、臭氧氧化等，使污水达到高质量标准，部分回用于饮用水供应；利用污水中的有机物进行厌氧发酵产生沼气作为能源，回收氮、磷等营养物用于肥料生产，缓解水资源短缺，提高水的可持续利用率，降低污水对河流、湖泊、海洋等水体的污染压力，在减少对传统水源依赖的同时创造经济价值，再生水的补给可改善生态环境，实现水的循环利用，提高生态系统稳定性。

《关于推进污水资源化利用的指导意见》提出，着力推进城镇生活污水、工业废水、农业农村污水等重点领域污水资源化利用，实施污水收集及资源化利用设施建设、区域再生水循环利用、工业废水循环利用、农业农村污水以用促治、污水近零排放科技创新试点等重点工程。

《"十四五"城镇污水处理及资源化利用发展规划》提出，加强再生利用设施建设，推进污水资源化利用。

《关于深入打好污染防治攻坚战的意见》提出，推进污水资源化利用和海水淡化规模化利用。

《关于加强城市节水工作的指导意见》提出，推动再生水就近利用、生态利用、循环利用。

《农村人居环境整治提升五年行动方案（2021—2025年）》提出，积极推进农村生活污水资源化利用。

《区域再生水循环利用试点实施方案》提出，合理规划布局，强化污水处理厂运行管理，因地制宜建设人工湿地水质净化工程，完善再生水调配体系，拓宽再生水利用渠道，加强监测监管。

《"十四五"节能减排综合工作方案》提出，推行污水资源化利用和污泥无害化处置。

《关于加快推进城镇环境基础设施建设的指导意见》提出，加快推进污水资源化利用，结合现有污水处理设施提标升级、扩能改造，系统规划建设污水再生利用设施。

《关于推进以县城为重要载体的城镇化建设的意见》提出，增强污水收集处理能力，完善老城区及城中村等重点区域污水收集管网，在缺水地区和水环境敏感地区推进污水资源化利用。

《减污降碳协同增效实施方案》提出，大力推进污水资源化利用，构建区域再生水循环利用体系，以资源化、生态化和可持续化为导向，因地制宜推进农村生活污水集中或分散式治理及就近回用。

《“十四五”新型城镇化实施方案》提出，推进生活污水治理厂网配套、泥水并重，推广污泥集中焚烧无害化处理，推进污水污泥资源化利用。

《城乡建设领域碳达峰实施方案》提出，实施污水收集处理设施改造和城镇污水资源化利用行动，推进农村污水处理，推动农村生活污水就近就地资源化利用。

《“十四五”全国城市基础设施建设规划》提出，推进城市污水处理提质增效。推进城镇污水管网全覆盖，推动污水处理能力提升，提升污泥无害化处置和资源化利用水平。

《关于推进建制镇生活污水垃圾处理设施建设和管理的实施方案》提出，合理选择污水收集处理模式，科学确定污水处理标准规范，高质量推进厂网建设，推进污水资源化利用。

六、健全节约集约利用土地制度

节约集约利用土地，是指通过规模引导、布局优化、标准控制、市场配置、盘活利用等手段，节约土地、减量用地、提升用地强度、促进低效废弃地再利用、优化土地利用结构和布局、提高土地利用效率的各项行为与活动。

在经济和社会发展过程中，必须健全节约集约利用土地制度。严格控制土地总量，通过“占补平衡”制度，确保耕地总量不减少，严格执行土地用途管制，防止违规占用耕地和基本农田；提高土地利用效率，鼓励工业用地“零增地”发展，提高土地投资强度和容积率，优化土地开发模式，防止低效利用城市建设用地和土地闲置，推广高标准农田建设，提高农田单位面积产出率；优化土地结构和布局，鼓励“存量优先”原则，优先利用已开发但未充分利用的土地，控制新增建设用地，推动产业向园区集中；推动土地市场化配置，完善土地市场交易制度，通过“招拍挂”等市场化方式供应土地；严格监管与考核，建立节约用地责任制，对低效、闲置土地进行清理。

《关于促进节约集约用地的通知》提出，审查调整各类相关规划和用地标准，大力提高建设用地利用效率，健全节约集约用地长效机制，稳步推进农村集体建设用地节约集约利用，全面落实节约集约用地责任。

《节约集约利用土地规定》提出，落实最严格的耕地保护制度和最严格的节约集约用地制度。

《关于推进土地节约集约利用的指导意见》提出，严格用地规模管控，优化开发利用格局，健全用地控制标准，发挥市场机制作用，实施综合整治利用，推动科技示范引领，加强评价监管宣传。

《全域土地综合整治实施指南（试行）》提出，统筹推进农用地整治、建设用地整理和生态保护修复等，优化生产、生活、生态空间布局，提升空间功能和价值，促进耕地保护和土地节约集约利用。

《关于进一步深化农村改革 扎实推进乡村全面振兴的意见》提出，强化耕地保护和质量提升。

七、建立绿色制造体系和服务体系

绿色制造体系，是指在产品全生命周期内，制造业活动的各个环节、各个层面、各个领域通过清洁生产、节能减排、资源循环利用等方式，构成的相互关系和内在联系的一个有机整体。建立绿色制造体系，是指以培育、创建绿色工厂、绿色工业园区、绿色供应链管理企业为主要内容，推动制造业绿色高质量发展，提高能源资源利用效率、减少环境影响的活动。

绿色工厂，是指实现了用地集约化、原料无害化、生产洁净化、废物资源化、能源低碳化的企业，是绿色制造体系核心实施单元；绿色工业园区，是指将绿色低碳发展理念贯穿于园区规划、空间布局、产业链设计、能源利用、资源利用、基础设施、生态环境、运行管理等过程，全方位实现绿色低碳和循环可持续发展的工业园区，是绿色工厂和绿色基础设施集聚的平台；绿色供应链管理企业，是指将绿色低碳发展理念贯穿于企业产品设计、原材料采购、生产、运输、储存、销售、使用和报废处理的全过程，实现供应链全链条绿色化水平协同提升的主导企业，是带动供应链上下游工厂建设绿色制造体系的关键。

绿色制造体系建设的核心目标是减少环境影响和提高资源效率。通过清洁生产、节能减排等措施，降低制造过程对环境的污染；优化资源利用，减少原材料和能源消耗，发展循环经济。绿色制造体系涵盖：绿色设计——在产品设计阶段考虑环保和节能，选择环保材料和可回收设计；绿色生产——采用清洁生产技术，减少废弃物和污染物排放，提高生产效率；绿色供应链——从原材料采购到产品回收，确保供应链各环节的环保和资源高效利用；绿色产品——生产符合环保标准的产品，减少使用和废弃阶段的环境影响；绿色回收——建立产品回收和再利用体系，推动资源循环利用。

绿色服务体系是指围绕制造业和社会经济活动，提供环保、节能、循环利用等方面的专业化服务，减少对环境的负面影响，促进资源高效利用而形成的相互关系和内在联系的一个有机整体。建立绿色服务体系的主要内容是建立绿色服务设计体系，完善绿色服务提供，实现绿色供应链管理，引导绿色消费，建立绿色服务评价体系。

绿色服务体系建设涉及的主要领域包括：绿色金融——支持节能减排、环保项目的投资和融资；绿色认证——推动绿色产品认证、能效标识、环保标志等体系建设，引导绿色消费；绿色物流——优化运输方式，提高物流效率，减少碳排放和包装废弃物；共享经济——推广共享经济模式，减少资源浪费；绿色技术咨询——提供节能环保技术咨询、环保工程设计等专业化服务。

绿色制造体系注重生产端的节能减排，而绿色服务体系则为制造业及社会提供支撑服务。两者结合形成绿色产业生态，推动经济社会全面绿色转型。

《关于加快推进环保装备制造业发展的指导意见》提出，加大绿色设计、绿色工艺、绿色供应链在环保装备制造领域的应用，开展生产过程中能效、水效和污染物排放对标达标，创建绿色示范工厂，提高行业绿色制造的整体水平。

《关于加快建立健全绿色低碳循环发展经济体系的指导意见》提出，推行产品绿色设计，建设绿色制造体系。

《关于加强产融合作推动工业绿色发展的指导意见》提出，全面推行绿色制造；打造绿色制造工艺、推行绿色包装、开展绿色运输、做好废弃产品回收处理；培育绿色制造服务体系，大力发展专业化节能环保服务，培育一批绿色制造服务供应商。

《2030 年前碳达峰行动方案》提出，深入实施绿色制造工程，大力推行绿色设计，完善绿色制造体系，建设绿色工厂和绿色工业园区。

《中国本世纪中叶长期温室气体低排放发展战略》提出，深入实施绿色制造工程，全面构建绿色制造体系，推进重点行业绿色低碳改造。加快推进绿色制造体系建设，推广清洁低碳生产，形成低排放供应链。

《关于深入打好污染防治攻坚战的意见》提出，大力推行绿色制造，构建资源循环利用体系。

《“十四五”工业绿色发展规划》提出，完善绿色制造支撑体系，加速生产方式数字化转型，引导产品供给绿色化转型。

《“十四五”信息化和工业化深度融合发展规划》提出，实施“互联网＋”绿色制造行动，加快绿色制造体系数字化，推动成熟绿色制造技术的创新应用。

《“十四五”促进中小企业发展规划》提出，推动中小企业实施绿色化改造，支持中小企业实施绿色战略、绿色标准、绿色管理和绿色生产。

《关于高质量实施〈区域全面经济伙伴关系协定〉（RCEP）的指导意见》提出，深入实施智能制造和绿色制造工程，发展服务型制造新模式，推动制造业高端化智能化绿色化。

《新污染物治理行动方案》提出，加强清洁生产和绿色制造。

《关于推动轻工业高质量发展的指导意见》提出，全面建设绿色制造体系。

《减污降碳协同增效实施方案》提出，实施绿色制造工程，推广绿色设计，探索产品设计、生产工艺、产品分销以及回收处置利用全产业链绿色化，加快工业领域源头减排、过程控制、末端治理、综合利用全流程绿色发展。

《工业领域碳达峰实施方案》提出，深度调整产业结构，深入推进节能降碳，积极推行绿色制造。

《建材行业碳达峰实施方案》提出，构建高效清洁生产体系。强化建材企业全生命周期绿色管理，大力推行绿色设计，建设绿色工厂，协同控制污染物排放和二氧化碳排放，构建绿色制造体系。

《有色金属行业碳达峰实施方案》提出，构建绿色清洁生产体系，实施清洁生产改造，建立完善有色金属行业绿色产品、绿色工厂、绿色园区、绿色供应链等绿色制造标准体系。

《“十四五”扩大内需战略实施方案》提出，加快实施智能制造和绿色制造工程。

《质量强国建设纲要》提出，全面推行绿色设计、绿色制造、绿色建造，健全统一的绿色产品标准、认证、标识体系，大力发展绿色供应链。

八、构建废弃物循环利用体系

废弃物循环利用体系，是指通过科学管理、技术手段和市场机制，对生产和生活中的各类废弃物进行分类、回收、再利用或资源化处理，以减少环境污染、提高资源利用率的系统，包括废弃物分类与收集、回收与再利用、资源化处理与终端处置等环节。

构建废弃物循环利用体系，要制定废弃物分类回收、资源化利用、污染控制等法规和标准，实施生产者责任延伸，完善激励与约束机制，建立完善的废弃物管理制度；建立统一的垃圾分类体系和智能收集系统，实施城乡垃圾收运一体化，健全废弃物分类与收集体系；推动工业、农业废弃物资源化和生活垃圾、建筑垃圾资源化进程，实行废弃物资源化利用；建设循环经济产业园，促进“城市矿产”开发，发展废弃物综合利用企业，打造循环经济产业链；建立废弃物交易市场，推广“互联网 + 回收”模式，鼓励绿色金融支持，完善市场化机制；开展垃圾分类宣传，倡导绿色消费，倡导企业社会责任，强化公众参与和生态教育。

《2030 年前碳达峰行动方案》提出，完善废旧物资回收网络，推行“互联网 +”回收模式，实现再生资源应收尽收。扎实推进生活垃圾分类，加快建立覆盖全社会的生活垃圾收运处置体系，全面实现分类投放、分类收集、分类运输、分类处理。

《“十四五”循环经济发展规划》提出，完善废旧物资回收网络。合理布局、规范建设回收网络体系，统筹推进废旧物资回收网点与生活垃圾分类网点“两网融合”；积极推行“互联网 + 回收”模式，因地制宜完善乡村回收网络，推动城乡废旧物资回收处理体系一体化发展。

《"十四五"商务发展规划》提出，建立新型再生资源回收体系，加强废旧物资回收网点布局，提高废旧物资回收、分拣、集散能力。

《"十四五"电子商务发展规划》提出，促进资源循环利用，建立覆盖设计、生产、销售、使用、回收和循环利用各环节的绿色包装标准体系。

《关于加快废旧物资循环利用体系建设的指导意见》提出，完善废旧物资回收网络。

《促进绿色消费实施方案》提出，构建废旧物资循环利用体系。

《关于加快推进废旧纺织品循环利用的实施意见》提出，完善废旧纺织品回收体系，完善回收网络，拓宽回收渠道，强化回收管理。

《关于进一步加强商品过度包装治理的通知》提出，进一步完善再生资源回收体系，鼓励各地区以市场化招商等方式引进专业化回收企业，提高包装废弃物回收水平。

《关于加强县级地区生活垃圾焚烧处理设施建设的指导意见》提出，健全资源回收利用体系。

《关于全面推进乡村振兴加快农业农村现代化的意见》提出，健全农村生活垃圾收运处置体系，推进源头分类减量、资源化处理利用。

《"十四五"城镇生活垃圾分类和处理设施发展规划》提出，加快完善垃圾分类设施体系，全面推进生活垃圾焚烧设施建设，有序开展厨余垃圾处理设施建设，规范垃圾填埋处理设施建设，健全可回收物资源化利用设施，加强有害垃圾分类和处理，强化设施二次环境污染防治能力建设，开展关键技术研发攻关和试点示范，鼓励生活垃圾协同处置，完善全过程监测监管能力建设。

《关于推动城乡建设绿色发展的意见》提出，持续推进农村生活垃圾、污水、厕所粪污、畜禽养殖粪污治理。

《粮食节约行动方案》提出，推进厨余垃圾资源化利用，指导地方建立厨余垃圾收集、投放、运输、处理体系，推动源头减量，做好厨余垃圾分类收集，探索推进餐桌剩余食物饲料化利用。

《关于深入打好污染防治攻坚战的意见》提出，因地制宜推行垃圾分类制度，加快快递包装绿色转型。

《农村人居环境整治提升五年行动方案（2021—2025 年）》提出，健全生活垃圾收运处置体系，完善农村生活垃圾收集、转运、处置设施和模式，推进农村生活垃圾分类减量与利用，加快推进农村生活垃圾源头分类减量，协同推进农村有机生活垃圾、厕所粪污、农业生产有机废弃物资源化处理利用。

《农村人居环境整治提升五年行动方案（2021—2025 年）》提出，协同推进废旧农膜、农药肥料包装废弃物回收处理。

《“十四五”时期“无废城市”建设工作方案》提出，促进生活源固体废物减量化、资源化，深入推进生活垃圾分类工作，构建城乡融合的农村生活垃圾治理体系，加快构建废旧物质循环利用体系，完善废旧家电回收处理管理制度和支持政策，提升城市垃圾中转站建设水平，提升厨余垃圾资源化利用能力，推进市政污泥源头减量，压减填埋规模，推进资源化利用。

《“十四五”节能减排综合工作方案》提出，建设分类投放、分类收集、分类运输、分类处理的生活垃圾处理系统。

《“十四五”重点流域水环境综合治理规划》提出，加快建立完善的生活垃圾分类运输系统，统筹规划布局中转站点，提高分类收集转运效率。

《关于加快推进城镇环境基础设施建设的指导意见》提出，逐步提升生活垃圾分类和处理能力。建设分类投放、分类收集、分类运输、分类处理的生活垃圾处理系统；合理布局生活垃圾分类收集站点，完善分类运输系统；加快补齐分类收集转运设施能力短板；加强可回收物回收、分拣、处置设施建设，提高可回收物再生利用和资源化水平。

《农业农村污染治理攻坚战行动方案（2021—2025 年）》提出，健全农村生活垃圾收运处置体系，推行农村生活垃圾分类减量与利用。

《“十四五”国民健康规划》提出，加强城市垃圾和污水处理设施建设，推进城市生活垃圾分类和资源回收利用，推行县域生活垃圾和污水统筹治理，持续开展村庄清洁行动，建立健全农村村庄保洁机制和垃圾收运处置体系。

《关于推进以县城为重要载体的城镇化建设的意见》提出，完善垃圾收集处理体系。

《关于进一步加强农村生活垃圾收运处置体系建设管理的通知》提出，统筹谋划农村生活垃圾收运处置体系建设和运行管理，推动农村生活垃圾源头分类和资源化利用，完善农村生活垃圾收运处置设施，提高农村生活垃圾收运处置体系运行管理水平。

《乡村建设行动实施方案》提出，健全农村生活垃圾收运处置体系，推动农村生活垃圾分类减量与资源化处理利用。

《减污降碳协同增效实施方案》提出，加强生活垃圾减量化、资源化和无害化处理，大力推进垃圾分类，优化生活垃圾处理处置方式，加强可回收物和厨余垃圾资源化利用。

《“十四五”新型城镇化实施方案》提出，地级及以上城市因地制宜基本建立分类投放、收集、运输、处理的生活垃圾分类和处理系统。

《城乡建设领域碳达峰实施方案》提出，全面推行垃圾分类和减量化、资源化，完善生活垃圾分类投放、分类收集、分类运输、分类处理系统，推动农村生活垃圾分类处理，倡导农村生活垃圾资源化利用，从源头减少农村生活垃圾产生量。

《“十四五”全国城市基础设施建设规划》提出，建立生活垃圾分类管理系统，建立分类投放、分类收集、分类运输、分类处理的生活垃圾管理系统，推动形成绿色发展方式和生活方式；完善城市生活垃圾资源回收利用体系，统筹推进生活垃圾分类网点与废旧物资回收网点“两网融合”，推动回收利用行业转型升级，推动废玻璃等低值可回收物的回收和再生利用。

《关于进一步加强商品过度包装治理的通知》提出，进一步完善生活垃圾清运体系，持续推进生活垃圾分类工作，健全与生活垃圾源头分类投放相匹配的分类收集、分类运输体系，加快分类收集设施建设，配齐分类运输设备，提高垃圾清运水平。

《关于推进建制镇生活污水垃圾处理设施建设和管理的实施方案》提出，建立健全分类收集设施，加快完善分类转运设施，强化处理设施共建共享，加强生活垃圾资源化利用。

九、推进原材料节约和资源循环利用

原材料节约是指在生产、流通和消费过程中，通过技术创新和管理优化，减少资源消耗，提高资源利用效率。资源循环利用是指将废弃物转化为可再次利用的资源，减少原生资源的开采和浪费。

推进原材料节约和资源循环利用，要积极开展政策引导，制定法规与节能减排标准，推动生产者责任延伸制度，设立资源节约目标，加强监管和执法；推动产业绿色升级，发展绿色制造，建设循环经济产业链，推广绿色设计；强化资源循环利用体系，建立废弃物回收体系，促进再制造产业发展，推广资源化利用技术；完善市场化激励机制，采用税收优惠和补贴、碳交易和绿色金融等措施，鼓励原材料节约和资源循环利用。

《2030年前碳达峰行动方案》提出，加强再生资源综合利用行业规范管理，促进产业集聚发展。高水平建设现代化“城市矿产”基地，推动再生资源规范化、规模化、清洁化利用；推进退役动力电池、光伏组件、风电机组叶片等新兴产业废物循环利用；促进汽车零部件、工程机械、文办设备等再制造产业高质量发展；加强资源再生产品和再制造产品推广应用。

《关于进一步释放消费潜力促进消费持续恢复的意见》提出，加快构建废旧物资循环利用体系，推动汽车、家电、家具、电池、电子产品等回收利用。

《“十四五”扩大内需战略实施方案》提出，健全强制报废制度和废旧家电等耐用消费品回收处理体系，加快构建废旧物资循环利用体系，加强废纸、废塑料、废旧轮胎、废金属、废玻璃、废旧农膜等再生资源回收利用，提升资源产出率。

《“十四五”循环经济发展规划》提出，实施废钢铁、废有色金属、废塑料、废纸、废旧轮胎、废旧手机、废旧动力电池等再生资源回收利用行业规范管理，提升行业规范化水平，促进资源向优势企业集聚。加强废弃电器电子产品、报废机动车、报废船舶、废铅蓄电池等拆解利用企业规范管理和环境监管，加大对违法违规企业整治力度，营造公平的市场竞争环境。开展废旧动力电池循环利用行动，促进再制造产业高质量发展。

《关于加快废旧物资循环利用体系建设的指导意见》提出，完善再生资源类固体废物跨地区运输备案机制，丰富二手商品交易渠道，完善二手商品交易管理制度，加强对废旧物资循环利用体系建设重点项目的支持，加强行业监督管理，健全废旧物资循环利用统计制度。

《工业领域碳达峰实施方案》提出，实施废钢铁、废有色金属、废纸、废塑料、废旧轮胎等再生资源回收利用行业规范管理，鼓励符合规范条件的企业公布碳足迹，促进钢铁、铜、铝、铅、锌、镍、钴、锂、钨等高效再生循环利用；研究退役光伏组件、废弃风电叶片等资源化利用的技术路线和实施路径，围绕电器电子、汽车等产品推行生产者责任延伸制度，推动新能源汽车动力电池回收利用体系建设；推进机电产品再制造，加强再制造产品认定。

《扩大内需战略规划纲要（2022—2035年）》提出，加快构建废旧物资循环利用体系，规范发展汽车、动力电池、家电、电子产品回收利用行业。

《“十四五”循环经济发展规划》提出，推动再生资源规模化、规范化、清洁化利用，促进再生资源产业集聚发展，高水平建设现代化“城市矿产”基地。

《关于加快废旧物资循环利用体系建设的指导意见》提出，提升再生资源加工利用水平，推进再制造产业高质量发展。

《“十四五”工业绿色发展规划》提出，统筹布局退役光伏、风力发电装置、海洋工程装备等新兴固废综合利用。

《关于加快推动工业资源综合利用的实施方案》提出，研究制订船舶安全与环境无害化循环利用方案，推动废旧光伏组件、风电叶片等新兴固废综合利用技术研发及产业化应用，加大综合利用成套技术设备研发推广力度，探索新兴固废综合利用技术路线。

《减污降碳协同增效实施方案》提出，推进退役动力电池、光伏组件、风电机组叶片等新型废弃物回收利用。

《“十四五”工业绿色发展规划》提出，培育废钢铁、废有色金属、废塑料、废旧轮胎、废纸、废弃电器电子产品、废旧动力电池、废油、废旧纺织品等主要再生资源循环利用龙头骨干企业，构建国内国际双轨、线上线下并行的再生资源供应链。

《关于加快推进废旧纺织品循环利用的实施意见》提出，鼓励使用绿色纤维。

《关于化纤工业高质量发展的指导意见》提出，推动废旧纺织品高值化利用的关键技术突破和产业化发展，鼓励相关生产企业建立回收利用体系。

《关于产业用纺织品行业高质量发展的指导意见》提出，发展环境友好产品，加强废旧纺织品循环利用，扩大产业用纺织品回收利用量。

第四章　深入推进污染防治攻坚

深入打好污染防治攻坚战，是实现生态环境高水平保护与经济高质量发展协同共进的必然要求，是建设人与自然和谐共生美丽中国的重要举措，也是发展绿色生产力的基本底色。只有持续深入打好蓝天、碧水、净土保卫战，强化固体废物和新污染物治理，才能推动经济社会发展全面绿色转型。

第一节　持续深入打好蓝天保卫战

一、清新的空气对经济和社会发展的重要性

随着工业化和城市化的快速发展，环境问题日益凸显。燃煤、机动车尾气、工业废气、扬尘等污染物排放量的不断增大，造成了严重的大气污染，大气污染既危害人体健康，又影响动植物生长，还能破坏经济资源，改变地球的气候，造成全球变暖、臭氧层耗损、酸雨等全球环境问题。大气污染物可通过呼吸道进入人体，还能通过接触和刺激体表进入人体，危害人们的身体健康。

清新的空气是人类生存的必要条件，日益严重的大气污染直接影响我们的健康和生活质量。呼吸新鲜空气可以减少呼吸道疾病和过敏症状的发生，良好的空气质量还能提升人们的精神状态和生活幸福感。减少空气污染有助于保护生态环境，降低自然资源的消耗和生态系统的破坏，有利于经济的长期可持续发展。空气质量改善，有助于减缓气候变化。

世界卫生组织指出，空气污染是人类健康面临的最大环境威胁之一，每

年有700万例过早死亡与空气污染有关，空气污染还使数百万健康寿命年出现损失。全球99%的人呼吸的空气都超过了世卫组织的空气质量限制，正在监测空气质量的117个国家的6000多个城市的人们，正在吸入不健康水平的细颗粒物和二氧化氮，其中，中低收入国家的人们受到的影响最大。世卫组织呼吁各国迅速加强行动，根据最新的世卫组织空气质量指南，通过或修订并实施国家空气质量标准，监测空气质量并确定空气污染源，支持向烹饪、取暖和照明专用清洁家庭能源过渡，建设安全和负担得起的公共交通系统以及方便行人和自行车的网络，实施更严格的车辆排放和效率标准，投资于节能住宅和发电，改善工业和城市废物管理，减少农业废物焚烧、森林火灾和某些农林活动，将空气污染纳入卫生专业人员的课程并为卫生部门的参与提供工具。

二、我国大气污染防治的历程

我国大气污染防治工作始于20世纪70年代，联合国人类环境会议后，我国大气污染治理工作拉开了序幕。

（一）消烟除尘构建大气环境容量理论（1972—1990年）

1973年，第一次全国环境保护会议确定了环境保护“32字方针”，通过了《关于保护和改善环境的若干规定》。1974年，国务院成立了原国务院环境保护领导小组（下设环境保护办公室，后升级为原国家环境保护局），为我国重大大气污染问题的调查和决策起到了重要的领导、支撑和推动作用。1978年，第五届全国人民代表大会将“保护环境和自然资源，防治污染和其他公害”写入《宪法》，这是新中国历史上第一次在《宪法》中对环境保护作出明确规定，奠定了我国环境法制建设和环境保护事业发展的基础。1979年我国颁布了第一部环境保护基本法《中华人民共和国环境保护法（试行）》，确定了我国环境保护的基本方针、任务和政策。1988年，我国首部《中华人民共和国大气污染防治法》开始施行，为大气污染治理提供了法律保障和执法依据。1973年我国发布了第一个国家环境保护标准《工业“三废”排放试行标准》，1982年我国制定了《大气环境质量标准》。这些标准使大气污染防控和监测可操作化。

（二）分区管控防治酸雨和二氧化硫污染（1991—2000 年）

1992 年联合国环境与发展大会召开后，我国积极履行《关于环境与发展的里约热内卢宣言》和《21 世纪议程》等约定和承诺。1994 年，国务院批准《中国 21 世纪人口、环境与发展白皮书》，成为我国实施可持续发展战略的行动纲领，同年又颁布了《大气污染防治法实施细则》，并于 1995 年和 2000 年对《大气污染防治法》进行两次修订。我国又先后发布了《汽车排气污染监督管理办法》和《机动车排放污染防治技术政策》。1996 年修订了《环境空气质量标准》，进一步完善了空气质量标准。

（三）总量控制二氧化硫排放量见顶下降（2001—2010 年）

2001 年 3 月发布的《中华人民共和国国民经济和社会发展第十个五年计划纲要》提出要加强大气污染防治。为进一步控制酸雨和城市空气污染，我国将酸雨和 SO_2 污染防治纳入国家“十五”计划和“十一五”规划，先后颁布了《“两控区”酸雨和二氧化硫污染防治“十五”计划》和《现有燃煤电厂二氧化硫治理“十一五”规划》，2006 年 8 月，国务院批复了《“十一五”期间全国主要污染物排放总量控制计划》要求各地将主要污染物总量控制指标纳入本地区“十一五”规划和年度计划。2008 年北京奥运会空气质量保障促进了北京市空气质量的快速改善，成功探索了联防联控解决区域性大气环境问题的道路，2010 年出台《关于推进大气污染联防联控工作改善区域空气质量的指导意见》，规定了大气污染联防联控工作的重点区域、重点污染物、重点行业、重点企业和重点问题等，开展多种污染物协同控制，建立区域空气环境质量评价体系。

（四）攻坚克难打赢蓝天保卫战（2011 年至今）

2011—2020 年，我国修订了多个大气环境保护法律和标准，对《环境保护法》《大气污染防治法》《节约能源法》进行了修改、完善和补充，为大气污染治理提供了坚实的法律保障。修订了《环境空气质量标准》，新增 CO、臭氧、$PM_{2.5}$ 三项污染物监测项目，将空气污染指数改为空气质量指数。2013 年 9 月，国务院印发了《大气污染防治行动计划》（即“大气十条”）。

我国针对重点区域和城市制定了大气污染防治专项政策，先后发布《重点区域大气污染防治“十二五”规划》《“十二五”主要污染物总量减排目标责任书》，同时发布了《关于进一步做好重污染天气条件下空气质量监测预警工作的通知》及《关于加强环境空气质量监测能力建设的意见》，进一步落实主体责任。

《大气污染防治行动计划》提出，加大综合治理力度，减少多污染物排放；调整优化产业结构，推动产业转型升级；加快企业技术改造，提高科技创新能力；加快调整能源结构，增加清洁能源供应；严格节能环保准入，优化产业空间布局；发挥市场机制作用，完善环境经济政策；健全法律法规体系，严格依法监督管理；建立区域协作机制，统筹区域环境治理；建立监测预警应急体系，妥善应对重污染天气；明确政府企业和社会的责任，动员全民参与环境保护。

《关于全面加强生态环境保护 坚决打好污染防治攻坚战的意见》提出，坚决打赢蓝天保卫战。加强工业企业大气污染综合治理，大力推进散煤治理和煤炭消费减量替代，打好柴油货车污染治理攻坚战，强化国土绿化和扬尘管控，有效应对重污染天气。

《打赢蓝天保卫战三年行动计划》（即新“大气十条”）提出，调整优化产业结构，推进产业绿色发展；加快调整能源结构，构建清洁低碳高效能源体系；积极调整运输结构，发展绿色交通体系；优化调整用地结构，推进面源污染治理；实施重大专项行动，大幅降低污染物排放；强化区域联防联控，有效应对重污染天气；健全法律法规体系，完善环境经济政策；加强基础能力建设，严格环境执法督察；明确落实各方责任，动员全社会广泛参与。

《关于深入打好污染防治攻坚战的意见》提出，深入打好蓝天保卫战。着力打好重污染天气消除攻坚战，着力打好臭氧污染防治攻坚战，持续打好柴油货车污染治理攻坚战，加强大气面源和噪声污染治理。

《空气质量持续改善行动计划》（即第三个“大气十条”）提出，优化产业结构，促进产业产品绿色升级；优化能源结构，加速能源清洁低碳高效发展；优化交通结构，大力发展绿色运输体系；强化面源污染治理，提升精细化管理水平；强化多污染物减排，切实降低排放强度；加强机制建设，完善大气环境管理体系；加强能力建设，严格执法监督；健全法律法规标准体系，完善环境经济政策；落实各方责任，开展全民行动。

三、我国大气环境状况

2024 年，全国 339 个地级及以上城市中，城市环境空气质量达标的城市 222 个，占 65.5%；117 个城市空气质量超标，占 34.5%。其中，87 个城市 $PM_{2.5}$超标，占 25.7%；81 个城市 O_3 超标，占 23.9%；40 个城市 PM_{10}超标，占 11.8%；无 SO_2、NO_2、CO 城市超标。339 个城市环境空气质量优良天数比例在 25.7%～100%之间，平均为 87.2%，平均超标天数比例为 12.8%，以 O_3、$PM_{2.5}$、PM_{10}和 NO_2 为首要污染物的超标天数比例为 45.3%、39.1%、15.7%和 0.1%，未出现以 SO_2 和 CO 为首要污染物的超标天。2016 年以来全国城市环境空气质量优良天数比例总体上升，增幅为 4.1 个百分点；全国 259 个城市出现 6417 天沙尘天气，比 2023 年减少 2188 天；全国 339 个城市环境空气 $PM_{2.5}$年均浓度在 6.1～50.6 微克/立方米之间，平均为 29.3 微克/立方米，比 2023 年下降 2.7%。2016 年以来全国城市环境 $PM_{2.5}$污染持续改善，平均浓度果汁下降 30.2%。全国 339 个城市环境空气 PM_{10}年均浓度在 10～114 微克/立方米之间，平均为 49 微克/立方米，比 2023 年下降 7.5%。全国 339 个城市环境空气 O_3 日最大 8 小时平均值第 90 位百分数浓度在 77～195 微克/立方米之间，平均为 144 微克/立方米，与 2023 年持平。全国 339 个城市环境空气 SO_2 年均浓度在 2～30 微克/立方米之间，平均为 8 微克/立方米，比 2023 年下降 11.1%。全国 339 个城市环境空气 NO_2 年均浓度在 5～37 微克/立方米之间，平均为 20 微克/立方米，比 2023 年下降 9.1%。全国 339 个城市环境空气 CO 日均值第 95 位百分位数浓度在0.4～2.7 毫克/立方米之间，平均为 1.0 毫克/立方米，与 2023 年持平。

2024 年，京津冀及周边地区城市环境空气质量优良天数比例范围为 61.7%～84.2%，平均为 68.3%，比 2023 年上升 3.9 个百分点。2016 年以来，京津冀及周边地区 $PM_{2.5}$重污染天数逐年减少。2024 年，长三角地区城市环境空气质量优良天数比例范围为 69.9%～97.0%，平均为 82.1%，比 2023 年上升 1.5 个百分点。2016 年以来，长三角地区 $PM_{2.5}$重污染天数逐年减少。2024 年，汾渭平原城市环境空气质量优良天数比例范围为 58.5%～80.0%，平均为 70.5%，比 2023 年上升 2.6 个百分点。2016 年以来，汾渭平

原 $PM_{2.5}$重污染天数总体减少。

2024 年，全国酸雨区面积约 44.2 万平方千米，占陆域国土面积的 4.6%，与 2023 年基本持平；全国监测降水的 503 个城市（区、县）pH 年均值范围为 4.62 ~ 8.70，平均为 5.71，比 2023 年下降 0.03；全国酸雨频率平均为 8.5%，比 2023 年上升 0.9 个百分点。

四、蓝天保卫战的成就

蓝天保卫战是污染防治攻坚战的重中之重。党的十八大以来，国务院先后印发实施《大气污染防治行动计划》《打赢蓝天保卫战三年行动计划》《空气质量持续改善行动计划》，推动空气质量明显改善，$PM_{2.5}$浓度和重污染天数大幅下降。各地区各部门全面落实各项治理任务，坚持源头防控，推动产业、能源、运输和用地结构优化调整，推进重点行业、重点领域深度治理，强化区域联防联控，圆满完成"十三五"空气质量改善目标。

"十三五"期间，围绕打赢蓝天保卫战的决策部署，全国空气质量明显改善。产业结构绿色转型升级取得实质成效，能源结构进一步清洁化低碳化，交通运输体系进一步绿色化，面源污染得到有效整治。

初步核算，2023 年，全国参与统计调查的涉气工业企业废气治理设施共有 441642 套，二氧化硫去除率为 96.6%，氮氧化物去除率为 76.6%。

2023 年，国务院印发《空气质量持续改善行动计划》；稳妥推进北方地区清洁取暖，全年完成散煤治理约 200 万户；累计完成 4.2 亿吨粗钢产能全流程超低排放改造，4.4 亿吨粗钢产能烧结球团脱硫脱硝、场料封闭等重点工程改造，8.5 万个挥发性有机物突出问题整改；连续 6 年开展机动车检验检测机构"双随机、一公开"监督抽查；2023 年，完成 7 起机动车环保排放召回工作，涉及车辆 181 万辆；推动天山北坡城市群、东北地区、长江中游城市群建立大气污染联防联控机制；推动重污染天气应急减排清单涉气企业全覆盖，比 2022 年增加 24 万家企业；圆满完成第三届"一带一路"国际合作高峰论坛、杭州亚运会、亚残运会、成都大运会、第六届上海进博会等国家重大活动空气质量保障任务。

五、打好蓝天保卫战

《"十四五"规划和2035年远景目标纲要》提出，加强城市大气质量达标管理，推进$PM_{2.5}$和O_3协同控制，地级及以上城市$PM_{2.5}$浓度下降10%，有效遏制O_3浓度增长趋势，基本消除重污染天气；持续改善京津冀及周边地区、汾渭平原、长三角地区空气质量，因地制宜推动北方地区清洁取暖、工业窑炉治理、非电行业超低排放改造，加快挥发性有机物排放综合整治，氮氧化物和挥发性有机物排放总量分别下降10%以上。《关于深入打好污染防治攻坚战的意见》提出，深入打好蓝天保卫战，着力打好重污染天气消除攻坚战、臭氧污染防治攻坚战、柴油货车污染治理攻坚战，加强大气面源和噪声污染治理。《关于全面推进美丽中国建设的意见》提出，持续深入打好蓝天保卫战。

（一）推进多污染物协同减排

多污染物协同减排是综合考虑多种污染物的排放和控制，通过协调各类污染物的减排措施，实现整体环境效益最大化。

多污染物协同减排的显著特征是同时控制不同介质中的多种污染物，通过协同减排、跨行业和多部门的综合治理、优化资源、减少治理成本，实现更高的减排效率。实施多污染物协同减排，要在污染源识别和评估的基础上，制订协同减排的计划和技术、管理、政策措施，采用先进的技术手段，鼓励公众参与，整体上更有效地改善环境质量，具有显著的环境、健康和经济效益。

《大气污染防治法》明确规定，防治大气污染，应当加强对燃煤、工业、机动车船、扬尘、农业等大气污染的综合防治，推行区域大气污染联合防治，对颗粒物、二氧化硫、氮氧化物、挥发性有机物、氨等大气污染物和温室气体实施协同控制。

《大气污染防治行动计划》提出，加大综合治理力度，减少多污染物排放。

《关于全面加强生态环境保护 坚决打好污染防治攻坚战的意见》提出，对固定污染源实施全过程管理和多污染物协同控制。

《打赢蓝天保卫战三年行动计划》提出，大幅减少主要大气污染物排放总量，协同减少温室气体排放，协同控制颗粒物和氮氧化物排放。

《重点行业挥发性有机物综合治理方案》提出，协同控制温室气体排放，推动环境空气质量持续改善。

《关于深化生态环境领域依法行政 持续强化依法治污的指导意见》提出，依法深入打好蓝天保卫战。依法加强细颗粒物和臭氧协同控制，有序推进钢铁、火电等行业超低排放改造，深入开展挥发性有机物和氮氧化物协同治理、燃煤锅炉和工业炉窑综合治理。

《“十四五”节能减排综合工作方案》提出，实现节能降碳减污协同增效、生态环境质量持续改善。以大气污染防治重点区域及珠三角地区、成渝地区等为重点，推进挥发性有机物和氮氧化物协同减排，加强细颗粒物和臭氧协同控制。

《工业领域碳达峰实施方案》提出，加强产业间耦合链接，推进减污降碳协同增效，持续降低单位产出能源资源消耗，从源头减少二氧化碳排放。

《关于推进污水处理减污降碳协同增效的实施意见》提出，推动污水处理减污降碳协同增效。减少温室气体排放，科学开展污水管网清淤管护，减少甲烷排放，加强高效脱氮除磷等低碳技术应用，减少脱氮过程氧化亚氮逸散，鼓励污水处理厂使用植物除臭剂、环保型絮凝剂等新型绿色药剂。

《关于推进实施焦化行业超低排放的意见》提出，统筹推进焦化行业协同减污降碳，鼓励企业在超低排放改造时统筹减污降碳和清洁生产改造，积极探索污染物和温室气体协同控制工艺技术。

（二）强化挥发性有机物综合治理

挥发性有机物（VOCs）是形成细颗粒物（$PM_{2.5}$）和臭氧（O_3）的重要前体物，VOCs 污染排放的增加严重污染大气环境，也影响气候变化。

近年来，我国的 $PM_{2.5}$、O_3污染控制虽然总体取得了积极进展，但超标现象依然存在。2023 年，全国 339 个地级及以上城市中，仍有 105 个城市 $PM_{2.5}$ 超标，79 个城市 O_3超标。

相对于颗粒物、二氧化硫、氮氧化物污染控制，我国 VOCs 管理基础薄弱，已成为大气环境管理短板。我们要改善环境空气质量，打赢蓝天保卫战，迫切需要全面加强石化、化工、工业涂装、包装印刷、油品储运销等重点行业的 VOCs 综合治理，大力推进源头替代、全面加强无组织排放控制、推进建设适宜高效的治污设施、深入实施精细化管理。

《大气污染防治行动计划》提出，在石化、有机化工、表面涂装、包装印刷等行业实施挥发性有机物综合整治，在石化行业开展“泄漏检测与修复”技术改造。

《全面加强生态环境保护 坚决打好污染防治攻坚战的意见》提出，强化工业企业无组织排放管理，推进挥发性有机物排放综合整治，开展大气氨排放控制试点。

《打赢蓝天保卫战三年行动计划》提出，制订石化、化工、工业涂装、包装印刷等 VOCs 排放重点行业和油品储运销综合整治方案，出台泄漏检测与修复标准，编制 VOCs 治理技术指南，重点区域禁止建设生产和使用高 VOCs 含量的溶剂型涂料、油墨、胶黏剂等项目，开展 VOCs 整治专项执法行动。

《重点行业挥发性有机物综合治理方案》提出，大力推进源头替代，全面加强无组织排放控制，推进建设适宜高效的治污设施，深入实施精细化管控。

《“十四五”规划和 2035 年远景目标纲要》提出，加快挥发性有机物排放综合整治。

《关于加快解决当前挥发性有机物治理突出问题的通知》提出，加强指导帮扶和能力建设，强化监督落实、压实 VOCs 治理责任。

《关于深入打好污染防治攻坚战的意见》提出，着力打好臭氧污染防治攻坚战。

《关于深化生态环境领域依法行政 持续强化依法治污的指导意见》提出，依法加强细颗粒物和臭氧协同控制，深入开展挥发性有机物和氮氧化物协同治理、燃煤锅炉和工业炉窑综合治理，依法推动消耗臭氧层物质淘汰和氢氟碳化物削减。

《“十四五”节能减排综合工作方案》提出，推进挥发性有机物和氮氧化物协同减排，加强细颗粒物和臭氧协同控制。

《深入打好重污染天气消除、臭氧污染防治和柴油货车污染治理攻坚战行动方案》提出，强化挥发性有机物（VOCs）、氮氧化物等多污染物协同减排，以石化、化工、涂装、制药、包装印刷和油品储运销等为重点，加强 VOCs 源头、过程、末端全流程治理。《臭氧污染防治攻坚行动方案》提出，实施含 VOCs 原辅材料源头替代行动，实施 VOCs 污染治理达标行动，实施氮氧化物污染治理提升行动，实施臭氧精准防控体系构建行动，实施污染源监管能力提升行动。

《空气质量持续改善行动计划》提出，优化含 VOCs 原辅材料和产品结构，强化 VOCs 全流程、全环节综合治理。

《关于推进实施焦化行业超低排放的意见》提出，强化 VOCs 全过程治理。

《关于进一步优化重污染天气应对机制的指导意见》提出，因 $PM_{2.5}$ 污染造成的重污染天气，严格按照大气法第九十六条有关规定积极应对，应急减排措施要依法按照国家有关技术指南制定；因 O_3 污染造成的重污染天气，应及时向社会发布健康提示信息，同时加强对 VOCs 和 NO_x 排放源的日常监管。

《精细化工产业创新发展实施方案（2024—2027 年）》指出，到 2027 年，挥发性有机物排放总量大幅降低，本质安全水平显著提高。

（三）推进重点行业及燃煤锅炉超低排放改造

涉及蓝天保卫战的重点行业主要包括能源行业、钢铁行业、有色金属行业、建材行业、石化化工行业等。

重点行业的燃煤锅炉排放是空气污染的主要来源之一。推进重点行业及燃煤锅炉超低排放改造，可以显著改善空气质量，提高能源利用效率，保护公众健康，有效应对气候变化。

《大气污染防治行动计划》提出，加快重点行业脱硫、脱硝、除尘改造工程建设。

《全面加强生态环境保护 坚决打好污染防治攻坚战的意见》提出，推动钢铁等行业超低排放改造，推广清洁高效燃煤锅炉。

《打赢蓝天保卫战三年行动计划》提出，推进重点行业污染治理升级改造，开展钢铁、建材、有色、火电、焦化、铸造等重点行业及燃煤锅炉无组织排放排查。

《关于推进中央企业高质量发展做好碳达峰碳中和工作的指导意见》提出，加快推进煤电、钢铁、有色金属、建材、石化化工、造纸等工业行业低碳工艺革新和数字化转型。

《“十四五”节能减排综合工作方案》提出，推进钢铁、水泥、焦化行业及燃煤锅炉超低排放改造，到2025年，完成5.3亿吨钢铁产能超低排放改造，大气污染防治重点区域燃煤锅炉全面实现超低排放。

《关于促进钢铁工业高质量发展的指导意见》提出，全面推动钢铁行业超低排放改造。

《“十四五”现代能源体系规划》提出，实施重点行业领域节能降碳行动，推动重点行业节能改造。

《关于“十四五”推动石化化工行业高质量发展的指导意见》提出，动态更新石化化工行业鼓励推广应用的技术和产品目录，鼓励利用先进适用技术实施安全、节能、减排、低碳等改造。

《减污降碳协同增效实施方案》提出，一体推进重点行业大气污染深度治理与节能降碳行动，推动钢铁、水泥、焦化行业及锅炉超低排放改造，探索开展大气污染物与温室气体排放协同控制改造提升工程试点。

《工业能效提升行动计划》提出，推进重点行业节能提效改造升级。

《工业领域碳达峰实施方案》提出，加快实施节能降碳改造升级，落实能源消费强度和总量双控制度，实施工业节能改造工程，推动制造业主要产品工艺升级与节能技术改造；推动钢铁、建材、石化化工、有色金属、印染、造纸、化学原料药、电镀、农副食品加工、工业涂装、包装印刷等行业企业，实施节能、节水、节材、减污、降碳等系统性清洁生产改造；围绕钢铁、建材、石化化工、有色金属、机械、轻工、纺织等行业，实施生产工艺深度脱碳、工业流程再造、电气化改造、二氧化碳回收循环利用等技术示范工程。

《建材行业碳达峰实施方案》提出，加快清洁绿色能源应用，优化建材行业能源结构，促进能源消费清洁低碳化。在水泥、石灰、玻璃、陶瓷等重点行业加快实施污染物深度治理和二氧化碳超低排放改造，促进减污降碳协同增效。

《有色金属行业碳达峰实施方案》提出，大力推动先进节能工艺技术改造。

《锅炉绿色低碳高质量发展行动方案》提出，加快新建锅炉绿色低碳转型，积极开展存量锅炉更新改造，持续提高锅炉运行管理水平，完善锅炉绿色低碳发展支撑保障体系。

《空气质量持续改善行动计划》提出，高质量推进钢铁、水泥、焦化等重点行业及燃煤锅炉超低排放改造。

《关于落实〈锅炉绿色低碳高质量发展行动方案〉的实施意见》提出，严把新建锅炉准入关，支持在用锅炉技术创新与更新改造，持续提高锅炉运行管理水平，持续完善标准规范体系。

（四）实施清洁能源、集中供热替代

清洁能源在使用过程中排放的污染物和温室气体较少，对减缓气候变化和保护环境有重要意义。集中供热替代是通过集中供热系统代替分散的小型燃煤锅炉或家庭自用燃煤取暖器，提高能源利用效率、减少污染物排放。实施清洁能源、集中供热替代，可以减少污染，降低温室气体排放，提高能源效率，促进能源结构调整。

《大气污染防治行动计划》提出，全面整治燃煤小锅炉。

《重点地区煤炭消费减量替代管理暂行办法》提出，加快推进集中供热，优先利用背压热电联产机组替代分散燃煤锅炉。

《全面加强生态环境保护 坚决打好污染防治攻坚战的意见》提出，增加清洁能源使用，拓宽清洁能源消纳渠道，推动清洁低碳能源优先上网，因地制宜、加快实施北方地区冬季清洁取暖五年规划，鼓励余热、浅层地热能等清洁能源取暖。

《打赢蓝天保卫战三年行动计划》提出，有效推进北方地区清洁取暖，开展燃煤锅炉综合整治，提高能源利用效率，加快发展清洁能源和新能源。

《关于全面推进乡村振兴加快农业农村现代化的意见》提出，加强煤炭清洁化利用。

《关于完整准确全面贯彻新发展理念做好碳达峰碳中和工作的意见》提出，开展建筑屋顶光伏行动，大幅提高建筑采暖、生活热水、炊事等电气化普及率。在北方城镇加快推进热电联产集中供暖，加快工业余热供暖规模化发展，积极稳妥推进核电余热供暖，因地制宜推进热泵、燃气、生物质能、

地热能等清洁低碳供暖。

《关于深入打好污染防治攻坚战的意见》提出，原则上不再新增自备燃煤机组，支持自备燃煤机组实施清洁能源替代，鼓励自备电厂转为公用电厂。坚持“增气减煤”同步，新增天然气优先保障居民生活和清洁取暖需求。提高电能占终端能源消费比重。有序扩大清洁取暖试点城市范围，稳步提升北方地区清洁取暖水平。

《“十四五”节能减排综合工作方案》提出，因地制宜推动北方地区清洁取暖，加快工业余热、可再生能源等在城镇供热中的规模化应用。抓好煤炭清洁高效利用，稳妥有序推进大气污染防治重点区域实施清洁电力和天然气替代，推动淘汰供热管网覆盖范围内的燃煤锅炉和散煤，推动以工业余热、电厂余热、清洁能源等替代煤炭供热（蒸汽）。加快风能、太阳能、生物质能等可再生能源在农业生产和农村生活中的应用，有序推进农村清洁取暖。

《促进绿色消费实施方案》提出，持续推进农村地区清洁取暖，加快生物质能、太阳能等可再生能源在农村生活中的应用。

《“十四五”现代能源体系规划》提出，实施可再生能源替代行动，因地制宜发展生物质能清洁供暖，积极推进地热能供热制冷，推广热电联产改造和工业余热余压综合利用，逐步淘汰供热管网覆盖范围内的燃煤小锅炉和散煤，鼓励公共机构、居民使用非燃煤高效供暖产品，提升终端用能低碳化电气化水平，加大电、气、生物质锅炉等清洁能源供暖方式推广力度。

《农业农村减排固碳实施方案》提出，推广生物质成型燃料、打捆直燃、热解炭气联产等技术，助力农村地区清洁取暖。

《乡村建设行动实施方案》提出，稳妥有序推进北方农村地区清洁取暖，加强煤炭清洁化利用，推进散煤替代，逐步提高清洁能源在农村取暖用能中的比重。

《减污降碳协同增效实施方案》提出，持续推进北方地区冬季清洁取暖，新改扩建工业炉窑采用清洁低碳能源，优化天然气使用方式，优先保障居民用气，有序推进工业燃煤和农业用煤天然气替代。

《城乡建设领域碳达峰实施方案》提出，在太阳能资源较丰富地区及有稳定热水需求的建筑中，积极推广太阳能光热建筑应用。因地制宜推进地热能、生物质能应用，引导建筑供暖、生活热水、炊事等向电气化发展，推广热泵热水器、高效电炉灶等替代燃气产品，推动建筑热源端低碳化，综合利用热电联产余热、工业余热、核电余热，大力推进北方地区农村清洁取暖。

《“十四五”全国城市基础设施建设规划》提出，推动农宅清洁取暖改造。开展城市集中供热系统清洁化建设和改造。加强清洁热源和配套供热管网建设和改造，发展新能源、可再生能源等低碳能源。大力发展热电联产，因地制宜推进工业余热、天然气、电力和可再生能源供暖，实施小散燃煤热源替代，推进燃煤热源清洁化改造，支撑城镇供热低碳转型。积极推进实现北方地区冬季清洁取暖规划目标。

《建材行业碳达峰实施方案》提出，加大替代燃料利用，支持生物质燃料等可燃废弃物替代燃煤。

《有色金属行业碳达峰实施方案》提出，推进有色金属行业燃煤窑炉以电代煤，提升用能电气化水平。在气源有保障、气价可承受的条件下有序推进以气代煤，推动落后自备燃煤机组淘汰关停或采用清洁燃料替代。

《空气质量持续改善行动计划》提出，各地要将燃煤供热锅炉替代项目纳入城镇供热规划，有序推进以电代煤，积极稳妥推进以气代煤。

（五）重点区域煤炭消费总量控制

这里的重点区域是指京津冀及周边地区、长三角地区、汾渭平原，以及珠三角地区。

重点区域经济发达，人口众多，煤炭消费量大。实施重点区域煤炭消费总量控制，有助于减少空气污染和温室气体排放，改善环境质量，保护公众健康，推动能源结构调整，促进可再生能源发展，增强我国能源安全和可持续发展能力，还有助于实现国家节能减排目标，履行国际气候承诺。

《大气污染防治行动计划》提出，控制煤炭消费总量。

《重点地区煤炭消费减量替代管理暂行办法》提出，落实煤炭消费总量控制目标。

《打赢蓝天保卫战三年行动计划》明确了重点区域的范围，重点区域继续实施煤炭消费总量控制。

《关于完整准确全面贯彻新发展理念做好碳达峰碳中和工作的意见》提出，加快煤炭减量步伐，“十四五”时期严控煤炭消费增长，“十五五”时期逐步减少。

《关于深入打好污染防治攻坚战的意见》提出，加快煤炭减量步伐，实施可再生能源替代行动。

《“十四五”节能减排综合工作方案》提出，“十四五”时期，京津冀及周边地区、长三角地区煤炭消费量分别下降10%、5%左右，汾渭平原煤炭消费量实现负增长。

《“十四五”现代能源体系规划》提出，“十四五”时期严格合理控制煤炭消费增长。

《西安都市圈发展规划》提出，合力控制煤炭消费总量，提高区域清洁能源在终端能源消费中的比例。

《减污降碳协同增效实施方案》提出，“十四五”时期严格合理控制煤炭消费增长、“十五五”时期逐步减少，重点削减散煤等非电用煤。

《空气质量持续改善行动计划》提出，重点区域继续实施煤炭消费总量控制，重点区域新改扩建用煤项目，依法实行煤炭等量或减量替代，完善重点区域煤炭消费减量替代管理办法。

《2024—2025年节能降碳行动方案》提出，严格实施大气污染防治重点区域煤炭消费总量控制，重点削减非电力用煤，持续推进燃煤锅炉关停整合、工业窑炉清洁能源替代和散煤治理，对大气污染防治重点区域新建和改扩建用煤项目依法实行煤炭等量或减量替代，合理控制半焦（兰炭）产业规模。

（六）严格机动车排放标准

机动车排放标准是为了控制机动车尾气中对环境有害的污染物而制定的相应排放标准，以促使机动车生产厂家改进技术，降低机动车尾气中有害物质的排放。机动车尾气是大气污染的重要来源，在城市机动车尾气成为$PM_{2.5}$的首要来源。

2023年全国机动车保有量达4.35亿辆，全国94个城市汽车保有量超过100万辆，其中，43个城市超200万辆、25个城市超300万辆。2022年，全国机动车一氧化碳、碳氢化合物、氮氧化物、颗粒物排放量分别为743.0万吨、191.2万吨、526.7万吨、5.3万吨。

严格机动车排放标准，可以减少有害气体和颗粒物的排放，减少空气污染，保护环境和降低气候变化的风险，是打好蓝天保卫战的重要措施。

《机动车污染防治技术政策》提出，逐步加严新生产机动车一氧化碳、总碳氢化合物、氮氧化物和颗粒物等污染物排放限值。

《打赢蓝天保卫战三年行动计划》提出，加快油品质量升级。

《关于深入打好污染防治攻坚战的意见》提出，深入实施清洁柴油车（机）行动，全国基本淘汰国三及以下排放标准汽车。

《柴油货车污染治理攻坚行动方案》提出，推动车辆全面达标排放，严厉打击污染控制装置造假、屏蔽 OBD 功能、尾气排放不达标、不依法公开环保信息等行为，推进传统汽车清洁化。

（七）加强区域联防联控

区域大气污染联防联控以大气污染传输辐射范围为单元，区域内各行政区从区域整体性出发，共同制订、实施大气污染防治方案，有效控制大气污染。

打好蓝天保卫战，必须按照统一规划、统一标准、统一监测、统一污染防治措施的要求，建立大气污染联防联控机制，形成区域大气环境管理的法规、标准和政策体系。

《环境保护法》规定，国家建立跨行政区域的重点区域、流域环境污染和生态破坏联合防治协调机制，实行统一规划、统一标准、统一监测、统一的防治措施。

《大气污染防治法》规定，防治大气污染，应当加强对燃煤、工业、机动车船、扬尘、农业等大气污染的综合防治，推行区域大气污染联合防治，对颗粒物、二氧化硫、氮氧化物、挥发性有机物、氨等大气污染物和温室气体实施协同控制。

《关于推进大气污染联防联控工作改善区域空气质量的指导意见》提出，优化区域产业结构和布局，加大重点污染物防治力度，加强能源清洁利用，加强机动车污染防治，完善区域空气质量监管体系，加强空气质量保障能力建设，加强组织协调。

《大气污染防治行动计划》提出，建立区域协作机制，协调解决区域突出环境问题；将目标任务分解落实到地方人民政府和企业，对治理任务完成情况进行考核；实行严格责任追究，约谈并提出整改意见，对未能有效应对重污染天气的，以及干预、伪造监测数据和没有完成年度目标任务的，依法依纪追究有关单位和人员的责任。

《打赢蓝天保卫战三年行动计划》提出，建立完善区域大气污染防治协作机制，加强重污染天气应急联动，制订完善重污染天气应急预案，在重点区域实施秋冬季重点行业错峰生产。

《关于深入打好污染防治攻坚战的意见》提出，强化京津冀协同发展生态环境联建联防联治。

《深入打好重污染天气消除、臭氧污染防治和柴油货车污染治理攻坚战行动方案》提出，强化联防联控。国家重点推动京津冀及周边地区、长三角地区、汾渭平原等大气污染防治重点区域联防联控工作，加强对珠三角地区、成渝地区、长江中游城市群、东北地区、天山北坡城市群等区域大气污染防治协作工作的指导。各省（区）根据需求加强行政区域内城市间大气污染联防联控；鼓励交界地区相关市县积极开展联防联控。构建“省—市—县”重污染天气应对三级预案体系。

《空气质量持续改善行动计划》提出，完善区域大气污染防治协作机制。

《关于进一步优化重污染天气应对机制的指导意见》提出，强化区域应急联动。

（八）持续实施噪声污染防治行动

噪声是指在工业生产、建筑施工、交通运输和社会生活中产生的干扰周围生活环境的声音。噪声污染，是指超过噪声排放标准或者未依法采取防控措施产生噪声，并干扰他人正常生活、工作和学习的现象。

噪声污染的危害是多方面的，不仅对人的心理、生理有影响，诱发多种疾病，干扰工作和生活，对动物也会产生不利的影响，特强噪声甚至损伤仪器设备，危害建筑物的结构。持续实施噪声污染防治行动，改善声环境质量，逐步形成宁静和谐的文明意识和社会氛围，才能保障经济和社会的正常运行，不断提升人民群众生态环境获得感、幸福感、安全感。

《关于加强环境噪声污染防治工作改善城乡声环境质量的指导意见》提

出，加大重点领域噪声污染防治力度，强化噪声排放源监督管理，加强城乡声环境质量管理，强化监管支撑能力建设，夯实基础保障条件，抓好评估检查和宣传教育。

《中华人民共和国噪声污染防治法》明确噪声污染内涵、完善噪声标准体系、强化噪声源头防控、强化各级政府责任、分类防控噪声污染、聚焦噪声扰民难点，着眼解决损害群众健康的突出环境问题，健全完善了我国的噪声污染防治法律制度体系。

《“十四五”噪声污染防治行动计划》提出，夯实声环境管理基础；严格噪声源头管理，控制污染新增，深化工业企业噪声污染防治；强化建筑施工噪声污染防治，严格夜间施工管理；加大交通运输噪声污染防治，推动各领域分步治理；推进社会生活噪声污染防治，完善法规标准体系，系统推进噪声监测，严格监督执法；引导全民共治。

《关于深入打好污染防治攻坚战的意见》提出，实施噪声污染防治行动，加快解决群众关心的突出噪声问题。

《关于深化生态环境领域依法行政 持续强化依法治污的指导意见》提出，全面贯彻《环境噪声污染防治法》等法律法规，依法强化声环境功能区划定，强化噪声规划源头防控，开展噪声污染防治行动，加强噪声污染治理，推进声环境质量持续改善。

《民用运输机场周围区域民用航空器噪声污染防控行动方案（2024—2027年）》提出，加快推进机场噪声污染防控标准体系建设，统筹推进机场噪声污染防控监督管理，深入推进机场噪声污染防控，强化机场噪声污染防控科技支撑。

《关于促进餐饮业高质量发展的指导意见》提出，促进低碳环保发展。加强餐饮噪声排放控制。

（九）解决恶臭、餐饮油烟等污染

恶臭、餐饮油烟等污染已经是当前的一种环境公害。

恶臭物质多来源于化学、制药、制纸、制革、肥料、食品、铸造等工业，对人的呼吸、循环、消化、内分泌和神经系统都有不同程度的损害，会使人烦躁不安，造成工作效率减低、判断力和记忆力下降，高浓度恶臭有时会把人当场熏倒或致死。

餐饮油烟是城市面源污染和室内空气污染的主要来源，是 $PM_{2.5}$ 的直接排放源之一，油烟中含有多种挥发性有机物可以与环境中的氮氧化物发生反应，加速二次颗粒物的形成。油烟污染物间接可产生臭氧，影响灰霾形成和区域气候，影响交通安全。

《大气污染防治行动计划》提出，开展餐饮油烟污染治理，城区餐饮服务经营场所应安装高效油烟净化设施，推广使用高效净化型家用吸油烟机。

《打赢蓝天保卫战三年行动计划》提出，加大餐饮油烟治理力度。

《关于深入打好污染防治攻坚战的意见》提出，加大餐饮油烟污染、恶臭异味治理力度。

《关于深化生态环境领域依法行政 持续强化依法治污的指导意见》提出，加强餐饮油烟、恶臭污染防控。

《空气质量持续改善行动计划》提出，开展餐饮油烟、恶臭异味专项治理。

《关于促进餐饮业高质量发展的指导意见》提出，促进低碳环保发展，加强餐饮油烟排放控制。

（十）加强消耗臭氧层物质和氢氟碳化物环境管理

消耗臭氧层物质，是指对臭氧层有破坏作用并列入《中国受控消耗臭氧层物质清单》的化学品，清单中列出的消耗臭氧层物质包括九类：第一类全氯氟烃（又称氯氟化碳），共 15 种物质；第二类哈龙，共 3 种物质；第三类四氯化碳，1 种物质；第四类甲基氯仿，1 种物质；第五类含氢氯氟烃，共 40 种物质；第六类含氢溴氟烃，共 34 种物质；第七类溴氯甲烷，1 种物质；第八类甲基溴，1 种物质；第九类氢氟碳化物，共 18 种物质①。氢氟碳化物虽不直接破坏臭氧层，但具有高全球升温潜能值，是《联合国气候变化框架公约》管控的温室气体之一。

---

① 生态环境部，发展改革委，工业和信息化部．关于发布《中国受控消耗臭氧层物质清单》的公告［EB/OL］．（2021－10－11）［2024－07－07］．https：//www.mee.gov.cn/xxgk2018/xxgk/xxgk01/202110/t20211011_956086.html.

加强消耗臭氧层物质和氢氟碳化物环境管理，是保护臭氧层和生态环境、应对气候变化的重要举措。国家采取财政、税收、价格、政府采购等方面的措施，鼓励、支持消耗臭氧层物质和氢氟碳化物替代品与替代技术及消耗臭氧层物质和氢氟碳化物检测、监测技术和方法的科学研究、技术开发和推广应用，鼓励对消耗臭氧层物质和氢氟碳化物进行回收、循环利用和转化利用。

1991 年，我国加入《关于消耗臭氧层物质的蒙特利尔议定书》，认真履行国际公约义务，积极采取措施淘汰受控物质，大力推广绿色低碳替代技术。1992 年，我国编发了《中国消耗臭氧层物质逐步淘汰的国家方案》。

2010 年，国务院制定了《消耗臭氧层物质管理条例》，2018 年 3 月修订，2023 年 12 月第二次修订。

2021 年，我国接受《〈关于消耗臭氧层物质的蒙特利尔议定书〉基加利修正案》并生效。

《中国消耗臭氧层物质替代品推荐名录》明确了被替代物质及替代品的用途类型和主要应用领域，推荐了 3 种 HCFCs 的 23 个替代品，其中，制冷剂替代品 7 个、发泡剂替代品 7 个、清洗剂替代品 9 个（类），涉及家用空调和热泵热水器、工商制冷、泡沫、清洗等行业；突出了替代品臭氧层友好和绿色低碳的双重属性，注重推广绿色低碳替代品，标明了替代品的消耗臭氧潜能值（ODP）和全球升温潜能值（GWP），其中所有替代品的 ODP 值均为 0，近 80% 的替代品 GWP 值小于 20。

《中国履行〈关于消耗臭氧层物质的蒙特利尔议定书〉国家方案（2025—2030 年）》提出，加强源头管控，严格管理管控物质的生产和销售；加强过程控制，强化管控物质使用管理；完善末端治理，加强维修、回收、再生利用和销毁管理；加强进出口管理，防范管控物质贸易风险；加强机制建设，完善履约管理体系；加强能力建设，严格执法监督；健全标准体系，完善环境经济政策；落实各方责任，加强国际合作与宣传。

第二节　持续深入打好碧水保卫战

一、洁净的水体对经济和社会发展的重要性

水是生命之源，是人类生存和发展之本，为流域的社会经济发展提供了条件，是人民生活和社会生产必需的基本资源之一，对人类的生产和生活发挥着无可替代的作用。洁净的水体对人类的生活质量和生态系统的健康至关重要，无论是饮用、农业灌溉还是工业生产，都离不开清洁的水资源。清洁的水体能够保障人民的健康权益。

随着工业化进程的加速和城市化水平的提高，水环境污染问题日益凸显。全世界每年向江河湖泊排放的各类污水约4260亿吨，造成径流总量的14%被污染，污染5.5万亿立方米的淡水。在发展中国家，有超过200万人（其中大多数为儿童）每年死于与饮水不洁的疾病。在全世界的自来水中，测出的化学污染物有2221种之多，其中有些确认为致癌物或促癌物。

水污染危害极大，污染物通过饮水和食物进入人体，影响人类的身体健康；水污染破坏水体中的生态平衡，影响水生动植物，进一步影响人类的生存；水污染破坏工农业生产，严重阻碍经济的持续增长。

二、我国水污染防治的历程

1972年北京官厅水库污染治理是我国流域水污染防治的标志性事件，自此我国开始探索有特色的水环境保护道路。

（一）点源污染控制阶段（20世纪70年代至90年代中期）

这一时期，《中华人民共和国水污染防治法》《中华人民共和国水污染防治法实施细则》《地面水环境质量标准》《污水综合排放标准》等一系列法律、法规和标准相继出台，这一阶段以单纯治理工业污染为主，要求工矿企业实施达标排放。

1984年5月11日通过的《中华人民共和国水污染防治法》提出，国务院

有关部门和地方各级人民政府应当合理规划工业布局，对造成水污染的企业进行整顿和技术改造，采取综合防治措施，提高水的重复利用率，合理利用资源，减少废水和污染物排放量。企业事业单位向水体排放污染物的，按照国家规定缴纳排污费。对造成水体严重污染的排污单位，限期治理。

1989 年召开的第三次全国环境保护会议强调向污染宣战，提出了环境管理要坚持预防为主，谁污染谁治理，强化环境管理“三大环境政策”。制定了排污收费制度、环境影响评价制度、污染限期治理制度、城市环境综合整治定量考核、“三同时”制度、污染集中控制制度、排污许可证制度、环境保护目标责任制“八项制度”，围绕点源控制展开。

（二）重点流域污染治理阶段（20 世纪 90 年代中期至 21 世纪 10 年代初期）

1996 年修正的《中华人民共和国水污染防治法》首次明确重点流域水污染防治规划制度，自此大规模的流域治污工作全面开展。在重点流域建立了“流域—控制区—控制单元”的三级分区体系，采用水污染物总量控制和环境质量改善双约束的规划目标。

《淮河流域水污染防治规划及“九五”计划》是批复最早的流域水污染防治计划，对淮河流域划定了水污染防治七大控制区及 34 个控制单元和 100 个控制子单元。

《淮河、海河、辽河、巢湖、滇池、黄河中上游等重点流域水污染防治规划（2006—2010 年）》提出，要使淮河、海河、辽河、巢湖、滇池、黄河中上游等 6 个重点流域集中式饮用水水源地得到治理和保护，跨省界断面水环境质量明显改善，重点工业企业实现全面稳定达标排放，城镇污水处理水平显著提高，水污染物排放总量得到有效控制，流域水环境监管及水污染预警和应急处置能力显著增强。

《重点流域水污染防治专项规划实施情况考核暂行办法》提出，明确重点流域各省（区、市）人民政府是实施各专项规划的责任主体，将相关规划目标、任务分解落实到市、县级人民政府，并纳入地方国民经济和社会发展计划组织实施，考核内容包括水质指标和项目指标，重点流域各省（区、市）人民政府按年度对专项规划实施情况进行自查。

（三）系统治理阶段（21 世纪 10 年代中期至今）

2015 年 4 月，国务院印发的《水污染防治行动计划》（即“水十条”）提出，通过狠抓工业污染防治、强化城镇生活污染治理、推进农业农村污染防治、加强船舶港口污染控制，全面控制污染物排放；通过调整产业结构、优化空间布局、推进循环发展，推动经济结构转型升级；通过控制用水总量、提高用水效率、科学保护水资源，着力节约保护水资源；通过推广示范适用技术、攻关研发前瞻技术、大力发展环保产业，强化科技支撑；通过理顺价格税费、促进多元融资、建立激励机制，充分发挥市场机制作用；通过完善法规标准、加大执法力度、提升监管水平，严格环境执法监管；通过强化环境质量目标管理、深化污染物排放总量控制、严格环境风险控制、全面推行排污许可，切实加强水环境管理；通过保障饮用水水源安全、深化重点流域污染防治、加强近岸海域环境保护、整治城市黑臭水体、保护水和湿地生态系统，全力保障水生态环境安全；通过强化地方政府水环境保护责任、加强部门协调联动、落实排污单位主体责任、严格目标任务考核，明确和落实各方责任；通过依法公开环境信息、加强社会监督、构建全民行动格局，强化公众参与和社会监督。

《关于全面加强生态环境保护 坚决打好污染防治攻坚战的意见》提出，着力打好碧水保卫战。

《“十四五”规划和2035 年远景目标纲要》提出，完善水污染防治流域协同机制，加强重点流域、重点湖泊、城市水体和近岸海域综合治理。

《关于深入打好污染防治攻坚战的意见》提出，深入打好碧水保卫战。

三、我国水环境状况

2024 年，全国监测的3629 个地表水国控断面中，优良（Ⅰ～Ⅲ类）水质断面占 90.4%，比 2023 年上升 1.0 个百分点，劣Ⅴ类水质断面占 0.6%，比 2023 年下降 0.1 个百分点。2016—2024 年，全国地表水Ⅰ～Ⅲ类水质断面比例由 67.8%升至 90.4%，上升 22.6 个百分点；劣Ⅴ类水质断面比例由 8.6%降至 0.6%，下降 8.0 个百分点。2024 年，长江、黄河、珠江、松花江、淮河、海河、辽河七大流域和浙闽片河流、西北诸河、西南诸河主要江河监测的3115个国控断面中，Ⅰ～Ⅲ类水质断面占92.4%，比2023年上升0.7个百分点，劣Ⅴ类水质断面占0.3%，比2023年下降0.1百分点，长江流域、黄河流域、珠江流域、浙闽片河流、西北诸河和西南诸河水质为优，松花江流域、淮河流域、海河流域和辽河流域水质良好。2024年，开展水质监测的210个重要湖泊（水库）中，Ⅰ～Ⅲ类水质湖泊（水库）占77.1%，比2023年上升2.5个百分点，劣Ⅴ类水质湖泊（水库）占4.3%，比2023年下降0.5个百分点。

2024年，全国监测的1883个国家地下水环境质量考核点位中，Ⅰ～Ⅳ类水质点位占77.9%，Ⅴ类占22.1%。

2024年，地级及以上城市集中式生活饮用水水源总数899个，达标853个，占96.0%；县级城镇集中式生活饮用水水源总数2698个，达标2527个，占93.7%；农村千吨万人集中式生活饮用水水源监测断面（点位）中，8390个断面（点位）全年达标，占84.7%。三峡库区主要支流水质为优，南水北调东线和中线取水口水质为优。灌溉规模达到10万亩及以上的农田罐区监测的1808个灌溉用水断面（点位）中，1678个断面（点位）达标，占92.8%。

2024年夏季，符合第一类海水水质标准的海域面积占管辖海域面积的97.7%，比2023年下降0.2个百分点；近岸海域优良（一、二类）水质面积比例为83.7%，比2023年下降1.3个百分点，劣四类水质面积比例为8.6%，比2023年上升0.7个百分点。2016—2024年，全国近岸海域优良水质面积比例由72.9%升至83.7%，上升10.8个百分点，劣四类水质面积比例由11.3%降至8.6%，下降2.7个百分点。

四、碧水保卫战的成就

党的十八大以来，我国水生态环境保护发生转折性变化，碧水保卫战取得显著成效，人民群众身边的清水绿岸明显增多，获得感、幸福感显著增强。

“十三五”以来，我国深入开展集中式饮用水水源地环境保护专项行动，累计完成2804个县级及以上水源地10363个问题整治，有力提升涉及7.7亿居民的饮用水安全保障水平。累计完成1.98万个乡镇级饮用水水源保护区划定。全国1300余个城市水源地纳入污染防治攻坚战成效考核，各地综合采取污染防治、水源替代、水厂深度处理等措施，筑牢饮用水安全防线。水生态环境治理体系加快完善。落实深化党和国家机构改革部署，在七大流域统筹设立流域海域生态环境监督管理局，组建生态环境保护综合执法队伍。积极构建以排污许可证制度为核心的固定污染源监管制度体系，全国 335 万家排污单位全部纳入排污许可管理。推动建立跨省流域上下游突发水污染事件联防联控机制，牢牢守住水生态环境安全底线。

“十三五”时期，我国地下水生态环境保护稳步推进。修订《水污染防治法》，制定地下水环境状况调查、监测评估、风险管控和修复等系列标准规范。完成《水污染防治行动计划》确定的有关目标任务，实现全国 1170 个地下水考核点位质量极差比例控制在 15% 左右；全国 9.6 万座加油站的 36.2 万个地下油罐完成双层罐更换或防渗池设置。实施《全国地下水污染防治规划（2011—2020 年）》《地下水污染防治实施方案》，持续开展全国地下水状况调查评价，基本掌握 440 万平方千米 1:25 万比例尺区域地下水质量，初步建立“双源”（地下水型饮用水水源和地下水污染源）清单，掌握城镇 1862 个集中式地下水型饮用水水源和 16.3 万个地下水污染源的基本信息。实施国家地下水监测工程，建成国家地下水监测站点 20469 个。

初步核算，2023 年，全国参与统计调查的涉水工业企业废水治理设施共有 79488 套，处理能力为 19914.0 万吨/日。全国城市污水处理厂处理能力为 2.24 亿立方米/日，污水处理总量为 641 亿立方米。

2023 年，印发实施《重点流域水生态环境保护规划》；出台《长江流域水生态考核指标评分细则（试行）》，开展长江流域水生态评估；长江流域 19 个省市制订了总磷污染控制方案，持续开展长江经济带工业园区水污染整治专项行动；持续推进入河入海排污口排查整治和规范化建设，累计排查入河排污口 25 万余个，约 1/3 完成整改；印发《关于进一步做好黑臭水体整治环境保护工作的通知》，对城市黑臭水体整治成效开展国家抽查，跟踪督办发现 183 个突出问题，推动县级城市黑臭水体消除比例达到 70% 以上；东部 7 个省率先开展县城黑臭水体排查整治，全国县城黑臭水体清单初步建立；持续推进全国城市集中式饮用水水源地规范化建设和乡镇级集中式饮用水水源保护区划定、立标工作；推动入海河流总氮减排，50 余条入海河流印发实施“一河一策”治理方案。与 2022 年相比，全国入海河流国控断面总氮平均浓度下降 12.2%，环渤海入海河流国控断面总氮平均浓度下降 19.9%。

五、打好碧水保卫战

《“十四五”规划和2035年远景目标纲要》提出，完善水污染防治流域协同机制，加强重点流域、重点湖泊、城市水体和近岸海域综合治理，推进美丽河湖保护与建设。

《深入打好污染防治攻坚战的意见》提出，深入打好碧水保卫战，持续打好城市黑臭水体治理、长江保护修复攻坚战，着力打好黄河生态保护治理、重点海域综合治理攻坚战，巩固提升饮用水安全保障水平，强化陆域海域污染协同治理。

《关于全面推进美丽中国建设的意见》提出，持续深入打好碧水保卫战。

（一）统筹水资源、水环境、水生态治理

水资源、水生态和水环境，即“三水”是水域生态系统相互联系、相互支撑的一个有机整体，任何“一水”都需要其他“两水”协同推进。从水资源与水环境的关系来看，充足的水量和良好的水动力条件有利于污染物的迁移和降解，从而改善水环境质量、为水生生物提供良好的生境；而水环境质量改善，有利于提升水资源的使用价值，为水资源配置提供更大的空间。从水生态、水资源和水环境的关系来看，结构稳定、物种多样的适生生物群落可增加水环境容量，同时还具有涵养水源、调节径流等功能，从而促进水资源和水环境保护。

《“十四五”重点流域水环境综合治理规划》提出，从流域生态系统整体性出发，以小流域综合治理为抓手，强化山水林田湖草沙等各种生态要素的系统治理、综合治理，统筹水环境、水生态、水资源，推动流域上中下游地区协同治理，统筹推进流域生态环境保护和高质量发展。

《重点流域水生态环境保护规划》提出，立足山水林田湖草沙一体化保护和系统治理，统筹水资源、水环境、水生态治理，持续改善水生态环境质量。

（二）推进水源地规范化建设和备用水源地建设

打好饮用水水源水质保护攻坚战是打好碧水保卫战的重要内容。加强饮用水水源环境保护、监督和管理，确保饮用水水源水质达标，满足饮用水安

全需求，才能保护人民群众身体健康。对水源地实施城乡统筹、分级管控、属地管理，强化源头防控、集中整治攻坚，逐步推进水源地规范化建设和备用水源地建设。

《全国城市饮用水水源地环境保护规划（2008—2020 年）》提出了一级保护区隔离防护、一级保护区整治、二级保护区污染源整治、二级保护区非点源整治、水源生态修复与建设、饮用水水源地监测能力建设、饮用水水源地信息系统能力建设、饮用水源突发环境事故应急能力建设 8 项规划重点任务，形成了水源地规范化建设技术要求的雏形。

《集中式饮用水水源地规范化建设环境保护技术要求》规定了饮用水水源水量与水质、饮用水水源保护区建设与保护区综合整治、监控能力、风险防控与应急能力、管理措施等环境保护技术要求。

《水污染防治行动计划》（即“水十条”）提出，强化饮用水水源环境保护。开展饮用水水源规范化建设，依法清理饮用水水源保护区内违法建筑和排污口。单一水源供水的地级及以上城市应于 2020 年底前基本完成备用水源或应急水源建设，有条件的地方可以适当提前。加强农村饮用水水源保护和水质检测。

（三）建成排污口监测监管体系

入河入海排污口，是指直接或通过管道、沟、渠等排污通道向环境水体排放污水的口门，是流域、海域生态环境保护的重要节点。加强和规范排污口监督管理，建成完善的排污口监测监管体系，是碧水保卫战的重要内容。

《关于加强入河入海排污口监督管理工作的实施意见》提出，开展排查溯源，实施分类整治，严格监督管理，加强支撑保障。

为指导各地开展入河入海排污口整治，有效管控入河入海污染物排放，生态环境部出台了《入河入海排污口监督管理技术指南 整治总则》《入河入海排污口监督管理技术指南 入河排污口规范化建设》《入河入海排污口监督管理技术指南 排污口分类》《入河（海）排污口三级排查技术指南》《入河（海）排污口排查整治 无人机遥感解译技术规范》等系列配套政策文件。

（四）推行重点行业企业污水治理与排放水平绩效分级

推行重点行业企业污水治理与排放水平绩效分级，是打好碧水保卫战的重要一环，对于加强水污染治理，有重要的作用。

工业是我国最重要的用水部门之一，2023 年我国工业用水为 970.2 亿立方米，占用水总量的 16.4%。“十三五”以来，在党中央、国务院的正确领导和统一部署下，工业用水效率明显提升，全国万元工业增加值用水量从 2015 年的 58.3 立方米下降至 2023 年的 24.3 立方米，规模以上工业用水重复利用率从 89% 提高至 93% 以上。

《工业水效提升行动计划》提出，强化创新应用，加快节水技术推广；强化改造升级，提升重点行业水效；强化开源节流，优化工业用水结构；强化对标达标，完善节水标准体系；强化以水定产，推动产业适水发展；强化数字赋能，提升管理服务能力。

（五）补齐城镇污水收集和处理设施短板

水污染防治一直是环境污染治理的重点。当前，我国的污水收集处理依然不到位，建成与建设美丽中国相适应的水环境治理体系任重道远。

《关于全面推进美丽中国建设的意见》提出，加快补齐城镇污水收集和处理设施短板，建设城市污水管网全覆盖样板区，加强污泥无害化处理和资源化利用，建设污水处理绿色低碳标杆厂。

2002 年，我国就发布了《城镇污水处理厂污染物排放标准》，规定了城镇污水处理厂出水、废气排放和污泥处置（控制）的污染物限值，促进城镇污水处理厂的建设和管理，加强了城镇污水处理厂污染物的排放控制和污水资源化利用。

《关于进一步加强城市规划建设管理工作的若干意见》提出，强化城市污水治理，加快城市污水处理设施建设与改造，全面加强配套管网建设，提高城市污水收集处理能力。

《城镇污水处理提质增效三年行动方案（2019—2021 年）》提出，推进生活污水收集处理设施改造和建设，健全排水管理长效机制，完善激励支持政策，强化责任落实。

《关于推进污水资源化利用的指导意见》提出，加快推动城镇生活污水资源化利用，实施工业废水循环利用工程。

《“十四五”城镇污水处理及资源化利用发展规划》提出，系统规划城镇污水再生利用设施，在重点排污口下游、河流入湖口、支流入干流处因地制宜实施区域再生水循环利用工程，缺水城市新城区要提前规划布局再生水管网，建设资源能源标杆再生水厂。

《“十四五”黄河流域城镇污水垃圾处理实施方案》提出，提高城镇污水收集处理能力，补齐污水收集管网短板。

《黄河流域生态保护和高质量发展规划纲要》提出，在有条件的城镇污水处理厂排污口下游建设人工湿地等生态设施，在上游高海拔地区采取适用的污水、污泥处理工艺和模式，因地制宜实施污水、污泥资源化利用。

《关于加强城市节水工作的指导意见》提出，科学统筹规划城镇污水处理及再生水利用设施，结合城市组团式发展，合理设置分布式、小型化、智能化市政生活污水处理及再生利用设施，并统一纳入市政污水收集、处理及再生利用体系。

《黄河流域水资源节约集约利用实施方案》提出，以现有污水处理厂为基础，合理布局污水再生利用设施，建设分布式污水处理及再生利用设施。

《区域再生水循环利用试点实施方案》提出，合理规划布局，强化污水处理厂运行管理。

《“十四五”土壤、地下水和农村生态环境保护规划》提出，积极推进污水资源化利用，因地制宜纳入城镇管网、集中或分散处理。

《“十四五”重点流域水环境综合治理规划》提出，加强再生水利用、污水资源化等工程建设，提高水资源利用水平和效率。

《“十四五”重点流域水环境综合治理规划》提出，系统开展截污整治，严控城镇、工业、农业等废水直排。

《“十四五”推动长江经济带发展城乡建设行动方案》提出，补齐城镇污水管网短板。

《“十四五”黄河流域生态保护和高质量发展城乡建设行动方案》提出，补齐城镇污水管网短板，提升污水收集效能。

《关于加快推进城镇环境基础设施建设的指导意见》提出，推进城镇污水管网全覆盖，推动生活污水收集处理设施“厂网一体化”。加快建设完善城中村、老旧城区、城乡结合部、建制镇和易地扶贫搬迁安置区生活污水收集管网；加大污水管网排查力度，推动老旧管网修复更新；加快推进污水资源化利用，结合现有污水处理设施提标升级、扩能改造，系统规划建设污水再生利用设施。

《关于推进以县城为重要载体的城镇化建设的意见》提出，增强污水收集处理能力。完善老城区及城中村等重点区域污水收集管网，更新修复混错接、漏接、老旧破损管网，推进雨污分流改造。

《黄河流域生态环境保护规划》提出，开展地级及以上城市污水资源化利用示范城市建设，规划建设配套基础设施，完善城镇生活污水污泥收集处理设施，合理布局污水处理设施，着力提升污水处理厂超负荷运行地区的污水处理能力。

《“十四五”新型城镇化实施方案》提出，推进生活污水治理厂网配套、泥水并重，推广污泥集中焚烧无害化处理，推进污水污泥资源化利用。

《城乡建设领域碳达峰实施方案》提出，实施污水收集处理设施改造和城镇污水资源化利用行动。

《“十四五”全国城市基础设施建设规划》提出，推进城市污水处理提质增效。

《黄河生态保护治理攻坚战行动方案》提出，推进污水资源化利用。

《深入打好长江保护修复攻坚战行动方案》提出，合理规划城镇污水处理设施布局，有力有序推进建制镇污水处理设施建设。鼓励有条件地区建设节能低碳的资源能源标杆再生水厂。

《关于推进建制镇生活污水垃圾处理设施建设和管理的实施方案》提出，合理选择污水收集处理模式，科学确定污水处理标准规范，高质量推进厂网建设，推进污水资源化利用。

（六）加强水源涵养区和生态缓冲带保护修复

生态缓冲带是河湖的重要生态空间，对阻隔或减缓人类活动对河湖的直接干扰、保护河湖生物多样性、减少面源污染物入河湖等具有重要意义。

《关于全面推进美丽中国建设的意见》提出，建立水生态考核机制，加强水源涵养区和生态缓冲带保护修复，强化水资源统一调度，保障河湖生态流量。

《河湖生态缓冲带保护修复技术指南》是我国第一份国家层面的河湖生态缓冲带保护修复技术文件，明确了河湖生态缓冲带范围确定、河湖生态缓冲带保护与修复、河湖生态缓冲带维护与监测评价等要求。

《关于深入打好污染防治攻坚战的意见》提出，加快推进城市水源地规范化建设，加强农村水源地保护，基本完成乡镇级水源保护区划定、立标并开展环境问题排查整治。

《重点流域水生态环境保护规划》提出，加强水源涵养区和生态缓冲带保护。到2025年，新增0.77万千米河湖生态缓冲带修复长度，新增213平方千米人工湿地水质净化工程建设面积。

近年来，为进一步加强河湖生态保护修复，浙江、广东、重庆、云南等地先行先试，在河湖生态缓冲带生态保护修复方面进行多种形式的有益探索，在部分河湖开展生态缓冲带保护修复试点。

（七）持续推进重点海域综合治理

为推动海洋环境持续改善，我国先后开展两轮系统的重点海域综合治理工作。第一轮是2018年开展的渤海综合治理攻坚战，第二轮是“十四五”期间正在实施的渤海、长江口—杭州湾、珠江口邻近海域等三大重点海域综合治理攻坚战。

《关于全面推进美丽中国建设的意见》提出，坚持陆海统筹、河海联动，持续推进重点海域综合治理。

《渤海综合治理攻坚战行动计划》提出，实施陆源污染治理行动，实施海域污染治理行动，实施生态保护修复行动，实施环境风险防范行动。

《红树林保护修复专项行动计划（2020—2025年）》提出，实施红树林整体保护，加强红树林自然保护地管理，强化红树林生态修复的规划指导，实施红树林生态修复，强化红树林科技支撑，加强红树林监测与评估，完善红树林保护修复法律法规和制度体系。

《“十四五”海洋生态环境保护规划》提出，深入打好重点海域综合治理攻坚战，着力构建海洋生物多样性保护网络，构建分区分类的海洋环境风险防控体系，系统谋划和梯次推进海湾生态环境综合治理，协同推进应对气候变化与海洋生态环境保护。

《重点海域综合治理攻坚战行动方案》提出，实施入海排污口排查整治行动、入海河流水质改善行动、沿海城市污染治理行动、沿海农业农村污染治理行动、海水养殖环境整治行动、船舶港口污染防治行动、岸滩环境整治行动、海洋生态保护修复行动，加强海洋环境风险防范和应急监管能力建设，推进美丽海湾建设。

（八）加强海水养殖环境整治

海水养殖是可持续利用海洋资源的重要方式，推动海洋渔业高质量发展，是沿海地区经济发展的重要组成部分。据统计，我国现有海水养殖面积207.4万公顷。海水养殖业的快速发展，也产生了较大的污染，不仅污染养殖区自身的生态环境，也污染养殖区外部海域的生态环境。一方面，工厂化养殖方式的密集养殖导致水域污染严重，是诱发暴发性赤潮和污染事件的诱因之一，另一方面污染的集中表现就是海水的富营养化，直接诱发赤潮。同时，养殖逃逸的鱼类也会对海洋生物产生影响。

《关于加快推进水产养殖业绿色发展的若干意见》提出，改善养殖环境。

《“十四五”推进农业农村现代化规划》提出，高标准建设海洋牧场，在水产养殖主产区推进养殖尾水治理。

《关于加强海水养殖生态环境监管的意见》提出，严格环评管理和布局优化，实施养殖排污口排查整治，强化监测监管和执法检查。

《关于优化养殖用海管理的通知》提出，科学确定养殖用海规模与布局，分类管控新增养殖用海，稳妥处置现有养殖用海，全面规范养殖用海审批和出让，积极推行生态化养殖用海，切实加强养殖用海监管。

（九）应对蓝藻水华、赤潮绿潮等生态灾害

随着工业化和城市化的发展，过量的氮、磷等营养物质进入水体，为蓝藻提供了充足的养分，产生了水体富营养化。蓝藻水华导致水体生物多样性减少，蓝藻大量繁殖导致水体缺氧、水质变坏。人类活动的加剧、海水温度的变化、海水养殖产生的污染，导致近海、港湾富营养化程度日趋严重，赤

潮绿潮发生的次数愈益频繁，造成海洋生物大量死亡，严重污染海洋环境。2023年，中国海域共发现赤潮46次，累计面积1466平方千米，其中有毒有害赤潮29次，累计面积1118平方千米；2023年4月至8月，绿潮灾害影响黄海海域，覆盖面积于6月25日达到最大值998平方千米，分布面积于6月30日达到最大值61159平方千米。

为强化重点湖库水华防控，生态环境部制定了《重点湖库水华预警工作机制（试行）》，明确了水华预警级别、预警标准、响应及解除程序等工作内容。

要积极应对蓝藻水华、赤潮绿潮等生态灾害，最根本的是加大水污染防治力度，减少有机污染物对水体的危害，防止水体富营养化现象加剧，同时参与全球气候行动。

（十）推进江河湖库清漂和海洋垃圾治理

工业化规模的扩大和城市化进程的加快，污染物排放的增加使江河湖库的水体受到了严重的污染，水上漂浮物日益增多。巨量的水上漂浮物破坏水质，严重污染水体环境和威胁生态系统的平衡，也影响江河湖库的景观，推进江河湖库清漂，可以保持水体清洁，减少污染物对水质的污染和对生态环境的破坏。

联合国环境规划署2021年发布的《从污染到解决方案：对海洋垃圾和塑料污染的全球评估》指出，海洋垃圾和塑料污染严重影响环境、生态系统、野生动物和人类健康，塑料制品是海洋垃圾中占比最大、最有害和最持久的部分，至少占海洋垃圾总量的85%。目前，海洋中的塑料垃圾估计有7500万~1.99亿吨，海洋塑料废弃物治理成为是全球性环保的难题。

《江河湖海清漂专项行动方案》提出，通过拉网式江河湖海塑料垃圾清理、转运和处置，大幅减少水域存量塑料垃圾，有效控制塑料垃圾进入江河湖海。严控陆源塑料垃圾进入水域，全面推进江河湖海塑料垃圾清理，着力加强海域塑料垃圾清理，强化流域区域协调、规范清理塑料垃圾处置和加强塑料垃圾清理能力建设。

《“十四五”海洋生态环境保护规划》提出，强化精准治污，以近岸海湾、河口为重点，分区分类实施陆海污染源头治理，深入打好重点海域综合治理攻坚战，陆海统筹持续改善近岸海域环境质量；坚持综合治理，系统谋划和梯次推进海湾生态环境综合治理，强化“水清滩净、鱼鸥翔集、人海和谐”的美丽海湾示范建设和长效监管。

《重点海域综合治理攻坚战行动方案》提出，开展岸滩环境整治行动。

《沿海城市海洋垃圾清理行动方案》提出，建立健全海洋垃圾常态化治理体系，严控陆源垃圾入海，强化海上垃圾防治，及时清理岸滩和海漂垃圾，规范处置上岸垃圾，加强海洋垃圾调查与监管。

第三节　持续深入打好净土保卫战

一、土壤对经济和社会发展的重要性

土壤保存了至少 1/4 的全球生物多样性，为生态系统和人类提供了多种服务，帮助人类抵御和适应气候变化。

2005—2013 年，环境保护部和国土资源部开展了首次全国土壤污染状况调查。结果显示，中国土壤总的点位超标率为 16.1%，有 100 多万平方千米土地受到污染，有近 20 万平方千米耕地被污染，超出林地、草地被污染面积的一半，经济发达地区的污染问题尤为突出，长三角地区至少 10% 的土壤丧失生产力。中国农村每年产生 90 亿吨污水、2.8 亿吨垃圾，绝大部分没有处理。中国年化肥施用量约 6000 万吨、农药用量达 337 万吨，90% 进入生态环境。

土壤污染导致生产能力退化，影响食品安全，对人类生命健康构成威胁，还可引起大气、水的污染，并破坏生物多样性，从而使整体环境污染加剧，对全球生态安全构成威胁。土壤污染是一种“看不见的污染”，不像大气污染、水污染被公众特别关注，它具有累积性、隐蔽性和滞后性的特点，而且治理周期较长、成本高，所以必须高度重视土壤污染防治，持续深入打好净土保卫战。

二、我国土壤污染防治的历程

我国的土壤污染防治工作起步晚，基础薄弱。2000 年前，我国基本没有专门针对土壤的政策法规、标准规范。《土壤环境质量标准》（1995 年）主要针对农业生产的农用地。1999 年开始，中国地质调查开展多目标区域地球化学调查。

2005—2013 年，环境保护部会同国土资源部开展首次全国土壤污染状况调查；2008 年，环境保护部印发的《关于加强土壤污染防治工作的意见》提出，突出农用地和污染场地作为土壤污染防治的重点领域；2012 年，农业部启动农产品产地土壤重金属污染调查；“十二五”期间，环境保护部试点研究制订全国土壤环境质量监测网建设方案。

我国系统性的土壤污染防治始于 2016 年 5 月，国务院印发了《土壤污染防治行动计划》，系统开展了土壤污染防治的重要战略部署。

《土壤污染防治行动计划》（即“土十条”）提出，开展土壤污染调查，掌握土壤环境质量状况；推进土壤污染防治立法，建立健全法规标准体系；实施农用地分类管理，保障农业生产环境安全；实施建设用地准入管理，防范人居环境风险；强化未污染土壤保护，严控新增土壤污染；加强污染源监管，做好土壤污染预防工作；开展污染治理与修复，改善区域土壤环境质量；加大科技研发力度，推动环境保护产业发展；发挥政府主导作用，构建土壤环境治理体系；加强目标考核，严格责任追究。

2018 年，中共中央、国务院印发了《全面加强生态环境保护 坚决打好污染防治攻坚战的意见》，提出扎实推进净土保卫战。

2019 年 1 月，《中华人民共和国土壤污染防治法》正式施行，填补了我国土壤污染防治法律的空白，将土壤污染防治工作纳入法治轨道。

《“十四五”规划和 2035 年远景目标纲要》提出，推进受污染耕地和建设用地管控修复，实施水土环境风险协同防控。

《关于深入打好污染防治攻坚战的意见》提出，深入打好净土保卫战。

《“十四五”土壤、地下水和农村生态环境保护规划》提出，推进土壤污染防治。加强耕地污染源头控制，防范工矿企业新增土壤污染，深入实施耕地分类管理，严格建设用地准入管理，有序推进建设用地土壤污染风险管控与修复，实施土壤污染源头预防工程、土壤污染风险管控与修复工程。

三、我国土地生态环境状况

2024 年，全国土壤环境风险得到基本管控，土壤污染加重趋势得到初步遏制。全国受污染耕地安全利用率达到 92%，农用地土壤环境状况总体稳定，土壤重点风险监控点重金属含量整体呈下降趋势。重点建设用地得到有效保障。

《2019 年全国耕地质量等级情况公报》显示，全国耕地质量平均等级为 4.76 等，其中一至三等、四至六等、七至十等耕地面积分别占耕地总面积的 31.24%、46.81% 和 21.95%。

2024 年水土流失动态监测成果显示，全国水土流失面积为 260.19 万平方千米，其中水力侵蚀面积为 105.10 万平方千米、风力侵蚀面积为 155.09 万平方千米；按侵蚀强度分，轻度、中度、强烈、极强烈和剧烈侵蚀面积分别占全国水土流失总面积的 65.74%、16.35%、6.58%、5.55% 和 5.78%。

全国荒漠化土地面积为 25737 万公顷，占陆域国土面积的 26.8%；沙化土地面积为 16878 万公顷，占陆域国土面积的 17.6%；具有明显沙化趋势的土地面积 2792 万公顷，占陆域国土面积的 2.9%。

四、净土保卫战的成就

“十三五”时期，我国土壤污染风险得到基本管控。我国发布了有关农用地、污染地块、工矿用地土壤环境管理等方面部门规章，制定了农用地、建设用地土壤污染风险管控等方面系列标准规范；顺利完成《土壤污染防治行动计划》确定的受污染耕地安全利用率和污染地块安全利用率“双 90%”目标任务，初步遏制土壤污染加重趋势，基本管控土壤污染风险，土壤环境质量总体保持稳定；完成土壤污染状况详查，初步查明我国农用地土壤污染的面积、分布及其对农产品质量的影响，掌握重点行业企业用地潜在环境风险情况；完成耕地土壤环境质量类别划定，实施分类管理，严格建设用地准入管理，依法依规对 2 万多个地块开展调查，将 900 多个地块列入建设用地土壤污染风险管控和修复名录；有力整治耕地周边涉镉等重金属污染源；建立全国土壤环境信息平台，建成土壤环境监测网络；中央财政累计投入土壤污染防治专项资金 285 亿元，实施“场地土壤污染成因与治理技术”“农业面源和重金属污染农田综合防治与修复技术”等国家重点研发专项。

2023 年，持续开展农用地土壤镉等重金属污染源头防治行动，启动实施 124 个土壤污染源头管控重大工程项目，全国 23 个省份划定重点区域，执行颗粒物和重金属污染物特别排放限值；完成耕地土壤污染源头治理的地块，土壤重金属含量呈整体下降趋势；常态化开展受污染耕地土壤风险管控措施落实情况遥感监测，推动将耕地土壤污染源头防控和安全利用纳入耕地保护和粮食安全、食品安全等相关考核；累计完成 6400 余家土壤污染重点监管单位隐患排查“回头看”；印发《关于促进土壤污染风险管控和绿色低碳修复的指导意见》，累计将 2058 个地块纳入土壤污染风险管控和修复名录管理；将 9000 余个关闭搬迁企业腾退地块纳入优先监管清单；印发《地下水污染防治重点区划定技术指南（试行）》；将 2616 家企业纳入地下水污染防治重点排污单位名录；部署开展在产企业和化工园区土壤及地下水污染管控修复试点；全国 2700 余个县（市、区）编制印发了县域农村生活污水治理专项规划，611 个畜牧大县编制印发了畜禽养殖污染防治规划；出台《关于进一步推进农村生活污水治理的指导意见》《农村黑臭水体治理工作指南》，推动 1.6 万余个行政村环境整治和 800 余个较大面积农村黑臭水体治理。

五、打好净土保卫战

《“十四五”规划和2035年远景目标纲要》提出，推进受污染耕地和建设用地管控修复，实施水土环境风险协同防控。

《深入打好污染防治攻坚战的意见》提出，深入打好净土保卫战。持续打好农业农村污染治理攻坚战，深入推进农用地土壤污染防治和安全利用，有效管控建设用地土壤污染风险，稳步推进“无废城市”建设，加强新污染物治理，强化地下水污染协同防治。《关于全面推进美丽中国建设的意见》提出，持续深入打好净土保卫战。

（一）开展土壤污染源头防控行动

土壤污染源头防控是改善土壤环境质量、防范土壤污染风险的根本。“十三五”时期，我国的土壤污染防治取得进展。“十四五”以来，土壤污染防治逐步由末端治理转向源头防控。

我国已经在土壤污染源头防控开展了大量工作，取得了阶段成效。初步摸清了土壤污染的基本情况，目前已掌握了 247.74 万个工业污染源信息、10 万余家重点行业企业土壤污染潜在风险情况、农用地土壤污染面积和分布及对主要农产品的影响；先后颁布了法律法规和部门规章以及 30 余项标准规范，初步建立土壤污染源头防控法规标准体系；通过推进土壤污染隐患排查、实施 124 个土壤污染源头管控工程、推动污染地块调查评估工作，1.6 万家企业被纳入土壤污染重点监管单位名录，建设用地土壤污染风险得到基本管控；通过开展耕地土壤污染成因排查和实施镉等重金属污染源头防治行动，农用地土壤污染状况总体稳定；通过开展地下水污染防治重点区划定和探索化工园区地下水环境分类管理，地下水生态环境保护稳步推进。国家将通过完善土壤污染源头预防政策体系、落实生态环境分区管控、加快产业绿色化转型、推动重点行业强制性清洁生产审核等措施，加强土壤污染源头防控。

《“十四五”土壤、地下水和农村生态环境保护规划》提出，加强耕地污染源头控制，防范工矿企业新增土壤污染，实施土壤污染源头预防工程。

《土壤污染源头防控行动计划》提出，完善土壤污染源头预防政策体系，严格落实污染防治措施，解决长期积累的严重污染问题，健全体制机制。

（二）推进农用地土壤重金属污染溯源和整治全覆盖

随着工业化的加快和农业领域的工业化，工业污染排放的增加，污水灌溉的实行，矿产资源的不断开发，化肥、有机肥、农药、农膜及污泥等农业投入品的滥用和不正当使用，农用地受大气颗粒物降尘影响，造成农用地土壤受重金属污染。

要保护农用地土壤环境，保障农产品质量安全，必须从源头上整治农用地土壤重金属污染。农用地土壤重金属污染，主要来源于工业过程源、固定燃烧源、灌溉水源、废弃物堆放源、流动源、农业投入品源，必须全程监控生产原材料的选择、生产工艺的改进、进入农产品产地前的消减，加强农用地土壤重金属污染的整治。

《关于深入打好污染防治攻坚战的意见》提出，实施农用地土壤镉等重金属污染源头防治行动。受污染耕地集中的县级行政区开展污染溯源，因地制宜制订实施安全利用方案。

《“十四五”土壤、地下水和农村生态环境保护规划》提出，加强耕地污染源头控制。

（三）加强建设用地用途变更和污染地块风险管控的联动监管

建设用地用途变更和污染地块风险管控的联动监管是净土保卫战的重要内容。十多年来，我国的土壤污染风险管控和修复工作水平不断提升，住宅、公共管理与公共服务的重点建设用地安全利用得到有效保障。但在土壤污染防治过程中，过度修复、资源能源消耗和二次污染风险较高等问题大量存在，只有联动监管建设用地用途变更和污染地块风险管控，才能使建设用地安全利用得到有效保障。

《关于深入打好污染防治攻坚战的意见》提出，严格建设用地土壤污染风险管控和修复名录内地块的准入管理。

《“十四五”土壤、地下水和农村生态环境保护规划》提出，严格建设用地准入管理，有序推进建设用地土壤污染风险管控与修复，实施土壤污染风险管控与修复工程，鼓励绿色低碳修复。

《减污降碳协同增效实施方案》提出，推进土壤污染治理协同控制，鼓励绿色低碳修复。

《关于促进土壤污染风险管控和绿色低碳修复的指导意见》提出，理念先行加快绿色低碳转型，全过程提升绿色低碳水平，全方位强化科技支撑。

（四）开展土壤污染重点监管单位周边土壤和地下水环境监测

土壤污染重点监管单位，是指有色金属矿采选、有色金属冶炼、石油开采、石油加工、化工、焦化、电镀、制革行业规模以上企业，位于土壤污染潜在风险高的地块且生产、使用、贮存、处置或者排放有毒有害物质的企业，位于耕地土壤重金属污染突出地区的涉镉排放企业。要开展土壤污染重点监管单位周边土壤和地下水环境监测，为深入打好净土保卫战取得第一手资料。

对土壤污染重点监管单位周边土壤及地下水监测主要在监管企业污染区

域边界或边界一定范围内，通过监测点位的布设，按照标准确定土壤样品、地下水样品的采样数量和深度，根据土地利用类型、相关标准规定确定基本项目，规范采集信息，进行样品分析，对监测结果进行评价得出结论。土壤污染重点监管单位周边土壤和地下水环境监测是“十四五”时期的一项重点任务，能够全面掌握土壤重点监管企业及工业园区周边土壤和地下水环境质量状况，为土壤和地下水环境治理提供数据支撑。

《土壤污染防治行动计划》提出，要定期对重点监管企业和工业园区周边开展监测，数据及时上传全国土壤环境信息化管理平台，结果作为环境执法和风险预警的重要依据。

《土壤污染防治法》提出，地方生态环境主管部门应根据有毒有害物质排放等情况，制定土壤污染重点监管单位名录，定期对土壤污染重点监管单位周边土壤进行监测。

《“十四五”土壤、地下水和农村生态环境保护规划》提出，完善土壤环境监测网，优化调整土壤环境监测点位，开展典型行业企业用地及周边土壤污染状况调查，开展土壤生态调查试点。建立以饮用水水源和国家重点生态区域保护、地下水污染防控为重点的地下水环境监测网。

《环境监管重点单位名录管理办法》提出，环境监管重点单位应当依法履行自行监测、信息公开等生态环境法律义务，采取措施防治环境污染，防范环境风险；各级生态环境主管部门应当加强对环境监管重点单位的监督管理。

（五）严控地下水污染防治重点区环境风险

地下水污染防治重点区是为满足地下水资源保护、污染防治等管理需要，确定的应加强地下水污染防治的区域，分为保护类区域和管控类区域。

保护类区域是为防止地下水型饮用水水源受到污染、保障水源水质安全，要求加以特殊保护的区域，包括地下水型饮用水水源一级保护区、二级保护区、准保护区、补给区，以及矿泉水、名泉等特殊地下水资源保护区域。管控类区域，是指除保护类区域外，基于地下水富水性、质量现状和脆弱性综合分析需加强地下水污染防治的重点区域，一级管控区内地下水污染源荷载高，措施以控制风险、削减存量为主；二级管控区内地下水污染源荷载中等或低，措施以预防污染、防止新增为主。

《地下水污染防治实施方案》提出，保障地下水型饮用水源环境安全，建立健全法规和标准规范体系，建立地下水环境监测体系，加强地下水污染协同防治，推进重点污染源风险防控。

《关于深入打好污染防治攻坚战的意见》提出，强化地下水污染协同防治。

《“十四五”土壤、地下水和农村生态环境保护规划》提出，加强地下水污染防治。

《地下水污染防治重点区划定技术指南（试行）》规定了地下水污染防治重点区划定的工作内容和技术路线、技术方法、质量控制、更新重点区划定成果等。

（六）深入打好农业农村污染治理攻坚战

随着工业化和城市化进程的加快，传统农业已经被工业化的生产方式改造，工业由东部向中西部转移、由城市向农村转移，使农业和农村的环境雪上加霜，严重影响食品安全，制约农村经济社会的可持续发展。

近年来，国家开展了农业农村污染治理的攻坚战，出台了一系列政策，采取了一系列举措，农村环境“脏乱差”现象有所改变，农村环境连片整治工作取得一定的成效，区域性突出环境问题得到一定程度的缓解。但是，科学治污、精准治污的水平还不高，农村环境整治成效亟待巩固提升，农村生活污水治理率偏低，农村黑臭水体整治刚刚起步，农业面源污染物排放仍处高位，农药化肥减量增效难度较大，畜禽养殖污染防治水平有待提升，水产养殖尾水治理基础薄弱。

《农业农村污染治理攻坚战行动计划》提出，加强农村饮用水水源保护，加快推进农村生活垃圾污水治理，着力解决养殖业污染，有效防控种植业污染，提升农业农村环境监管能力。

“十三五”期间，农业农村生态环境保护取得进展，颁布了10余项农业农村污染治理标准规范，各省份制定实施农村生活污水处理排放标准，将城乡污水集中处理场所纳入排污许可管理；全面完成《农业农村污染治理攻坚战行动计划》确定的各项目标任务。农村环境整治稳步实施，中央财政安排专项资金 258 亿元，支持 15 万个行政村开展环境整治。农村饮水安全保障水平得到提升，全国 10638 个“千吨万人”（日供水在 1000 吨或供水人口在 1 万人以上）农村饮用水水源地完成保护区划定并开展水质监测。全国农村生活污水治理率达到 25.5%。各地基本完成县域农村生活污水治理专项规划编制，10 省（区、市）的 34 个县区开展农村生活污水（黑臭水体）治理试点。全国农村生活垃圾进行收运处理的行政村比例超过 90%，排查出的 2.4 万个非正规垃圾堆放点基本完成整治。三大粮食作物化肥、农药利用率均达到 40%左右；全国秸秆综合利用率、农膜回收率分别达到 86.7%、80%。规模养殖场粪污处理设施装备配套率达到 97%。

《全国高标准农田建设规划（2021—2030 年）》提出，切实加强水土资源集约节约利用和生态环境保护，防止土壤污染，实现农业生产与生态保护相协调。

《深入打好污染防治攻坚战的意见》提出，持续打好农业农村污染治理攻坚战。

《“十四五”土壤、地下水和农村生态环境保护规划》提出，深化农业农村环境治理。实施农业面源污染防治工程，实施农村环境整治工程，探索典型地区治理模式与长效机制。

《农业农村污染治理攻坚战行动方案（2021—2025 年）》提出，加快推进农村生活污水垃圾治理，开展农村黑臭水体整治，实施化肥农药减量增效行动，深入实施农膜回收行动，加强养殖业污染防治。

《“十四五”全国农药产业发展规划》提出，推行绿色清洁生产，推进化学农药使用减量化、农药使用专业化、农药包装废弃物回收利用。

《黄河生态保护治理攻坚战行动方案》提出，开展农业农村环境治理行动，加强农业面源污染防治，强化养殖污染防治，加快农村人居环境整治提升，推进农用地安全利用。

第四节　强化固体废物和新污染物治理

一、固体废物和新污染物污染带来的危害

（一）固体废物污染及危害

固体废物是指一般工业固体废物、生活垃圾和危险废物，还包括农业固体废物、建筑废料及弃土。

2024 年，全国一般工业固体废物产生量为 44.7 亿吨，综合利用量为 26.5 亿吨，处置量为 7.8 亿吨；全国危险废物产生量约 1.3 亿吨，利用处置量约 1.3 亿吨；全国城市生活垃圾清运量 26236.62 万吨，无害化处理能力 115.55 万吨/日，无害化处理量为 26198.58 万吨；全国畜禽粪污综合利用率达到 79.4%，秸秆综合利用率达到 88.3%，农膜处置率稳定在 80% 以上；全国废弃电器电子产品进入规范拆解处理企业进行处理的数量为 9400 万台（套），拆解产物重量为 265 万吨；纳入环境监管的尾矿库 7820 座。

固体废物污染带来了严重的影响，固体废物中有害气体和粉尘会污染大气，有害成分会向土壤迁移，污染土壤，对植物产生了间接污染，还会使水体遭受污染，富营养化进一步加剧。通过大气、土壤、水的污染，严重影响人们的身体健康。

（二）新污染物污染及危害

新污染物，是指具有生物毒性、环境持久性、生物累积性等特征的有毒有害化学物质，它通过食物链累积诱发生物突变或引起生态失衡构成对人类的健康风险。目前，国际上广泛关注的新污染物有持久性有机污染物、内分泌干扰物、抗生素、微塑料四大类。《重点管控新污染物清单（2023 年版）》列出了全氟辛基磺酸及其盐类和全氟辛基磺酰氟（PFOS 类）、抗生素等 14 类列入清单的新污染物。

持久性有机污染物，是指通过各种环境介质能够长距离迁移并长期存在

于环境，对人类健康和环境具有严重危害的天然或人工合成的有机污染物质；内分泌干扰物是一种能进入人体内部危害人类正常激素分泌的人工合成化学物质，在农药、金属、添加剂等材料中普遍存在；抗生素的发现和广泛使用，拯救了大众的生命，但同时也污染了环境；微塑料是直径小于5毫米的塑料颗粒，主要由塑料颗粒产品排入水环境或塑料垃圾经过分解产生对环境的污染，塑料污染严重威胁海洋生物的生存并通过食物链使微塑料聚集在人体内。截至2024年6月，全球已发现有1277种海洋生物存在摄食微纳塑料行为。

新污染物的污染来源广泛，带来的危害比较严重、风险比较隐蔽，具有环境持久性和生物累积性，因此，治理复杂、难度大，需实施全生命周期环境风险管控。

新污染物主要来源于有毒有害化学物质的生产和使用，我国具有持久性、生物累积性、致癌、致突变、生殖毒性的高产量有毒有害化学物质达600余种。在我国经济最发达的京津地区、长江三角洲、珠江三角洲等地区，“三致”（致癌、致畸、致突变）有机污染物在地下水中被检出，其中，农药类的“六六六”“滴滴涕”等有机污染指标检出率一般为10%～20%，部分地区为30%～40%，有的甚至在80%以上；我国的七大水系、湖泊、饮用水水源地和地下水中，都检出了内分泌干扰物；全球几乎所有河流中都存在抗生素，在我国118个大中城市中，地表水中检出有68种抗生素、90种非抗生素医药成分。

2024年，生态环境部批准87份新化学物质环境管理常规登记，涉及71种新化学物质，登记量407785.4吨；批准213份新化学物质环境管理简易登记，涉及186种新化学物质，登记量2071.809吨；收到5818份新化学物质环境管理备案，涉及备案量2376886吨；将77种化学物质增补列入《中国现有化学物质名录》。全国实际出口1.11吨三丁基锡化合物。2023年，全国重点管控新污染物生产和加工使用企业1915家，产量约390万吨，使用量约204万吨；全国优先控制化学品生产和加工使用企业5650家，产量约4696万吨，使用量约3899万吨。

二、我国固体废物和新污染物污染防治的历程

（一）固体废物污染防治历程

1995 年，我国就制定了《固体废物污染环境防治法》，为防治固体废物污染环境、保障公众健康提供了法律依据。历经 2004 年、2020 年两次修订，2013 年、2015 年、2016 年三次修正。新修订的法律突出问题导向，健全了固体废物污染环境防治长效机制，用最严格的制度最严密的法治保护生态环境。

以《固体废物污染环境防治法》为基础，以法规标准为补充的治理体系日趋完善。国务院制修订了危险废物经营许可、医疗废物管理、畜禽规模养殖污染防治、城市市容和环境卫生管理、废弃电器电子产品回收处理、报废汽车回收管理等行政法规，相关部门制定了一系列部门规章、标准规范和技术指南，固体废物管理制度体系逐步完善。在危险废物方面，建立了危险废物鉴别、申报登记和转移联单等 8 项制度，涵盖了危险废物产生、贮存、转运、利用处置的全过程；在电子废物方面，明确了名录、规划和基金补贴等 4 项制度，制定了基于生产者责任延伸制度的电子废物管理办法；在生活垃圾方面，发布了生活垃圾收集、运输、处理等相关管理规章和标准规范 100 余项；在工业固体废物和农业废弃物方面，出台了促进资源综合利用和无害化处置的相关管理办法和技术文件。

《禁止洋垃圾入境 推进固体废物进口管理制度改革实施方案》提出，禁止垃圾进口，代表固体废物污染防治进入了一个新的阶段。

（二）新污染物污染防治历程

2001 年 5 月，国际社会通过了《关于持久性有机污染物的斯德哥尔摩公约》，建立了开放的持久性有机污染物（POPs）物质审查与增列制度，对 POPs 有毒有害化学物质采取全球行动，2004 年 5 月生效，我国于 2004 年加入，开启了履约之路。

2007 年 4 月印发的《中国履行〈关于持久性有机污染物（POPs）的斯德哥尔摩公约〉国家实施计划》提出，开展履约能力建设，保证履约目标实现。加强履约相关部门和地方机构的能力，完善法规框架，制定履约经济政策，

建立履约资金机制，完善 POPs 监测能力，促进 POPs 淘汰、削减和替代的技术开发和推广，开展履约宣传和教育活动。

2021 年 3 月，《“十四五”规划和 2035 年远景目标纲要》提出，重视新污染物治理。

2021 年 11 月，中共中央、国务院印发了《关于深入打好污染防治攻坚战的意见》，提出加强新污染物治理。

2022 年 5 月，国务院办公厅印发了《新污染物治理行动方案》，提出加强新污染物治理。

三、固体废物和新污染物污染防治的成就

“十三五”时期，我国推动完成了《固体废物污染环境防治法》的修订，加快完善相关配套措施，全面禁止洋垃圾入境，推进固体废物进口管理制度改革工作取得明显成效，“无废城市”建设试点工作取得积极进展，扎实推进塑料污染综合治理，加快推进补齐危险废物收集处理短板，固废危废排查整治工作取得初步成效，全面提升固体废物环境监管能力。

20 年来，我国高度重视 POPs 控制，POPs 控制工作取得显著成效，持续提高 POPs 控制能力。加强 POPs 控制法治建设，加大执法监督力度，全面排查相关行业领域涉废弃 POPs 情况，完成历史遗留上百个点位 10 万余吨 POPs 废物清理处置工作，提前完成多氯联苯类 POPs 的履约目标，消除 POPs 环境污染隐患，推广 240 余项先进替代技术示范，成功淘汰 29 种类 POPs，每年避免了数十万吨 POPs 的产生和环境排放，提前完成在用含多氯联苯电力设备的 100% 下线与废弃含多氯联苯电力设备的 100% 环境无害化处置两个公约目标，重点行业烟气二噁英排放强度大幅下降，向大气排放的二噁英总量在 2012 年达峰后逐步下降，大气环境中二噁英浓度相应呈下降趋势，一般人群膳食二噁英类平均摄入量低于世界卫生组织的健康指导值，且呈下降趋势。

2023 年，推动 113 个地级及以上城市和 8 个特殊地区落实“无废城市”建设实施方案，各地安排工程项目 3200 余个，涉及项目总投资超 1 万亿元；15 个省份全域有序推进“无废城市”建设；长三角统筹推进固危废污染联防联治，成渝地区深化“无废城市”共建，启动粤港澳“无废湾区”建设；累计建设“无废学校”“无废企业”等“无废细胞”2.5 万余个；印发《危险

废物重大工程建设总体实施方案（2023—2025）》，科学布局建设危险废物“1+6+20”重大工程，加快补齐危险废物环境风险防控和处置能力短板；全面完成危险废物专项整治三年行动，持续开展危险废物规范化环境管理评估，强化危险废物信息化环境监管；落实《新污染物治理行动方案》；印发实施《化学物质环境信息统计调查制度》，完成122个重点行业4000余种重点化学物质生产使用等环节信息统计，对14种类新污染物实施全生命周期环境风险管控措施，淘汰8种类重点管控新污染物；全面落实新化学物质环境管理登记制度；推进长江经济带1136座尾矿库、黄河流域235座尾矿库完成问题整改；组织开展黄河流域“清废行动”，推动相关省份清理、整治固体废物近3400万吨，问题整改完成率达99.4%；基本完成黄河流域历史遗留矿山污染状况调查评价工作；推动各地累计完成610多个重金属减排项目，指导重点省份加强铊污染治理。

四、依法治理固体废物污染和新污染物污染

《关于全面推进美丽中国建设的意见》提出，强化固体废物和新污染物治理。到2027年，“无废城市”建设比例达到60%，固体废物产生强度明显下降；到2035年，“无废城市”建设实现全覆盖，东部省份率先全域建成“无废城市”，新污染物环境风险得到有效管控。

（一）加快“无废城市”建设

“无废城市”建设是通过推动形成绿色发展方式和生活方式，持续推进固体废物源头减量和资源化利用，最大限度减少填埋量，将固体废物环境影响降至最低的城市发展模式。

2018年2月，全国环境保护工作会议提出，推动开展“无废城市”建设试点。“无废城市”建设能解决“垃圾围城”和固体废物环境污染问题，通过固体废物的减量化、资源化和无害化，打造城市绿色发展、资源高效的经济体系和社会发展模式，实现城市的可持续发展。

《关于全面加强生态环境保护 坚决打好污染防治攻坚战的意见》提出，开展“无废城市”试点，推动固体废物资源化利用。

《“无废城市”建设试点工作方案》提出，强化顶层设计引领，发挥政府

宏观指导作用；实施工业绿色生产，推动大宗工业固体废物贮存处置总量趋零增长；推行农业绿色生产，促进主要农业废弃物全量利用；践行绿色生活方式，推动生活垃圾源头减量和资源化利用；提升风险防控能力，强化危险废物全面安全管控；激发市场主体活力，培育产业发展新模式。

2019 年 4 月，生态环境部筛选确定"11 + 5"的"无废城市"建设试点，分别为深圳市、包头市、铜陵市、威海市、重庆市（主城区）、绍兴市、三亚市、许昌市、徐州市、盘锦市、西宁市，河北雄安新区（新区代表）、北京经济技术开发区（开发区代表）、中新天津生态城（国际合作代表）、福建省光泽县（县级代表）、江西省瑞金市（县级市代表）作为特例，参照"无废城市"建设试点。

《"无废城市"建设试点实施方案编制指南》和《"无废城市"建设指标体系（试行）》提出，试点城市与地区按要求编制"无废城市"建设试点实施方案。

《关于进一步加强塑料污染治理的意见》提出，禁止、限制部分塑料制品的生产、销售和使用，推广应用替代产品和模式，规范塑料废弃物回收利用和处置，完善支撑保障体系。

《"十四五"规划和2035 年远景目标纲要》提出，加强塑料污染全链条防治。

《"十四五"塑料污染治理行动方案》提出，积极推动塑料生产和使用源头减量，加快推进塑料废弃物规范回收利用和处置，大力开展重点区域塑料垃圾清理整治。

《"十四五"时期"无废城市"建设工作方案》提出，科学编制实施方案，强化顶层设计引领；加快工业绿色低碳发展，降低工业固体废物处置压力；促进农业农村绿色低碳发展，提升主要农业固体废物综合利用水平；推动形成绿色低碳生活方式，促进生活源固体废物减量化、资源化；加强全过程管理，推进建筑垃圾综合利用；强化监管和利用处置能力，切实防控危险废物环境风险；加强制度、技术、市场和监管体系建设，全面提升保障能力。

《关于进一步加强城市建筑垃圾治理的意见》提出，加强建筑垃圾源头管理，强化建筑垃圾运输监管，规范建筑垃圾处置，推进建筑垃圾资源化利用，实施全过程监管。

（二）持续推进新污染物治理行动

2022 年 12 月，生态环境部等 6 个部门印发了《重点管控新污染物清单（2023 年版）》，明确了首批重点管控新污染物的名称、对应的化学文摘社登记号（CAS 号）及其主要环境风险管控措施。列入首批重点管控新污染物清单的包括 14 种新污染物：全氟辛基磺酸及其盐类和全氟辛基磺酰氟（PFOS 类）、全氟辛酸及其盐类和相关化合物（PFOA 类）、十溴二苯醚、短链氯化石蜡、六氯丁二烯、五氯苯酚及其盐类和酯类、三氯杀螨醇、全氟己基磺酸及其盐类和其相关化合物（PFHxS 类）、得克隆及其顺式异构体和反式异构体、二氯甲烷、三氯甲烷、壬基酚、抗生素、已淘汰类（六溴环十二烷、氯丹、灭蚁灵、六氯苯、滴滴涕、α－六氯环己烷、β－六氯环己烷、林丹、硫丹原药及其相关异构体、多氯联苯）。

《关于深入打好污染防治攻坚战的意见》提出，制订实施新污染物治理行动方案。

《新污染物治理行动方案》提出，完善法规制度，建立健全新污染物治理体系；开展调查监测，评估新污染物环境风险状况；严格源头管控，防范新污染物产生；强化过程控制，减少新污染物排放；深化末端治理，降低新污染物环境风险，加强能力建设，夯实新污染物治理基础。

（三）深化全面禁止“洋垃圾”

“洋垃圾”是来自境外的固体废物的俗称，以走私、夹带等方式进口国家禁止进口的固体废物或未经许可擅自进口属于限制进口的固体废物也属于洋垃圾。

不可否认，洋垃圾的进口可以使一些国家在特定时候解决原料不足的问题，但这种经济行为属于环境污染的跨境转移。当前环境问题由原来的区域化发展到今天的全球化，固体废物的跨境转移是一个重要因素。固体废物携带的有害气体和粉尘会污染大气，长时间的露天堆放使有害成分向四周和纵深的土壤迁移，可改变土壤成分和结构。垃圾处理过程中的污水直接排入水体造成水污染，固体废物中含有大量有毒有害的铅化合物、汞、镉和铬，以及消耗臭氧的含氯氟烃气体，更严重危害了公众的健康。进口固体废物引起的大气、土壤、水的污染，严重破坏了生态环境。

《固体废物污染环境防治法》明确规定，禁止境外的固体废物进境倾倒、堆放、处置。

我国很早就颁布了《进口固体废物管理目录》，随着经济形势的变化，几经修订，明确规定了禁止进口的废物。

《固体废物进口管理办法》提出，禁止境外的固体废物进境倾倒、堆放、处置，禁止固体废物转口贸易，禁止进口危险废物，禁止过境转移危险废物。

《禁止洋垃圾入境推进固体废物进口管理制度改革实施方案》提出，完善堵住洋垃圾进口的监管制度，强化洋垃圾非法入境管控，建立堵住洋垃圾入境长效机制，提升国内固体废物回收利用水平。

《全面加强生态环境保护 坚决打好污染防治攻坚战的意见》提出，全面禁止洋垃圾入境，严厉打击走私，大幅减少固体废物进口种类和数量，力争2020年底前基本实现固体废物零进口。

新修订的《固体废物污染环境防治法》规定，国家逐步实现固体废物零进口。

《关于全面禁止进口固体废物有关事项的公告》提出，禁止以任何方式进口固体废物，禁止我国境外的固体废物进境倾倒、堆放、处置。

《关于深入打好污染防治攻坚战的意见》提出，全面禁止进口洋垃圾，依法严厉打击危险废物非法转移、倾倒、处置等环境违法犯罪。

《“十四五”时期“无废城市”建设工作方案》提出，全面禁止进口洋垃圾。

2022年10月21日，生态环境部宣布中国全面禁止了洋垃圾进口，实现了固体废物零进口目标。

《进口货物的固体废物属性鉴别程序》明确规定了固体废物属性鉴别工作程序及实施要求和固体废物属性鉴别技术规定，进一步加强进口货物的固体废物属性鉴别工作。

（四）强化危险废物监管和利用处置能力

危险废物是指列入国家危险废物名录或者根据国家规定的危险废物鉴别标准和鉴别方法认定的具有危险特性的固体废物。

由于危险废物污染具有不可逆、难治理的特性，如果不能得到有效处置，污染水体和土壤会威胁公众健康，造成的环境污染比大气污染和水污染还严重得多。强化危险废物监管和利用处置能力，对严守危险废物环境与安全风险底线有重大的作用。

《国家危险废物名录》定义了危险废物的种类，包括：具有腐蚀性、毒性、易燃性、反应性或者感染性等一种或者几种危险特性的；不排除具有危险特性，可能对环境或者人体健康造成有害影响，需要按照危险废物进行管理的。

《强化危险废物监管和利用处置能力改革实施方案》（即“危废十条”）提出，完善危险废物监管体制机制，强化危险废物源头管控，强化危险废物收集转运等过程监管，强化废弃危险化学品监管，提升危险废物集中处置基础保障能力，促进危险废物利用处置产业高质量发展，建立平战结合的医疗废物应急处置体系，强化危险废物环境风险防控能力。

《“十四五”全国危险废物规范化环境管理评估工作方案》提出，加强危险废物污染防治，强化危险废物监管和利用处置能力，促进危险废物产生单位和危险废物经营单位落实各项法律制度和相关标准规范，全面提升危险废物规范化环境管理水平，有效防控危险废物环境风险。

《危险废物重大工程建设总体实施方案（2023—2025年）》提出，加快建设国家技术中心，布局建设区域技术中心，推进建设区域处置中心。

《固体废物鉴别导则》《危险废物鉴别标准通则》《建设项目危险废物环境影响评价指南》《危险废物产生单位管理计划制定指南》等，也规定了危险废物的属性判定。

第五章　稳步提升生态系统多样性

生态系统为人类生存、生产、生活提供基本的生态服务，生态系统的类型、结构、组成、功能和生态过程的多样性等，是人类发展生产力的基础。良好的生态系统在生产生态产品的同时，也为人类的经济系统提供了必要的能源、资源和环境支撑。筑牢自然生态屏障、实施山水林田湖草沙一体化保护和系统治理、加强生物多样性保护，是有效提升生态系统的多样性、稳定性和持续性的基本路径。

第一节　筑牢自然生态屏障

一、自然生态屏障的重要性

自然生态屏障，是指由自然生态系统构成的、能够保护生态环境、维护生物多样性、调节气候、防止自然灾害等的天然屏障，它能够有效减缓自然灾害的冲击，促进生态平衡，保护生物多样性，稳定生态系统格局，为人类提供丰富的生态服务。

十多年来，我国在筑牢东北森林屏障、北方防风固沙屏障、东部沿海防护林屏障、西部高原生态屏障、长江流域生态屏障、黄河流域生态屏障、珠江流域生态屏障、中小河流及库区生态屏障、平原农区生态屏障和城市森林生态屏障十大屏障方面做了大量工作，坚守了自然生态安全边界。要完善生态安全屏障体系，使我国的自然安全屏障更加牢固，就要加快推进青藏高原生态屏障区、黄河重点生态区、长江重点生态区和东北森林带、北方防沙带、南方丘陵山地带、海岸带等生态屏障建设，加强长江、黄河等大江大河和重要湖泊湿地生态保护治理，加强重要廊道建设和保护。

二、我国自然生态屏障建设的成就

2024 年，全国生态质量指数（EQI）值为 59.95，生态质量为“二类”，与 2023 年相比无明显变化。2021—2024 年，全国 EQI 范围为 59.62～59.95，生态质量保持“二类”，表明中国生物多样性较丰富、自然生态系统覆盖比例较高、生态结构较完整、功能较完善。

2024 年，全国 2855 个县域行政单元中，生态质量“一类”的县域面积占陆域国土面积的 28.4%，主要分布在东北大小兴安岭和长白山、青藏高原东南部、云贵高原西部、秦岭、江南丘陵等地区；“二类”的县域面积占 31.7%，主要分布在三江平原、内蒙古高原、黄土高原、青藏高原中东部、四川盆地、珠江三角洲和长江中下游平原等地区；“三类”县域面积占 32.5%，主要分布在华北平原、东北平原中部、阿拉善高原、青藏高原中西部以及新疆大部分地区；“四类”的县域面积占 6.8%，“五类”的县域面积占 0.6%，主要分布在新疆中北部和甘肃西部地区。

全国共划定生态保护红线总面积约 319 万平方千米，其中陆域生态保护红线面积约 304 万平方千米，占陆域国土面积比例超过 30%，有效保护了 90% 的陆域生态系统类型和 74% 的国家重点保护野生动植物种群。

三、进一步稳定生态系统格局

（一）稳固国家生态安全屏障

只有稳固国家生态安全屏障，才能统筹推进高质量发展和高水平保护。构筑我国生态安全屏障是一项复杂的系统工程，应遵循生态系统内在的机理和规律，坚持自然恢复为主的方针，辅以必要的科学合理的人工修复措施，因地制宜、分类施策，进行整体保护、系统修复、综合治理。

《“十四五”规划和 2035 年远景目标纲要》提出，完善生态安全屏障体系。

《全国重要生态系统保护和修复重大工程总体规划（2021—2035 年）》提

出，全面提升国家生态安全屏障质量、促进生态系统良性循环和永续利用，实施青藏高原生态屏障区、黄河重点生态区（含黄土高原生态屏障）、长江重点生态区（含川滇生态屏障）、东北森林带、北方防沙带、南方丘陵山地带、海岸带生态保护和修复重大工程，实施自然保护地建设及野生动植物保护、生态保护和修复支撑体系重大工程。

《青藏高原生态屏障区生态保护和修复重大工程建设规划（2021—2035年）》《黄河重点生态区（含黄土高原生态屏障）生态保护和修复重大工程建设规划（2021—2035年）》《长江重点生态区（含川滇生态屏障）生态保护和修复重大工程建设规划（2021—2035年）》《东北森林带生态保护和修复重大工程建设规划（2021—2035年）》《北方防沙带生态保护和修复重大工程建设规划（2021—2035年）》《南方丘陵山地带生态保护和修复重大工程建设规划（2021—2035年）》《海岸带生态保护和修复重大工程建设规划（2021—2035年）》，分别提出了筑牢七大重点区域的自然生态屏障。

（二）自然保护地体系建设

自然保护地一般分为国家公园、自然保护区、自然公园三类。自然保护地对涵养水源、保持水土、改善环境和保持生态平衡，保留各种类型的生态系统，为后代留下天然的“本底”，有巨大的作用。此外，自然保护地还能为生态研究、休闲旅游等活动提供场所。

目前，全球设立的包括自然保护区、国家公园在内的约22万个自然保护地，面积超过1600万平方千米，占全球陆地总面积的约12%。2023年，我国首批国家公园总体规划正式发布，三江源、大熊猫、东北虎豹、海南热带雨林、武夷山5个国家公园规划总体面积23万多平方千米，24个省（区、市）的27个国家公园候选区积极开展创建工作，全国各级各类自然保护地总面积约占国土面积的18%，拥有世界自然遗产14项、世界自然与文化双遗产4项，世界地质公园41处。

《建立国家公园体制总体方案》提出，建成统一规范高效的中国特色国家公园体制。

《三江源国家公园总体规划》提出，努力将三江源国家公园打造成中国生态文明建设的名片。

《关于建立以国家公园为主体的自然保护地体系的指导意见》提出，建成中国特色的以国家公园为主体的自然保护地体系。

《关于建立以国家公园为主体的自然保护地体系的指导意见》提出，构建科学合理的自然保护地体系，建立统一规范高效的管理体制，创新自然保护地建设发展机制，加强自然保护地生态环境监督考核。

《“十四五”规划和2035年远景目标纲要》提出，科学划定自然保护地保护范围及功能分区，加快整合归并优化各类保护地，构建以国家公园为主体、自然保护区为基础、各类自然公园为补充的自然保护地体系。

《“十四五”林业草原保护发展规划纲要》提出，构建以国家公园为主体的自然保护地体系。

《国家公园等自然保护地建设及野生动植物保护重大工程建设规划（2021—2035年）》提出，建设以国家公园为主体、自然保护区为基础、自然公园为补充的中国特色自然保护地体系。

《国家公园空间布局方案》提出，加强自然生态系统原真性、完整性保护，建立动态开放的国家公园体系管理机制，科学合理确定国家公园建设数量和规模，科学划定国家公园范围和分区，健全国家公园运行管理体制机制，探索生态产品价值实现机制。

《关于全面推进美丽中国建设的意见》提出，全面推进以国家公园为主体的自然保护地体系建设，完成全国自然保护地整合优化。

构建科学合理的自然保护地体系，必须加强和落实基于自然的解决方案，明确自然保护地功能定位，科学划定自然保护地类型，加强荒野生态保护修复。

（三）实施全国自然生态资源监测评价预警工程

《全国重要生态系统保护和修复重大工程总体规划（2021—2035年）》提出，实施生态状况调查监测评价预警体系建设工程。充分利用国土“三调”、自然资源基础调查和专项调查、地理国情监测及其他调查成果，统筹布局建设区域生态综合监测站，建立全国统一的生态状况调查—监测—评价—预警体系。开展森林、草原、河湖、湿地、荒漠、海洋等典型生态系统和重点区域综合性生态状况调查监测评价预警。定期开展全国生态状况、重点区域流域、生态保护红线、自然保护地、县域重点生态功能区等评估，建立从宏观到微观尺度的多层次评估体系。全面掌握全国和区域生态状况及变化趋势，面上形成全国生态安全战略格局区域和全国、省、市、县生态状况评价成果，线上形成森林、草原、河湖、湿地、荒漠、海洋、冰川、冻土、地下水、生物多样性等生态系统评价成果，点上形成自然保护地、局部重要典型生态系统评价成果。

（四）生态保护修复监管制度建设

要持续提升生态系统多样性、稳定性、持续性，守牢人与自然和谐共生的美丽中国自然生态安全底线，必须加强生态保护修复监管。

我国已经初步形成了“53111”生态保护修复监管体系。在全国、重点区域、生态保护红线、自然保护地、重点生态功能区县域 5 个方面建立多尺度生态监测和评估体系，落实中央生态环境保护督察制度、生态保护监督执法制度、重点领域生态保护监管制度 3 项制度，3 个“1”分别是组织实施“绿盾”自然保护地强化监督、建设生态保护红线监管平台、开展生态文明示范创建。

2023 年，完成了全国生态状况变化（2015—2020 年）调查评估，开展了“十三五”山水林田湖草生态保护修复工程试点成效评估。开展“绿盾 2023”自然保护地强化监督，对 65 个自然保护地进行实地巡查，推动 179 个重点问题整改。组织开展生态保护红线内人类活动遥感监测，经实地核实认定 225 个生态破坏问题。发布《中国生物多样性保护战略与行动计划（2023—2030 年）》，研究制定《生物多样性保护重大工程实施方案》。完善湿地保护监督标准规范，开展湿地保护执法检查，制定荒漠化区域、湿地生态质量评价技术规范，荒漠化防治、湿地保护等跨部门生态监管工作取得制度性进展。确定第三批 7 个山水林田湖草沙一体化保护和修复工程项目，命名第七批 104 个生态文明建设示范区、53 个“绿水青山就是金山银山”实践创新基地。

加强生态保护修复监管制度建设，进一步完善生态保护修复监管制度体系，对重点区域、重点领域、重点问题开展监测和针对性评估，以科技创新赋能生态保护修复监管，协同联动，强化监督执法和督察问责。

（五）生态状况监测评估

生态状况监测评估是我国生态国情的基础性调查工作。通过监测评估，可以全面系统掌握生态状况及其变化趋势、时空分布特征，为生态保护红线划定、推动形成主体功能区战略、重大生态保护修复工程布局等发挥了重要支撑作用。

自2000年起，我国已完成4次全国生态状况变化调查评估。《全国生态状况变化（2015—2020年）调查评估》显示，生态系统格局更加稳定，优良自然生态系统面积占比超过43%，生态系统服务功能稳中有升，人类活动对自然生态系统干扰减少，国家战略区域生态保护修复成效显著。

2023年，我国进一步提升了生态质量监督监测能力，确定北京密云水库站（湿地）、内蒙古呼伦贝尔站（草地）、浙江金华上黄站（森林）等55个综合站为第一批国家生态质量综合监测站，纳入全国生态质量监测网络。涉及26个省（区、市）的森林、农田、草地、湿地、荒漠、城乡、海洋7种生态系统类型。综合站在区域生态质量监督监测与评价中发挥控制性作用，主要任务是“样地监测、积累数据；天地一体、地面验证；发现问题、服务监管；专题研究、培养人才”。综合站主要承担样地监测任务，开展生物多样性监测，积累相关监测数据，对生态遥感参数产品进行地面验证及精度评估，对遥感监测发现的生态问题线索进行现场校核，开展区域生态问题调查、生态风险预警等专题研究。

《全国重要生态系统保护和修复重大工程总体规划（2021—2035年）》提出，开展自然生态系统调查和监测评估。

（六）建立生态保护红线生态破坏问题监督机制

生态保护红线包括了具有重要水源涵养、生物多样性维护、水土保持、防风固沙、海岸带生态稳定等功能的生态功能重要区域，以及水土流失、土地沙化、石漠化等生态环境敏感脆弱区域。这些区域的生态一旦遭到破坏，会严重威胁国家的生态安全。

《关于深入打好污染防治攻坚战的意见》提出，加强自然保护地和生态保护红线监管，依法加大生态破坏问题监督和查处力度，持续推进“绿盾”自然保护地强化监督专项行动。

《生态保护红线生态环境监督办法（试行）》规定了生态环境部门开展的生态保护红线生态环境监督工作的规范，明确了对生态保护红线内有限人为活动实行严格的生态环境监督，防止各类开发建设活动可能造成的生态破坏。

第二节　实施山水林田湖草沙一体化保护和系统治理

一、山水林田湖草沙生态保护和修复的意义

山水林田湖草沙是生态系统的重要组成部分，坚持山水林田湖草沙一体化保护和系统治理，构建从山顶到海洋的保护治理大格局，是全面推进美丽中国建设的题中应有之义。

实施山水林田湖草沙生态保护和修复，可以统筹考虑自然生态各要素、山上山下、地上地下、陆地海洋以及流域上下游，从而进行整体保护、系统修复、综合治理；可以提高生态系统自我修复能力和稳定性，守住自然生态安全边界，促进自然生态系统质量整体改善；能够提升生态系统多样性、稳定性、持续性，对筑牢国家生态安全屏障，破解当前的生态环境难题有重大意义。

二、山水林田湖草沙生态保护和修复的成就

截至 2023 年，国家部署实施了 50 多个山水林田湖草沙一体化保护和修复工程，统筹考虑生态系统的完整性和自然地理单元的连续性，实施系统治理、综合治理、源头治理，累计完成治理面积 530 多万公顷；完成历史遗留矿山生态修复近 30 万公顷；扎实推进蓝色海湾整治行动、海岸带保护修复工程、红树林保护修复专项行动，整治修复海岸线 2000 千米，修复滨海湿地 4 万公顷，我国红树林面积已达 2.92 万公顷，是世界上少数几个红树林面积净增加的国家之一。

三、积极推进山水林田湖草沙保护和治理

（一）实施重要生态系统保护和修复重大工程

党的十八大以来，我国不断加大生态修复力度，森林资源总量持续快速增长，草原生态系统恶化趋势得到遏制，水土流失及荒漠化防治效果显著，河湖、湿地保护恢复初见成效，海洋生态保护和修复取得积极成效，生物多样性保护步伐加快。但我国自然生态系统总体仍较为脆弱，生态系统质量功能问题突出，生态保护压力依然较大，生态保护和修复系统性不足，水资源保障面临挑战，多元化投入机制尚未建立，科技支撑能力不强。因此，大力推进全国重要生态系统保护和修复重大工程，努力将国家生态安全屏障和重要生态系统保护好、修复好。

《全国重要生态系统保护和修复重大工程总体规划（2021—2035 年）》提出，到 2035 年，通过大力实施重要生态系统保护和修复重大工程，全面加强生态保护和修复工作，与自然和谐共生的美丽画卷基本绘就。

《南方丘陵山地带生态保护和修复重大工程建设规划（2021—2035 年）》提出，以南方丘陵山地带 3 个国家重点生态功能区为基础，优化形成南岭山地、武夷山、湘桂岩溶地区 3 个生态保护修复板块。大力推进长江、珠江防护林体系建设，退耕还林还草，石漠化治理等重点任务。实施南岭山地森林及生物多样性保护、武夷山森林和生物多样性保护、湘桂岩溶地区石漠化综合治理、南方丘陵山地带矿山生态修复等 4 项工程，共 20 个重点项目，全面构建南方丘陵山地带生态保护空间格局。

《东北森林带生态保护和修复重大工程建设规划（2021—2035 年）》提出，优化形成大兴安岭、小兴安岭、长白山、三江平原和松嫩平原等 5 个生态保护修复区，构建“三山两原”的区域总体布局。实施大兴安岭森林生态保育、小兴安岭森林生态保育、长白山森林生态保育、三江平原重要湿地保护恢复、松嫩平原重要湿地保护恢复、东北地区矿山生态修复 6 项重点工程，以县和国有林业局为基本单元，规划 19 个生态保护和修复重点项目。

《北方防沙带生态保护和修复重大工程建设规划（2021—2035 年）》提出，统筹推进山水林田湖草沙系统治理，以防沙治沙和荒漠化防治为主攻方

向，重点实施京津冀协同发展生态保护和修复、内蒙古高原生态保护和修复、河西走廊生态保护和修复、塔里木河流域生态修复、天山和阿尔泰山森林草原保护、北方防沙带矿山生态修复等 6 项重点工程，共 29 个重点项目。

《“十四五”规划和2035年远景目标纲要》提出，实施重要生态系统保护和修复重大工程，加快推进青藏高原生态屏障区、黄河重点生态区、长江重点生态区和东北森林带、北方防沙带、南方丘陵山地带、海岸带等生态屏障建设。

《青藏高原生态屏障区生态保护和修复重大工程建设规划（2021—2035年）》提出，以青藏高原生态屏障区等 7 个国家重点生态功能区为基础，将青藏高原生态屏障区生态保护和修复重大工程统筹布局为 8 项重点工程共 29 个重点项目，全面构建青藏高原生态屏障区空间保护格局。

《生态保护和修复支撑体系重大工程建设规划（2021—2035 年）》提出，在科技支撑、自然生态监测监管、森林草原保护、生态气象保障 4 个重点领域，大力提升科技支撑能力，全面提高自然生态监测监管水平，切实增强森林草原等重点生态资源保护能力。

《黄河重点生态区（含黄土高原生态屏障）生态保护和修复重大工程建设规划（2021—2035 年）》《长江重点生态区（含川滇生态屏障）生态保护和修复重大工程建设规划（2021—2035 年）》《海岸带生态保护和修复重大工程建设规划（2021—2035 年）》等，部署了一系列推进生态保护和修复重大工程。

（二）推行草原森林河流湖泊湿地休养生息

草原、森林、河流、湖泊和湿地是重要的生态系统，是人类的生存的基础。合理降低开发利用强度，保护并有效恢复自然生态承载能力，才能提升自然生态服务功能。

通过“禁”“休”“轮”“种”等措施，实施封育保护，扩大退耕还林还草，因地制宜开展草场保护治理，完善天然林保护制度；通过“治”“保”“还”“减”“护”等措施，对生态过载的河湖实施治理与修复，保障河湖生态用水，退还河湖生态空间，保护和合理利用河湖水生生物资源，建立健全河湖休养生息的长效机制；通过加大重要湿地的保护和监督管理力度，探索推行湿地休养生息的体制机制，强化江河源头、上中游湿地和泥炭地整体保护，减轻人为干扰，加强江河下游及河口湿地保护，改善湿地生态状况。

《红树林保护修复专项行动计划（2020—2025 年）》提出，实施红树林整体保护，加强红树林自然保护地管理，强化红树林生态修复的规划指导，实施红树林生态修复，强化红树林科技支撑，加强红树林监测与评估，完善红树林保护修复法律法规和制度体系。

《关于加强草原保护修复的若干意见》提出，编制草原保护修复利用规划，加大草原保护力度，完善草原自然保护地体系，加快推进草原生态修复，统筹推进林草生态治理，大力发展草种业，合理利用草原资源。

《关于全面推行林长制的意见》提出，加强森林草原资源生态保护，加强森林草原资源生态修复，加强森林草原资源灾害防控。

《“十四五”全国农业绿色发展规划》提出，坚持基本草原保护制度，对严重退化、沙化、盐碱化的草原和生态脆弱区的草原实行禁牧，对禁牧区以外的草原实行季节性休牧，因地制宜开展划区轮牧，促进草畜平衡。

《中华人民共和国乡村振兴促进法》提出，加强森林、草原、湿地等保护修复，实行耕地养护、修复、休耕和草原森林河流湖泊休养生息制度。

《“十四五”林业草原保护发展规划纲要》提出，加强草原保护修复，增强草原生态系统稳定性和服务功能，强化湿地保护修复，增强湿地生态功能。

《关于加强长江经济带重要湖泊保护和治理的指导意见》提出，积极推进生态保护，加强水域岸线保护，实施湿地保护修复，提升生物多样性水平。

《太湖流域水环境综合治理总体方案》提出，加强重点区域生态保护修复，加强自然保护地生态保护修复，加强重要河湖湿地修复与保护，实施湖滨缓冲带保护修复，增强水源涵养能力，提升“一河三湖”生态质量。

《黄河流域生态环境保护规划》提出，推进美丽河湖水生态保护。

《黄河生态保护治理攻坚战行动方案》提出了生态保护修复行动，维护上游水源涵养功能，加强中游水土流失治理，强化下游及河口综合治理和保护修复，加强生物多样性保护，强化尾矿库污染治理。

《深入打好长江保护修复攻坚战行动方案》提出，深入推进水生态系统修复和着力提升水资源保障程度。

《全国湿地保护规划（2022—2030 年）》提出，实行湿地面积总量管控，落实湿地分级管理体系，实施保护修复工程。

《2030年前碳达峰行动方案》提出，加强河湖、湿地保护修复。

《重点流域水生态环境保护规划》提出，持续推进长江流域共抓大保护，深入推进黄河流域生态保护与环境治理，加强流域水生态环境保护，协同推进降碳减污扩绿增长。

（三）实施山水林田湖草沙一体化保护和修复工程

山水林田湖草生态保护修复工程（即“山水工程”）是指按照山水林田湖草是生命共同体理念，依据国土空间总体规划以及国土空间生态保护修复等相关专项规划，在一定区域范围内，为提升生态系统自我恢复能力，增强生态系统稳定性，促进自然生态系统质量的整体改善和生态产品供应能力的全面增强，遵循自然生态系统演替规律和内在机理，对受损、退化、服务功能下降的生态系统进行整体保护、系统修复、综合治理的过程和活动。2020年8月印发的《黄河流域生态保护和高质量发展规划纲要》提出，统筹推进山水林田湖草沙综合治理、系统治理、源头治理。

“山水工程”启动于2016年，分布在“三区四带”国家生态安全格局范围内，涉及长江流域保护16个、黄河流域保护15个、青藏高原保护7个、“三北”工程21个、西部大开发22个、东北振兴4个、长三角协同发展4个和京津冀协同发展4个。截至目前，山水林田湖草沙一体化保护修复取得新成效，涉及29个省份实施52个山水林田湖草沙一体化保护和修复工程，完成修复治理面积超过1亿亩。工程的实施优化了生态系统空间格局，增强了重点生态地区生态系统质量，提升了区域生态系统多样性、稳定性和持续性。

2020年8月，自然资源部、财政部、生态环境部印发了《山水林田湖草生态保护修复工程指南（试行）》，全面指导和规范各地山水林田湖草生态保护修复工程实施，推动山水林田湖草一体化保护和修复。

《关于深入打好污染防治攻坚战的意见》提出，实施重要生态系统保护和修复重大工程、山水林田湖草沙一体化保护和修复工程。

中国的生态治理经验已经被国际社会广泛认可，在联合国《生物多样性公约》第十五次缔约方大会第二阶段会议上，“中国山水工程”入选联合国首批十大“世界生态恢复旗舰项目”。

（四）开展大规模国土绿化行动

大规模国土绿化是建设美丽中国的重要途径。统筹推进山水林田湖草沙一体化保护和系统治理，持续深入实施大规模国土绿化行动，才能提升林草资源总量和质量，巩固和增强生态系统碳汇能力，为建设人与自然和谐共生的现代化作出贡献。

2023 年，国土绿化行动扎实开展，组织实施了 25 个国土绿化试点示范项目。全国全年完成造林 399. 8 万公顷、种草改良 437. 9 万公顷，国土绿化面积超过 800 万公顷。

《关于科学绿化的指导意见》提出，科学编制绿化相关规划，合理安排绿化用地，合理利用水资源，科学选择绿化树种草种，规范开展绿化设计施工，科学推进重点区域植被恢复，稳步有序开展退耕还林还草，节俭务实推进城乡绿化，巩固提升绿化质量和成效，创新开展监测评价。

《2030 年前碳达峰行动方案》提出，深入推进大规模国土绿化行动，巩固退耕还林还草成果，扩大林草资源总量。

《“十四五”新型城镇化实施方案》提出，持续开展国土绿化，因地制宜建设城市绿色廊道，打造街心绿地、湿地和郊野公园，提高城市生态系统服务功能和自维持能力。

《“十四五”全国农业绿色发展规划》提出，开展大规模国土绿化行动，持续加强林草生态系统修复，增加林草资源总量，提高林草资源质量，加强农田防护林保护。

《“十四五”林业草原保护发展规划纲要》提出，科学开展大规模国土绿化行动。

《城乡建设领域碳达峰实施方案》提出，开展城市园林绿化提升行动，完善城市公园体系，推进中心城区、老城区绿道网络建设，加强立体绿化，提高乡土和本地适生植物应用比例。

《全国国土绿化规划纲要（2022—2030 年）》提出，贯彻落实主体功能区战略，按照全国重要生态系统保护和修复总体布局，因地制宜、分区施策，促进城乡绿化一体化，推动国土绿化高质量发展。

“十四五”期间，全国规划完成造林种草等国土绿化 3333 万公顷，治理沙化土地面积667万公顷。城市建成区绿化覆盖率达到43%，村庄绿化覆盖率达到32%。到2030年，自然生态系统的质量和稳定性将不断提高，沙化土地和水土流失治理也会稳步推进，生态系统碳汇增量也将明显提升。

（五）推进“三北”工程建设和京津风沙源治理

1978年，西北、华北、东北“三北”防护林体系建设工程的重大决策实施，开启了我国大规模治理风沙、改善生态的先河。

党的十八大以来，“三北”工程建设取得了举世瞩目的巨大成就。工程区森林覆盖率由5.05%增长到13.84%，45%以上可治理沙化土地面积得到初步治理，61%的水土流失面积得到有效控制，3000万公顷农田得到有效保护。

京津风沙源治理是为固土防沙，减少京津沙尘天气而出台的一项针对京津周边地区土地沙化的治理措施，工程启动于2002年。

到2020年，京津风沙源治理工程累计完成营造林902.9万公顷，工程固沙5.1万公顷，草地治理979.7万公顷，工程区森林覆盖率由10.59%提高到18.67%，综合植被盖度由39.8%提高到45.5%，区域沙化土地面积年均减少432平方千米。随着两期京津风沙源治理和两轮百万亩造林绿化等重大生态工程的实施，截至2023年底，风沙危害区全部得到治理，北京山区森林覆盖率已经达到67%，全市森林覆盖率提升到44.9%，全市沙化土地面积由1999年的5.62万公顷减少到2.23万公顷。

《北方防沙带生态保护和修复重大工程建设规划（2021—2035年）》提出，实施京津冀协同发展和内蒙古高原生态保护和修复工程。

《全国防沙治沙规划（2021—2035年）》《全国防沙治沙综合示范区建设方案（2021—2035年）》《创建全国防沙治沙综合示范区实施方案》等，重点谋划了“十四五”及中长期防沙治沙的规划目标、任务布局与措施，提出了推进山水林田湖草沙综合治理、系统治理、源头治理新方向，以筑牢北方生态安全屏障。

（六）推进生态系统碳汇能力巩固提升行动

生态系统碳汇，是指生态系统从大气中清除二氧化碳的过程、活动或机制。通过保护和修复生态系统，利用植物光合作用吸收大气中的二氧化碳，以减少温室气体在大气中浓度。重点实施碳汇能力巩固提升行动，是《2030年前碳达峰行动方案》提出的“碳达峰十大行动”之一，推进山水林田湖草沙一体化保护和修复，提高生态系统质量和稳定性，提升生态系统碳汇增量。

1. 巩固生态系统固碳作用

构建碳达峰、碳中和的国土空间开发保护格局　《上海市建设具有全球影响力的科技创新中心“十四五”规划》《关于培育发展现代化都市圈的指导意见》《长江三角洲区域一体化发展规划纲要》《大小兴安岭林区生态保护与经济转型规划（2021—2035年）》《“十四五”林业草原保护发展规划纲要》《“十四五”林业草原保护发展规划纲要》《关于完整准确全面贯彻新发展理念做好碳达峰碳中和工作的意见》《关于推动城乡建设绿色发展的意见》《关于深入打好污染防治攻坚战的意见》《关于深化生态环境领域依法行政 持续强化依法治污的指导意见》《关于实施“三线一单”生态环境分区管控的指导意见（试行）》《“十四五”特殊类型地区振兴发展规划》《关于推进中央企业高质量发展做好碳达峰碳中和工作的指导意见》《“十四五”推动长江经济带发展城乡建设行动方案》《成渝地区双城经济圈生态环境保护规划》《长江中游城市群发展“十四五”实施方案》《北部湾城市群建设“十四五”实施方案》《减污降碳协同增效实施方案》《“十四五”全国城市基础设施建设规划》《全国国土绿化规划纲要（2021—2035年）》《关于深入推进跨部门综合监管的指导意见》《长三角生态绿色一体化发展示范区国土空间总体规划（2021—2035年）》等分别提出，结合国土空间规划编制和实施，构建有利于碳达峰、碳中和的国土空间开发保护格局，巩固生态系统固碳作用。《生态系统碳汇能力巩固提升实施方案》提出，守住自然生态安全边界，巩固生态系统碳汇能力；推进山水林田湖草沙系统治理，提升生态系统碳汇增量；建立生态系统碳汇监测核算体系，加强科技支撑与国际合作；健全生态系统碳汇相关法规政策，促进生态产品价值实现。“十四五”期间，基本摸清我国生态系统碳储量本底和增汇潜力，初步建立与国际接轨的生态系统碳汇计量体系；“十五五”期间，生态系统碳汇调查监测评估与计量核算体系将不断完善，支撑碳达峰碳中和的国土空间开发保护格局和用途管制制度将全面建立并严格实施。

严守生态保护红线　《长江经济带生态环境保护规划》《粤港澳大湾区发

展规划纲要》《关于加强生态保护监管工作的意见》《“十四五”文化和旅游发展规划》《“十四五”林业草原保护发展规划纲要》《推进资源型地区高质量发展“十四五”实施方案》等分别提出，严守生态保护红线，严控生态空间占用，建立以国家公园为主体的自然保护地体系，稳定现有森林、草原、湿地、海洋、土壤、冻土、岩溶等固碳作用。

严格执行土地使用标准　《2030年前碳达峰行动方案》提出，严格执行土地使用标准，加强节约集约用地评价，推广节地技术和节地模式。

2. 提升生态系统碳汇能力

实施生态保护修复重大工程　《粤港澳大湾区发展规划纲要》《全国重要生态系统保护和修复重大工程总体规划（2021—2035年）》《大小兴安岭林区生态保护与经济转型规划（2021—2035年）》《关于新时代推动中部地区高质量发展的意见》《关于进一步加强生物多样性保护的意见》《“十四五”全国农业绿色发展规划》《“十四五”林业草原保护发展规划纲要》《关于完整准确全面贯彻新发展理念做好碳达峰碳中和工作的意见》《黄河流域生态保护和高质量发展规划纲要》《关于鼓励和支持社会资本参与生态保护修复的意见》《关于深入打好污染防治攻坚战的意见》《“十四五”推进农业农村现代化规划》《“十四五”支持老工业城市和资源型城市产业转型升级示范区高质量发展实施方案》《“十四五”支持革命老区巩固拓展脱贫攻坚成果衔接推进乡村振兴实施方案》《“十四五”特殊类型地区振兴发展规划》《青藏高原生态屏障区生态保护和修复重大工程建设规划（2021—2035年）》《生态保护和修复支撑体系重大工程建设规划（2021—2035年）》《南方丘陵山地带生态保护和修复重大工程建设规划（2021—2035年）》《东北森林带生态保护和修复重大工程建设规划（2021—2035年）》《北方防沙带生态保护和修复重大工程建设规划（2021—2035年）》《“十四五”大小兴安岭林区生态保护与经济转型行动方案》《“十四五”推动长江经济带发展城乡建设行动方案》《“十四五”黄河流域生态保护和高质量发展城乡建设行动方案》《支持贵州在新时代西部大开发上闯新路的意见》《重点海域综合治理攻坚战行动方案》《“十四五”生态保护监管规划》《国家公园等自然保护地建设及野生动植物保护重大工程建设规划（2021—2035年）》《西安都市圈发展规划》《财政支持做好碳达峰碳中和工作的意见》《减污降碳协同增效实施方案》《黄河流域生态环境保护规

划》《“十四五”新型城镇化实施方案》《太湖流域水环境综合治理总体方案》《关中平原城市群建设“十四五”实施方案》《黄河生态保护治理攻坚战行动方案》《深入打好长江保护修复攻坚战行动方案》《“十四五”乡村绿化美化行动方案》《“十四五”扩大内需战略实施方案》《关于加快推进生态清洁小流域建设的指导意见》等分别提出，实施生态保护修复重大工程。

推进大规模国土绿化行动　《关于科学绿化的指导意见》《减污降碳协同增效实施方案》《“十四五”新型城镇化实施方案》《“十四五”全国农业绿色发展规划》《“十四五”林业草原保护发展规划纲要》《城乡建设领域碳达峰实施方案》《全国国土绿化规划纲要（2021—2035 年）》等分别提出，深入推进大规模国土绿化行动，巩固退耕还林还草成果，扩大林草资源总量。

强化森林资源保护　《关于全面推行林长制的意见》《“十四五”全国农业绿色发展规划》《推进资源型地区高质量发展“十四五”实施方案》《支持贵州在新时代西部大开发上闯新路的意见》《长江中游城市群发展“十四五”实施方案》《关于加强农田防护林建设管理工作的通知》等分别提出，强化森林资源保护，实施森林质量精准提升工程，提高森林质量和稳定性。

加强草原生态保护修复　《关于全面推行林长制的意见》《关于加强草原保护修复的若干意见》《“十四五”全国农业绿色发展规划》《“十四五”林业草原保护发展规划纲要》《全国国土绿化规划纲要（2021—2035 年）》等分别提出，加强草原生态保护修复，提高草原综合植被盖度。

加强河湖、湿地保护修复　《粤港澳大湾区发展规划纲要》《“十四五”林业草原保护发展规划纲要》《黄河流域生态环境保护规划》《“十四五”新型城镇化实施方案》《关于加强水生生物资源养护的指导意见》《全国湿地保护规划（2022—2030 年）》《重点流域水生态环境保护规划》等分别提出，加强河湖、湿地保护修复。

整体推进海洋生态系统保护和修复　《关于支持海南全面深化改革开放的指导意见》《粤港澳大湾区发展规划纲要》《红树林保护修复专项行动计划（2020—2025 年）》《江苏沿海地区发展规划（2021—2025 年）》《“十四五”海洋生态环境保护规划》《北部湾城市群建设“十四五”实施方案》等分别提出，整体推进海洋生态系统保护和修复，提升红树林、海草床、盐沼等固碳能力。

加强退化土地修复治理　《“十四五”林业草原保护发展规划纲要》《黄河生态保护治理攻坚战行动方案》《全国国土绿化规划纲要（2021—2035年）》等分别提出，加强退化土地修复治理，开展荒漠化、石漠化、水土流失综合治理，实施历史遗留矿山生态修复工程。

3. 加强生态系统碳汇基础支撑

建立生态系统碳汇监测核算体系　《“十四五”林业草原保护发展规划纲要》《关于完整准确全面贯彻新发展理念做好碳达峰碳中和工作的意见》《计量发展规划（2021—2035年）》《生态气象服务保障规划（2021—2025年）》《“十四五”海洋生态环境保护规划》《林草产业发展规划（2021—2025年）》《“十四五”生态保护监管规划》《关于加强新时代水土保持工作的意见》等分别提出，依托和拓展自然资源调查监测体系，利用好国家林草生态综合监测评价成果，建立生态系统碳汇监测核算体系，开展森林、草原、湿地、海洋、土壤、冻土、岩溶等碳汇本底调查、碳储量评估、潜力分析，实施生态保护修复碳汇成效监测评估。

加强生态系统碳汇理论和技术研究　《全国重要生态系统保护和修复重大工程总体规划（2021—2035年）》《全国气象发展“十四五”规划》《生态保护和修复支撑体系重大工程建设规划（2021—2035年）》《江苏沿海地区发展规划（2021—2025年）》《水土保持“十四五”实施方案》《“十四五”海洋生态环境保护规划》《成渝地区双城经济圈生态环境保护规划》《“十四五”住房和城乡建设科技发展规划》《财政支持做好碳达峰碳中和工作的意见》《建设国家农业绿色发展先行区 促进农业现代化示范区全面绿色转型实施方案》等分别提出，加强陆地和海洋生态系统碳汇基础理论、基础方法、前沿颠覆性技术等研究。

建立健全能够体现碳汇价值的生态保护补偿机制　《关于建立健全生态产品价值实现机制的意见》《关于深化生态保护补偿制度改革的意见》《“十四五”林业草原保护发展规划纲要》《关于推进国家公园建设若干财政政策的意见》等分别提出，建立健全能够体现碳汇价值的生态保护补偿机制，研究制定碳汇项目参与全国碳排放权交易的相关规则。

4. 推进农业农村减排固碳

发展绿色低碳循环农业　《关于加快推进畜禽养殖废弃物资源化利用的

意见》《国家级海洋牧场示范区建设规划（2017—2025 年）》《关于支持海南全面深化改革开放的指导意见》《关于支持长江经济带农业农村绿色发展的实施意见》《数字农业农村发展规划（2019—2025 年）》《关于促进畜牧业高质量发展的意见》《关于全面推进乡村振兴加快农业农村现代化的意见》《农业面源污染治理与监督指导实施方案（试行）》《“十四五”循环经济发展规划》《“十四五”全国农业绿色发展规划》《关于完整准确全面贯彻新发展理念做好碳达峰碳中和工作的意见》《“十四五”全国清洁生产推行方案》《“十四五”全国畜禽粪肥利用种养结合建设规划》《“十四五”推进农业农村现代化规划》《全国林下经济发展指南（2021—2030 年）》《“十四五”时期“无废城市”建设工作方案》《“十四五”全国畜牧兽医行业发展规划》《“十四五”全国农业农村科技发展规划》《“十四五”全国农业机械化发展规划》《“十四五”全国种植业发展规划》《“十四五”农业农村国际合作规划》《推进生态农场建设的指导意见》《“十四五”现代能源体系规划》《“十四五”全国农药产业发展规划》《成渝地区双城经济圈生态环境保护规划》《“十四五”全国饲草产业发展规划》《“十四五”全国农产品产地市场体系发展规划》《农业农村减排固碳实施方案》《农业农村减排固碳实施方案》《减污降碳协同增效实施方案》《太湖流域水环境综合治理总体方案》《建设国家农业绿色发展先行区 促进农业现代化示范区全面绿色转型实施方案》《国家农业绿色发展先行区整建制全要素全链条推进农业面源污染综合防治实施方案》等分别提出，大力发展绿色低碳循环农业，推进农光互补和“光伏＋设施农业”“海上风电＋海洋牧场”等低碳农业模式。

研发应用增汇型农业技术　《“十四五”全国农业绿色发展规划》《关于加快推进竹产业创新发展的意见》《“十四五”推进农业农村现代化规划》《江苏沿海地区发展规划（2021—2025 年）》《“十四五”全国农业农村科技发展规划》《“十四五”全国渔业发展规划》《农业农村减排固碳实施方案》《建设国家农业绿色发展先行区 促进农业现代化示范区全面绿色转型实施方案》等分别提出，研发应用增汇型农业技术。

开展耕地质量提升行动　《农业面源污染治理与监督指导实施方案（试行）》《“十四五”全国农业绿色发展规划》《全国高标准农田建设规划（2021—2030 年）》《“十四五”推进农业农村现代化规划》《黄河流域生态环

境保护规划》《农业农村减排固碳实施方案》《“十四五”扩大内需战略实施方案》等分别提出，开展耕地质量提升行动，实施国家黑土地保护工程，提升土壤有机碳储量。

合理控制化肥、农药、地膜使用量 《关于支持长江经济带农业农村绿色发展的实施意见》《农业面源污染治理与监督指导实施方案（试行）》《“十四五”全国农业绿色发展规划》《“十四五”全国清洁生产推行方案》《关于深入打好污染防治攻坚战的意见》《“十四五”推进农业农村现代化规划》《“十四五”节能减排综合工作方案》《关于做好2022年全面推进乡村振兴重点工作的意见》《支持贵州在新时代西部大开发上闯新路的意见》《农业农村污染治理攻坚战行动方案（2021—2025年）》《重点海域综合治理攻坚战行动方案》《“十四五”全国农药产业发展规划》《“十四五”全国农产品质量安全提升规划》《新污染物治理行动方案》《农业农村减排固碳实施方案》《财政支持做好碳达峰碳中和工作的意见》《减污降碳协同增效实施方案》《黄河流域生态环境保护规划》《太湖流域水环境综合治理总体方案》《黄河生态保护治理攻坚战行动方案》《长江入河排污口整治行动方案》《建设国家农业绿色发展先行区 促进农业现代化示范区全面绿色转型实施方案》《深入打好长江保护修复攻坚战行动方案》《建设国家农业绿色发展先行区 促进农业现代化示范区全面绿色转型实施方案》《到2025年化肥减量化行动方案》《到2025年化学农药减量化行动方案》《“十四五”扩大内需战略实施方案》《国家农业绿色发展先行区整建制全要素全链条推进农业面源污染综合防治实施方案》等分别提出，合理控制化肥、农药、地膜使用量，实施化肥农药减量替代计划，加强农作物秸秆综合利用和畜禽粪污资源化利用。

第三节 加强生物多样性保护

一、生物多样性的重要性

生物多样性是人类社会赖以生存和发展的环境基础，生物多样性不仅能为人类提供丰富的自然资源，满足人类社会对食品、药物、能源、工业原料、旅游、娱乐、科学研究、教育等的直接需求，而且能维持生态系统的功能、调节气候、保持土壤肥力、净化空气和水，从而支持人类社会的经济活动和其他活动。此外，生物多样性还直接影响人类的文化多样性。

近百年来，由于人口的剧增和对资源的不合理开发，加速了物种灭绝的速度。世界自然基金会估计，1970 年以来脊椎动物的数量总体下降了 60%。2014 年的研究发现，过去 40 年全球野生动物的数量减少了一半。

主要关注物种丰富程度变化的“生物完整性指标”的安全范围是 90% ~ 100%，全球生物多样性已降至这个阈值以下，仅为 84.6%。现在每小时都有 3 个物种灭绝，如今物种灭绝的速度比史前要快 114 ~ 1000 倍，比形成新物种的速度快 100 万倍。

世界自然保护联盟公布的更新版《濒危物种红色名录》显示，基于对 138374 个物种受到威胁的风险的评估，有 38543 个物种面临灭绝威胁，面临灭绝的物种比例为：两栖动物 41%、鲨鱼和鳐鱼 37%、针叶植物 34%、造礁珊瑚 33%、甲壳类动物 28%、哺乳动物 26%、鸟类 14%。世界自然保护联盟等机构发表的研究显示，全球所有爬行动物物种至少有 21% 受到灭绝的威胁。《2022 年世界鸟类状况》报告显示，全球近半鸟类种群在减少，仅 6% 种鸟类数量增加，1/8 鸟类物种（1409 种鸟类）面临灭绝的危险。

二、我国生物多样性保护的成就

我国拥有森林、草原、荒漠、湿地、海岛、海湾、红树林、珊瑚礁、海草床、河口和上升流等多种类型自然生态系统，有农田、城市等人工、半人工生态系统。

《中国生物物种名录 2024 版》共收录物种及种下单元 155364 个，其中动物界 73862 个、植物界 47474 个、真菌界 27807 个、原生动物界 2566 个、色素界 2381 个、细菌界 469 个、病毒 805 个。列入《国家重点保护野生动物名录》的野生动物有 980 种和 8 类，其中国家一级保护野生动物 234 种和 1 类、国家二级保护野生动物 746 种和 7 类，包括大熊猫、海南长臂猿、普氏原羚、褐马鸡、长江江豚、长江鲟、扬子鳄等中国特有野生动物。列入《国家重点保护野生植物名录》的野生植物有 455 种和 40 类，其中，国家一级保护野生植物 54 种和 4 类、国家二级保护野生植物 401 种和 36 类，包括百山祖冷杉、水杉、霍山石斛、云南沉香等中国特有野生植物。

据不完全统计，我国有栽培作物 455 类 1339 种，经济树种 1000 种以上，原产观赏植物种类 7000 种。第三次全国畜禽遗传资源普查显示，我国目前有 1018 个畜禽地方品种、培育品种、引入品种。长期保存农作物种质资源 53.9 万份。

全国 39330 种高等植物（含种下单元）的评估结果显示，需要重点关注和保护的高等植物有 11715 种类，占评估物种总数的 29.8%，其中，受威胁的有 4088 种，近危等级的有 2875 种，数据缺乏等级的有 4725 种。4767 种脊椎动物（除海洋鱼类）的评估结果显示，需要重点关注和保护的脊椎动物有 2816 种，占评估物种总数的 59.1%，其中，受威胁的有 1050 种、近危等级的有 774 种、数据缺乏等级的有 992 种。9302 种已知大型真菌的评估结果显示，需要重点关注和保护的大型真菌有 6538 种，占评估物种总数的 70.3%，其中，受威胁的有 79 种，近危等级的有 101 种，数据缺乏等级的有 6340 种。

2023 年，首批国家公园总体规划正式发布，三江源、大熊猫、东北虎豹、海南热带雨林、武夷山 5 个国家公园规划总面积为 23 万多平方千米。24 个省（区、市）的 27 个国家公园候选区积极开展工作。全国各级各类自然保护地总面积占陆域国土面积的 18%，拥有世界遗产 14 项、世界自然与文化双遗产 4 项，世界地质公园 41 处。

三、进一步推进生物多样性保护

（一）更新中国生物多样性保护战略与行动计划

2024 年 1 月，生态环境部印发了《中国生物多样性保护战略与行动计划（2023—2030 年）》，作为中国国家生物多样性保护总体规划和《生物多样性公约》履约核心工具，分析了中国的生物多样性状况、生物多样性保护取得的成就与面临的形势，制定了新时期中国生物多样性保护战略，提出了生物多样性保护优先的领域与采取的行动。

《中国生物多样性保护战略与行动计划（2023—2030 年）》提出，在生物多样性主流化优先领域，完善生物多样性政策法规体系、生物多样性治理体制机制、生物多样性规划计划体系，开展生物多样性宣传教育，评估企业的生物多样性影响，开展生物多样性保护全民行动；在应对生物多样性丧失威胁优先领域，保护生态空间，恢复生态系统，开展生物多样性就地保护和迁地保护，加强野生物种可持续管理，强化生物安全管理，持续改善环境质量，开展生物多样性与气候变化协同治理；在生物多样性可持续利用与惠益分享优先领域，开展种质资源可持续利用，推进农林牧渔可持续管理，加快生态产品价值实现，保护城市生物多样性，建立生物遗传资源获取与惠益分享管理制度，开展传统知识保护与传承；在生物多样性治理能力现代化优先领域，开展生物多样性调查监测、生物多样性评估、生物多样性执法监督、生物多样性智慧治理、科学研究和人才培养，建立多元化投融资机制，开展国际履约与合作优先项目。实现构筑生物多样性保护社会行动体系、完善生物多样性保护空间网络、提升生态系统多样性稳定性持续性、推进生物多样性可持续利用与绿色发展、加强生物安全管理与风险防控、强化生物多样性治理能力保障的战略任务。

到 2030 年，生物多样性保护相关政策、法规、制度、标准和监测体系基本建立，生物多样性保护优先区域和国家战略区域的本底调查与评估持续推进，国家生物多样性监测网络基本建成。生物多样性丧失趋势得到有效缓解，生物多样性保护与管理水平显著提升，形成全民共同参与生物多样性保护的良好局面。至少 30% 的陆地、内陆水域、沿海和海洋退化生态系统得到有效恢复，至少 30% 的陆地、内陆水域、沿海和海洋区域得到有效保护和管理，以国家公园为主体的自然保护地面积占陆域国土面积的 18% 左右，陆域生态保护红线面积不低于陆域国土面积的 30%，海洋生态保护红线面积不低于 15 万平方千米，长江水生生物完整性指数有所改善，利用遗传资源和 DSI（数字化序列信息）及其相关传统知识所产生的惠益得到公正和公平分享。

到 2035 年，生物多样性保护政策、法规、制度、标准和监测体系全面完善，形成统一有序、结构连通、动态调整的全国生物多样性保护空间格局，以国家公园为主体的自然保护地面积占陆域国土面积 18% 以上，典型生态系统、国家重点保护野生动植物及其栖息地（原生境）得到全面保护，长江水生生物完整性指数显著提高，生物遗传资源获取与惠益分享、可持续利用机制全面建立，生态系统碳汇能力稳固提升，保护生物多样性成为公民自觉行动。到 2050 年，全面形成绿色发展方式和生活方式，将建成人与自然和谐共生的美丽中国，实现人与自然和谐共生的美好愿景。

（二）实施生物多样性保护重大工程

只有实施生物多样性保护重大工程，才能解决目前生物多样性保护的突出问题，做好生物多样性保护工作，保护好我国独特的生物资源，提升我国在生物多样性保护、恢复以及监管方面的能力和水平。

《生物多样性保护重大工程实施方案（2015—2020 年）》实施以来，完成了开展生物多样性保护工作的重点任务。建立了涵盖 749 个观测样区、11887 条（个）样线（点）的全国生物多样性观测网络；完成了近 180 个县域生物多样性本底以及 34450 种高等植物、4357 种脊椎动物和 9302 种大型真菌濒危状况评估；制订了相关技术导则、规范 20 余项，完成重大决策咨询报告 20 余份；构建了覆盖全国 2376 个县级行政单元、超过 3.4 万千米观测样线的物种分布数据库；完成《生物多样性公约》及其议定书等国家履约报告的编写。

《重点流域水生生物多样性保护方案》提出，重点开展调查观测、强化就地保护、加强迁地保护、开展生态修复、规范水域开发、推进科学养殖，在长江、黄河、珠江、松花江、淮河、海河、辽河流域七大重点流域开展水生生物多样性保护行动。

2024 年，为支持《中国生物多样性保护战略与行动计划（2023—2030 年）》落地落实，我国正在编制《生物多样性保护重大工程实施方案》。实施生物多样性保护重大工程，生物多样性保护重大工程为期 7 年，涉及七大任务、28 个项目，开展重点区域、重点物种及重要生物遗传资源调查等，将以拯救大熊猫、海南长臂猿、兰科植物等重点濒危物种为目标，加快国家植物园、珍稀濒危物种保护研究中心、繁育基地等平台建设，推动濒危物种野外种群复壮，全链条促进生物多样性保护。2024 年在武夷山、黄山—怀玉山、大别山等生物多样性保护优先区域，开展多个县域生物多样性本底调查，同时根据黄河源区生态系统分布格局和人为干扰因素的空间分布情况，结合植物生长和野生动物繁殖情况，组织进行实地调查和评估。

《“十四五”规划和 2035 年远景目标纲要》《关于深入打好污染防治攻坚战的意见》《关于深化生态环境领域依法行政 持续强化依法治污的指导意见》

等提出，实施生物多样性保护重大工程。

（三）健全全国生物多样性保护网络

长期以来，我国通过启动国家公园体制试点、划定生物多样性保护优先区域、划定生态保护红线，初步形成了覆盖全国的生物多样性保护空间网络，有效地遏制了生物多样性的丧失。

为了应对日益严峻的生物多样性保护形势，构建以国家公园为主体的自然保护地体系、划定生物多样性保护优先区域、划定全国生态保护红线，健全和完善生物多样性保护网络，构建起协同的生物多样性保护治理体系。

《“十四五”规划和2035年远景目标纲要》《关于深入打好污染防治攻坚战的意见》提出，构筑生物多样性保护网络。《关于进一步加强生物多样性保护的意见》提出，到2025年构建起国家生物多样性监测网络和相对稳定的生物多样性保护空间格局，到2035年形成统一有序的全国生物多样性保护空间格局，并形成生物多样性保护推动绿色发展和人与自然和谐共生的良好局面。《关于深化生态环境领域依法行政 持续强化依法治污的指导意见》提出，建立全国生物多样性监测网络。《关于全面推进美丽中国建设的意见》提出，健全全国生物多样性保护网络，全面保护野生动植物，逐步建立国家植物园体系。

（四）深入推进长江珍稀濒危物种拯救行动和抓好“十年禁渔”

由于野生动物栖息地的退化、人类开发程度的加剧、外来物种的入侵、环境污染、生态破坏、气候变化等原因，野生动物种群数量不断下降，长江的生物多样性也在减少。长江经济带是中国经济最发达的地区，对全国经济增长的贡献率超过50%。修复长江生态环境，保护区域内的生物多样性和重要生态资源要素，对建设人与自然和谐共生的现代化有极为重要的意义。长江流域是许多珍稀濒危野生动植物栖息地，必须深入推进长江珍稀濒危物种拯救行动。

《长江生物多样性保护实施方案（2021—2025年）》提出，加强长江珍稀濒危物种资源保护、修复重要水生生物关键栖息地、健全水生生物资源及栖息地监测体系。

《“十四五”全国渔业发展规划》提出，持续加强以长江为重点的水生生物保护，促进渔业资源可持续利用，扎实推进长江十年禁渔，加强水生生物资源养护，提升水生野生动物保护水平。

《深入打好长江保护修复攻坚战行动方案》提出，扎实推进水生生物多样性恢复。

《关于进一步推动长江经济带高质量发展若干政策措施的意见》提出，要毫不动摇坚持共抓大保护、不搞大开发，在高水平保护上下更大功夫，守住管住生态红线。

（五）实施海洋伏季休渔制度和建设现代海洋牧场

海洋伏季休渔制度是我国为保护渤海、黄海、东海及北纬 12 度以北的南海（含北部湾）海域鱼类等资源在夏季繁殖生长而采取的休渔措施。实行伏季休渔，能使目标种群中处于产卵期的亲鱼和处在生长发育期的稚鱼得到保护，一定程度上恢复经济鱼类群落的生产力，改善海洋渔业资源较少的局面，恢复海洋生态环境。

《关于促进海洋渔业持续健康发展的若干意见》提出，严格执行海洋伏季休渔制度，积极完善捕捞业准入制度，开展近海捕捞限额试点，严格控制近海捕捞强度。

现代海洋牧场，是指在一定海域内，采用规模化渔业设施、系统化管理体制和现代信息/数字化技术，利用自然的海洋生态环境，对鱼、虾、贝、藻等海洋资源进行有计划和有目的的海上放养。建设现代海洋牧场，可以调整渔业产业结构，改善居民膳食结构，养护海洋生物资源，改善海域生态环境，发展海洋经济。

《国家级海洋牧场示范区建设规划（2017—2025 年）》指出，国家支持在符合相关海域功能区划和环境保护规划，具备适宜自然条件的海域建设国家级海洋牧场示范。

《“十四五”规划和 2035 年远景目标纲要》提出，优化近海绿色养殖布局，建设海洋牧场，发展可持续远洋渔业。

第六章 守牢生态安全底线

生态安全是指人类及其生态环境的要素和系统功能始终能维持在能够永久维系其经济社会持续发展的一种安全状态。生态安全最基本的要求是通过人类社会对于生态环境的有效管理，建立以生态系统良性循环和环境风险有效防控为重点的生态安全体系，确保自然生态环境对人类生存和发展的支持功能。健全国家生态安全体系，确保核与辐射安全，加强生物安全管理，有效应对气候变化不利影响和风险，严密防控环境风险，就能打造日益牢固的生态安全底线。

第一节 健全国家生态安全体系

一、完善国家生态安全工作协调机制

国家生态安全工作协调机制是国家为加强生态安全而建立的跨部门协调机制，旨在统筹协调生态安全相关事务，确保生态系统的稳定与可持续发展。其主要职责是：协调各部门、各地区的资源，形成统一的生态安全工作合力，确保各部门政策的一致性，避免冲突或重复；构建生态安全监测网络，实时监控生态状况，识别潜在生态风险，及时发布预警信息；制订生态安全事件应急预案，确保快速反应，协调各部门应对生态安全突发事件，减少损失；推动生态安全相关政策的出台与完善，监督和评估政策执行情况，确保有效实施；加强与其他国家和国际组织的合作，共同应对全球生态问题，履行国际生态安全义务，提升中国在全球生态治理中的影响力；开展生态安全宣传

教育活动，提升公众的生态安全意识；协调相关机构推动生态安全相关技术的研发与应用，利用现代科技手段提升生态安全管理的效率和水平。涉及的部门包括：生态环境部、自然资源部、水利部、农业农村部、应急管理部、国家发展改革委、中国气象局、国家林草局、科技部、公安部等。

通过统筹协调，建立日常工作信息交流机制，常态化开展生态安全形势研判，加强风险预警和危机管控，切实筑牢生态安全屏障，有效维护生态安全，推动生态环境质量不断改善，生态安全保障更加有效。建立生态安全工作协调机制，可以把防控现实风险隐患与健全长效制度体系协同推进，对可能影响生态安全的风险隐患信息加强收集、分析和研判；常态化开展涉生态安全因素的监测预警，定期排查生态安全风险隐患，主动预判风险隐患所在，提前把握风险走向；对危及生态安全的突发事件和紧急状态，根据事态发展变化，迅速采取有效措施，加强部门联动处置，有效控制并化解危机；常态化开展生态安全形势研判，围绕强化大气、水、土壤污染治理等重点领域突出问题，有针对性地开展维护生态安全工作专题研究；各部门要动态开展生态安全风险排查，持续做好相关领域情报信息收集，及时报送风险研判及相关信息。

提高生态安全保障能力，促进生态文明建设的顺利进行，必须不断完善国家生态安全工作协调机制。第一，要强化法律法规和政策体系。健全生态安全相关法律法规，完善环境保护法、生态补偿制度、生物安全法等，明确各部门生态安全工作的权责，形成更有约束力的法律支撑，加强政策协同，避免部门间职能交叉或空白，提高政策执行力。第二，优化协调机制，提高跨部门协同能力。建立常态化的跨部门联动机制，设立生态安全工作专门委员会，定期召开协调会议，明确中央与地方政府的责任划分，建立适合形势发展的生态监管体系，加强跨地区、跨流域的生态安全合作，推进区域联防联控。第三，完善生态安全预警与应急响应机制。建立全国统一的生态环境监测和风险评估系统，实现数据共享，设立生态安全红线，针对高风险区域实施严格管控，形成快速响应机制，提高应对生态突发事件的能力。第四，强化科技支撑，加快信息化建设。利用大数据、人工智能、遥感监测等技术，加强生态环境监测能力，建设国家生态安全数据库，提升数据分析和决策支持能力，促进产学研结合，推动绿色技术创新和应用。第五，加大生态环境治理和修复投入。加强对重点生态区域的生态修复与保护，完善生态补偿机制，提高生态保护地区的经济可持续性，推动绿色金融发展，吸引社会资本参与生态安全建设。第六，提升公众参与和社会监督程度。增强公众生态安全意识，鼓励社会组织和个人参与生态环境保护，建立信息公开制度，提高政府生态治理透明度，设立生态举报和监督渠道，形成全社会共治格局。

《全国生态环境保护纲要》提出，维护国家生态环境安全，确保国民经济和社会的可持续发展。建立生态功能保护区，确保国家和地区生态环境安全。加强生物安全管理，防止国外有害物种进入国内。

《生态文明体制改革总体方案》提出，保障国家生态安全，改善环境质量，提高资源利用效率，推动形成人与自然和谐发展的现代化建设新格局。

《全国重要生态系统保护和修复重大工程总体规划（2021—2035 年）》提出，统筹谋划、大力推进全国重要生态系统保护和修复重大工程，努力将国家生态安全屏障和重要生态系统保护好、修复好。

《“十四五”规划和 2035 年远景目标纲要》提出，切实维护生态安全，完善生态安全屏障体系，确保生态安全屏障更加牢固。

《关于进一步加强生物多样性保护的意见》提出，对重要生态系统、生物物种和生物遗传资源实施有效保护，依法加强生物技术环境安全监测管理、建立健全生物遗传资源获取和惠益分享监管制度、持续提升外来入侵物种防控管理水平，开展新作物、新品种、新品系、新遗传材料和作物病虫害发展动态调查研究，加强野生动植物种质资源保护和可持续利用。

《关于深入打好污染防治攻坚战的意见》提出，确保核与辐射安全，切实维护生态环境安全。

“十三五”专项规划提出，系统维护国家生态安全，建设“两屏三带”国家生态安全屏障，保障国土生态安全屏障更加稳固，分类分级推进国土全域保护，构建陆海国土生态安全格局，构建安全和谐的生态环境保护格局。《“十四五”城镇生活垃圾分类和处理设施发展规划》《“十四五”城镇污水处理及资源化利用发展规划》《“十四五”循环经济发展规划》《“十四五”林业草原保护发展规划纲要》《“十四五”全国农业绿色发展规划》《关于深化生态保护补偿制度改革的意见》《关于进一步加强生物多样性保护的意见》《关于推动城乡建设绿色发展的意见》《关于完整准确全面贯彻新发展理念做好碳达峰碳中和工作的意见》等，也就生态安全提出了要求。

二、加强国家生态安全体系建设

国家生态安全法治体系　国家生态安全法治体系是指通过法律法规来保障和维护国家生态安全的一系列制度安排和法律框架。这一体系旨在通过法律手段规范生态保护行为，预防和应对生态安全风险，确保生态系统的稳定与可持续发展。我国生态安全的相关法规体现在《宪法》和《环境保护法》，以及相应的环境保护行政法规中。《宪法》明确指出，保护环境，防止污染和其他公害，保障生态安全。《环境保护法》、环境保护单行法、其他法律中的环境保护条款、我国加入的环境保护国际公约、环境保护行政法规、环境保护地方性法规、环境保护部门规章、环境标准等都有生态安全的内容，这些内容构成了我国完整的生态安全法律体系。完善的环境执法体系和环境司法制度，确保了法律法规的有效实施。加强信息公开和公众参与，倡导全社会参与环境保护和生态安全事务。完善的法律框架和制度安排，为生态安全提供了坚实的法治保障。

国家生态安全战略体系　国家生态安全战略体系是为确保生态安全、维护生态系统稳定制定的一系列战略规划，旨在通过系统性、整体性和协同性的战略安排，应对生态安全挑战，保障国家生态安全，涵盖目标、原则、重点领域、实施路径和保障措施等方面。目标包括短期目标、中期目标、长期目标以及相应的具体目标；原则是生态安全同经济和社会发展相协调，生态环境保护实行预防为主、防治结合、综合治理，谁污染谁治理、谁开发谁保护。在生态空间格局上，划定生态红线，打造绿色国土空间开发格局；在污染防治和环境治理上，开展大气污染、水污染、土壤污染、固体废物污染防治，防治近岸海域污染，加强农业面源污染治理，实施土壤修复工程；在生态保护和修复上，加大生态系统保护力度，建立自然保护地，加强海洋生态保护；在气候变化上，发展可再生能源，建设碳市场，积极稳妥推进碳达峰碳中和；在生态安全风险防控上，建设生态环境监测预警体系，加强生物安全防控，强化核与辐射安全。

国家生态安全政策体系　国家生态安全政策体系是为确保生态安全、维护生态系统稳定而制定的一系列政策框架和措施，旨在通过系统性、整体性和协同性的政策安排，应对生态安全挑战。生态安全政策是国家维护生态安全的顶层设计，指导具体行动的实施。发布实施重大生态保护和修复工程、恢复生态系统功能的政策，加强生态保护与修复；发布加强大气、水、土壤、固体废物等环境污染防治工作的政策，积极开展污染防治；发布推进自然资源合理利用和节约使用的政策，合理利用资源；发布保护濒危物种和生态系统、维护生物多样性的政策，保护生物多样性；发布应对气候变化、减少温室气体排放的政策，积极应对全球气候变化。

国家生态安全应对管理体系 国家生态安全应对管理体系是保障生态安全、提升生态风险防控能力、应对突发生态环境事件的重要制度框架，涵盖监测预警、风险评估、应急响应、生态修复等多个方面，确保生态安全应对的体系化、科学化、现代化。建设国家生态环境监测网络，常态化监测空气质量、水环境、土壤生态、森林与湿地等，利用生态环境大数据平台、AI智能预警系统，建立分级预警机制；开展生态承载力评估、重大工程环境影响评价、气候变化风险评估，实行行之有效、因地制宜的生态安全防控措施；完善生态安全应急响应体系，实行突发生态环境事件分级响应，建立各级生态应急指挥中心，储备突发事件应急物资，定期开展应急演练；加强生态修复与恢复体系建设，确保发生突发生态环境事件后，能及时开展污染治理与生态修复，恢复受损的生态系统。

三、提升国家生态安全管理能力

国家生态安全管理能力是指政府在维护生态系统稳定、防控生态风险、应对环境污染、保障生态资源可持续利用等方面的综合治理水平。提升生态安全管理能力需要构建健全的法律法规体系、监管体系、预警与应急体系、生态修复体系、科技创新体系、国际合作机制、公众参与机制，实现生态环境的可持续发展。

提升国家生态安全管理能力，要制定国家生态安全战略，强化顶层设计，完善生态安全政策体系，推动生态文明示范区建设，探索绿色低碳发展模式；深化生态环境监测与智能化监管，构建全国生态监测网络，实现对大气、水、土壤、生物多样性的全覆盖监测，利用“AI+大数据”分析生态环境变化，提升预测和预警能力；加强生态环境治理与执法能力，严格生态红线制度，确保重要生态区域不受开发破坏，加大生态违法行为处罚力度，提高环境犯罪成本；推动绿色经济与低碳发展，发展循环经济，推进废弃物资源化利用，促进绿色产业发展，鼓励可再生能源、生态工业、生态农业、绿色建筑、绿色交通等行业的发展；深化国际合作，共同应对全球气候变化的挑战，推动全球碳市场建设，加强国际生态技术合作。

《“十四五”国家应急体系规划》提出，面对各类安全风险隐患交织叠加，要防范化解重大风险和织密灾害事故的防控网络，注重风险源头防范管控，强化风险监测预警预报，深化安全生产治本攻坚，加强自然灾害综合治理。

《关于加快建立现代化生态环境监测体系的实施意见》提出，加强生态安全风险监测预警。

第二节　确保核与辐射安全

一、构建严密的核安全责任和监管体系

核安全是当代生态安全的重要内容，包括核设施安全、核材料安全、辐射安全、放射性物质运输安全和放射性废物安全以及核安保等。构建严密的核安全责任和监管体系，需要从法律法规、机构监管、技术保障、应急管理、国际合作、社会监督等多个方面入手，确保核安全的全链条、全方位、全生命周期管控，防止核事故，保障国家安全和公众健康。

强化国家核安全工作协调机制统筹作用，构建严密的核安全责任体系，全面提高核安全监管能力，建设与我国核事业发展相适应的现代化核安全监管体系，推动核安全高质量发展。

第一，健全核安全法律法规体系。完善核安全立法，加强顶层设计，健全《核安全法》《放射性污染防治法》《民用核设施安全监督管理条例》《核电厂核事故应急管理条例》《国家核应急预案》等法律法规、部门规章、安全导则、核安全标准，构建覆盖核设施、核材料、放射性废物管理等领域的法律框架，推动核安全责任法治化，明确政府、企业、科研机构等主体的核安

全责任，确保各方履职尽责。强化法律执行和惩戒机制，建立严格的核安全执法体系，对违规操作、信息隐瞒、非法处置核材料等行为实施严厉惩处，推行“核安全责任终身追究制”。

第二，构建独立、高效的核安全监管体系。建立独立权威的核安全监管机构，专门负责核安全政策制定、重大决策审查、应急处置指挥等，确保监管独立性，避免地方或企业干预。完善核安全监管机制，推行核设施全生命周期监管，覆盖从设计、建设、运营到退役的全过程，建立跨部门联动监管体系，确保核工业、能源、应急管理、国防等部门协同管理。加强核安全审查与许可制度，严格核设施选址审批，强化核设施运行许可证制度。

第三，加强国际合作与核安全信息共享。积极参与全球核安全治理，深化与国际原子能机构的合作，加强国际核安全标准对接。积极履行《核安全公约》等国际核安全义务。建立跨国核安全应急协作机制，建立核事故通报与联防机制，防止跨境核污染扩散，推动共建“一带一路”国家的核安全技术合作，输出中国的核安全管理经验。

第四，强化公众参与和社会监督。加强核安全信息公开，建立核安全信息发布制度，向社会定期公布核设施运行状况和监管结果，推广核安全科普教育，增强公众对核能和核安全的科学认知。鼓励社会监督和举报，设立核安全举报平台，鼓励公众举报核安全违规行为，推动 NGO 和媒体参与核安全监督，形成多元化的社会监管体系。

第五，发展核安全文化，增强责任意识。推动核安全文化建设，坚持“安全第一、责任至上”，对核设施运营人员进行严格培训，提高专业技能和应急处置能力。建立核安全责任考核机制，将核安全责任纳入政绩考核，确保各级政府和企业不因经济利益而牺牲核安全，设立核安全责任终身追责制。

《关于全面加强生态环境保护坚决打好污染防治攻坚战的意见》提出，完善国家核安全工作协调机制，强化对核安全工作的统筹。

《“十四五”规划和2035年远景目标纲要》提出，安全稳妥推动沿海核电建设。

《关于深入打好污染防治攻坚战的意见》提出，确保核与辐射安全，实行最严格的安全标准和最严格的监管。

《“十四五”现代能源体系规划》提出，全面加强核电安全管理，实行最严格的安全标准和最严格的监管。

二、开展运行核设施安全评价

要强化首堆新堆安全管理，定期开展运行设施安全评价并持续实施改进，加快老旧设施退役治理和历史遗留放射性废物处理处置。运行核设施安全评价是指在核设施投入运行期间，对其安全状况、运行管理、潜在风险、应急能力等方面进行系统性分析和评估，以确保核设施符合国家核安全法规和国际标准，防范核事故发生。

运行核设施安全评价的核心目标是：识别核设施运行中的潜在风险，确保安全可控；验证核设施是否符合法规要求，满足国家和国际核安全标准；优化安全管理措施，提升运行稳定性和应急能力；提供决策依据，为核设施的持续优化和安全改进提供技术支持。

运行核设施安全评价的主要内容是：安全管理体系评价—— 核设施运营单位是否建立健全核安全管理体系、运行管理和培训制度及人员资质是否符合要求、事故预防和应急管理体系是否完善；设备与系统运行状况评价——安全系统运行状态、关键设备劣化情况和是否存在安全问题、核电站仪控系统是否能够有效监测和调节运行状态；事故风险分析与评估—— 评估严重事故发生概率、识别可能的事故类型、评估现有安全防护措施是否足够；放射性废物管理与环境影响评价—— 乏燃料和放射性废液及固体废物的处理是否符合标准、核设施对周围环境的放射性影响、核设施的辐射监测系统是否正常运行；应急响应能力评估—— 是否建立核事故应急预案和具备快速响应机制、核设施工作人员和地方政府的应急处置能力、应急物资和设备是否充足、应急演练是否定期进行。

运行核设施安全评价是确保核安全的重要手段，通过科学的评估方法、严格的监管机制、持续的技术改进，可以有效预防事故、优化管理、提升核设施运行的安全性，为核能的可持续发展提供强有力保障。

三、加强核技术利用安全和电磁辐射环境管理

核技术利用安全是指在医学、工业、农业、科研、能源等领域应用核技术时，确保辐射防护、设备安全、环境安全以及公众健康，防止放射性污染

和核事故的发生。核技术利用的主要领域是医学（放射治疗、核医学影像、消毒灭菌）、工业（无损检测、材料辐照改性、油气勘探、自动化控制）、农业（辐射育种、食品保鲜、害虫控制）、科研（粒子物理研究、环境监测、同位素示踪）、能源（核电站、核供热、小型模块化反应堆）。核技术利用的主要安全风险是放射性物质泄漏、辐射危害、核材料非法流失、废物处置不当。

电磁辐射环境管理是指对各种电磁辐射源（如通信基站、电力设施、雷达、工业设备等）进行监测、评估和控制，以减少对生态环境和公众健康的影响，确保电磁环境的安全。电磁辐射的主要来源是、通信领域（5G/4G 基站、广播电视发射塔、Wi－Fi、卫星通信）、电力设施（高压输电线路、变电站、电力机车）、工业应用（射频加热、感应加热、电磁焊接等设备）、军事与航空（雷达、导航设备、电子对抗系统）、医疗设备（核磁共振、高频电刀、射频治疗仪）。电磁辐射对环境和健康的影响主要是对鸟类迁徙、蜜蜂导航、水生生物的行为模式等产生不良影响，高强度电磁辐射可能损害人的神经系统、免疫系统，进而影响公众健康，对敏感设备如航空、医疗、军事等行业的电子设备稳定性产生干扰。

要加强核技术利用安全。第一，要完善法规与标准，严格执行《核安全法》《放射性污染防治法》《放射性同位素与射线装置安全和防护条例》等法规，遵守国际原子能机构和国家核安全局等机构发布的辐射安全标准。第二，加强安全管理与辐射防护。严格辐射防护措施，加强放射源安全管理，严格核材料管控。第三，严格核技术利用单位的安全责任，确保企业安全责任得到落实，政府要履行监管责任。第四，放射性废物安全处置必须严格按照相关法规处置，建立全国放射性废物数据库，确保废物流向可追踪。第五，加强应急响应与公众安全教育，建立核应急预案，设置公众防护指南。

要加强电磁辐射环境管理。第一，严格遵循相关的法规与标准。第二，加强电磁辐射环境监测，建立监测网络，开展基站、电网等设施的定期检测，加强公众可视化信息公开，公众可实时查看电磁环境状况。第三，加强源头管理与工程防护，优化通信基站布局，合理规划高压输电线路，工业设备加强屏蔽措施。第四，增强公众健康防护措施，设置电磁辐射缓冲带，加强公众科普宣传，倡导公众合理使用电子设备。第五，加强应急管理与事故响应，建立电磁辐射突发事件应急预案，开展电磁环境影响评估，加强跨部门协作。

四、加强海域海洋辐射环境监测和研究

海洋和沿海生态系统提供的生态服务价值，远高于陆地生态系统所提供的价值。因此，加强海域海洋辐射环境监测和研究，对实现绿色发展具有重要的现实意义和战略价值。通过加强监测和研究，可以及时发现辐射污染源，采取相应的防控措施，减少对海洋生态系统的破坏，有助于保障海洋食品的安全，及时掌握放射性物质扩散情况，应对核事故及核废物排放风险，提升国家海洋环境治理能力和海洋灾害预警和应对能力，推动海洋核能及相关产业可持续发展，维护海洋权益，推动国际合作。

要加强海域海洋辐射环境监测和研究。第一，完善监测网络。在近海、远海和深海等不同区域布设固定监测站，结合浮标、船舶、无人机和卫星等多种手段，形成覆盖广泛的监测网络，开展常态化、连续性监测，建立海洋辐射环境数据库，以掌握时空变化趋势。第二，提高监测技术水平，采用高灵敏度辐射探测仪器，结合遥感、大数据和人工智能技术，提高辐射污染物的识别精度和预测能力。第三，加强重点区域监测，特别关注核电站、核设施等周边海域的放射性变化，参与国际合作，加强对国际关注热点海域的监测，注重研究深海沉积物中放射性元素的迁移、积累和生态影响。第四，加强科学研究，开展放射性污染溯源研究，研究海洋生物对放射性物质的富集、迁移和生物效应，评估其对生态系统和人类健康的长期影响，通过数值模拟与预测为海洋环境管理提供决策支持。第五，开展国际合作，参与全球研究计划，与相关国际组织、周边国家合作，建立跨国监测平台，实现数据共享。

五、提升风险预警监测和应急响应能力

核与辐射风险预警监测是指通过系统化的监测、评估和预警机制，及时发现和预警核设施及辐射环境中可能存在的安全风险，以防范和减轻核事故或辐射污染对人类健康、生态环境和社会经济的潜在危害。

核与辐射应急响应是指在核事故或辐射泄漏等突发事件发生时，各级政府和有关部门根据既定的应急预案，迅速采取组织协调、现场处置、信息发布、救援保障和后续恢复等一系列措施，以有效降低事故对公众健康和生态环境带来的风险与损害的一整套应急行动体系。

提升核与辐射风险预警监测和应急响应能力，对维护国家生态安全和可持续发展有重要作用。早期发现辐射水平异常，能够及时采取措施，防止核事故或辐射泄漏对人体健康和生态环境造成长期损害。完善的预警监测体系和应急响应机制，能够在事故初期迅速启动应急预案，有效控制事故扩散和降低损失。确保核能及相关产业在安全可控的前提下健康发展，维护国家安全和能源战略稳定。现代化、多层次、多维度的实时监测和智能预警，为核安全监管提供科学决策支持，推动技术进步。有助于建立全球统一的核安全监测网络，共同应对跨国风险，推动国际合作与全球治理。

有效提升核与辐射风险的预警监测和应急响应能力，必须构建多层次、全覆盖的监测网络、推动高精度检测技术与数据智能化分析、健全分级预警和应急响应机制。第一，构建全面高效的监测网络，在核设施周边、城市区域、生态敏感区和跨界区域设立固定监测站，用现代信息技术实现全域实时监控。第二，健全风险预警与应急响应体系，制定科学的预警分级标准，指导相关部门和公众采取相应措施，制订详细的核与辐射事故应急预案，确保事故发生时能够迅速、有序处置，定期组织应急演练与培训，加强核与辐射安全知识普及。第三，加强跨部门合作和国际合作，建立环境、核安全、卫生、应急管理等多个部门之间的信息共享和联动机制，确保预警与应急响应无缝衔接。与相关国家及国际组织建立数据共享平台和联合监测网络，共同提升核与辐射风险管理水平。

六、加强核安全领域科技研发

加强核安全领域的科技研发是确保核能安全利用、防范核事故和辐射风险的关键。通过科技创新，不仅能够提升核能利用的安全性和经济效益，还能为核事故预防、风险评估与应急响应提供坚实的技术支撑。

第一，加大对核物理、辐射防护、核材料科学等基础研究的投入，通过基础研究的突破带动应用研究的发展，推动核安全技术如核电站安全系统、辐射监测设备、核废料处理技术等的实际应用。第二，加大对新型核与辐射检测仪器的研发投入，提升设备的自动化、智能化水平，提高监测精度和响应速度，利用卫星遥感、无人机和机器人技术实现远程和危险环境下的辐射监测，利用大数据分析和 AI 技术对多源数据进行实时处理、异常检测和趋势预测，形成科学的风险评估模型。第三，开发更安全的核反应堆设计，如第四代核反应堆，提高固有安全性和事故容错能力，同时研究核电站事故预防和缓解技术。第四，研发核废料减量化技术，开发安全可靠的核废料长期储存和地质处置技术，确保核废料的安全隔离。第五，研发更高效的个人辐射防护装备，开发高效的环境去污技术，减少核事故后的辐射污染。第六，开发快速辐射评估和决策支持系统，研究核事故后的应急去污和环境恢复技术，减少事故的长期影响。第七，利用计算机模拟和仿真技术，为应急预案和培训提供支持，开发风险评估模型，量化核设施和辐射环境的风险。第八，积极参与国际核安全科技合作项目，共享经验、技术和资源，引进国外先进的核安全技术，推动国内技术的国际输出。

第三节　加强生物安全管理

一、加强生物技术及其产品管理

生物技术是指利用生物体或其组成部分，通过基因工程、细胞工程、发酵工程、酶工程等技术手段改进植物、动物和微生物的技术。它结合了生物学、化学、工程学、计算机科学等多个学科的知识，广泛应用于医疗健康、生物农业、生物能源、生物环保等产业。生物产品是指利用生物资源和生物技术开发、生产出来的产品，如医药生物产品（疫苗与生物制剂、重组蛋白与单克隆抗体等）、农业生物产品（转基因作物、生物农药和生物肥料等）、工业生物产品（工业酶制剂、生物燃料与生物塑料等）、生物能源产品（生物天然气、纤维素乙醇、藻类生物燃料等）、生物环保产品（生物修复剂、污水和垃圾处理相关产品）。

生物技术及其产品在推动经济发展和社会进步的同时，也可能带来一些潜在的环境风险。一是基因污染与生物入侵风险，转基因作物和微生物可能通过花粉传播、种子扩散或基因水平转移，将改造基因意外传递给野生种群，进而改变生态系统的基因库平衡，导致本土物种竞争力下降或生态系统失衡，生物农药或转基因技术在防治病虫害时，可能对非目标生物（如益虫、土壤微生物等）产生不利影响，从而扰乱生态链和生态平衡。二是生物安全与意外释放风险，在生物技术研发和生产过程中，存在微生物或转基因生物意外释放的风险，这可能引发不可预见的生态反应或病原扩散，影响环境和公众健康，部分生物技术产品长期使用可能会使害虫产生抗药性，进而增加农药使用量，给环境和生态系统带来连锁负面效应。三是生产过程的环境影响，在生物技术产品的工业生产过程中，可能会产生大量含有微生物、代谢产物或副产物的废弃物，处理不当会导致水体、土壤污染，影响局部生态环境，在大规模应用时，原材料消耗、能耗以及生产过程中的废气废水排放需要严格控制。四是风险管控与监管挑战，生物技术及其产品涉及复杂的生态过程，现有评估方法可能无法完全预测长期和累积效应。同时，生物技术产品的传播和影响具有全球性，建立完善的跨部门、跨区域乃至全球的监管和风险预警机制，增加了生态安全管理的难度。

《关于进一步加强生物多样性保护的意见》提出，建立健全生物技术环境安全评估与监管技术支撑体系，建立生物安全培训、跟踪检查、定期报告等工作制度，制订风险防控计划和生物安全事件应急预案，保障生物安全。

《“十四五”生物经济发展规划》提出，开展前沿生物技术创新。

二、健全生物安全风险防控和治理体系

要有效降低生物技术及其产品在研发、生产和应用过程中可能带来的风险，为我国生物产业健康发展提供坚实保障，必须强化全链条防控和系统治理，健全生物安全监管预警防控体系。

第一，建立完善的法规和标准体系，建立涵盖生物技术研发、生产、流通和使用全过程的法律法规体系，制定实验过程、生产过程、运输过程和废弃物处理等方面的安全标准，形成统一的操作规范和质量控制体系。第二，完善风险评估和监测预警机制，开展全生命周期风险评估，并制定专项评估指南，利用物联网、大数据和人工智能技术建立动态监测预警系统，快速识别潜在风险，开展定期风险复查与评估。第三，加强科研与技术支撑，加大对生物检测、分子追踪、基因编辑等关键技术的研发投入，提高早期预警和风险控制的技术能力，促进科研成果的转化和产业化，同时将最新技术应用于风险防控中。第四，强化应急响应与处置能力，根据不同类型的生物安全

事件，制订应急预案，定期开展应急演练，提升反应能力。第五，促进跨部门合作和国际合作，构建部门协同机制，协同推动生物安全风险防控工作，积极参与国际生物安全治理合作，共同应对跨国界生物安全挑战。第六，加强公众参与与信息公开，及时披露生物安全监管和风险处置信息，鼓励社会各界参与生物安全治理。

《"十四五"规划和2035年远景目标纲要》提出，建立健全生物安全风险防控和治理体系，全面提高国家生物安全治理能力。

《中华人民共和国生物安全法》指出，建立生物安全风险防控体制，防控重大新发突发传染病、动植物疫情，加强对生物技术研究、开发与应用活动的安全管理，加强对病原微生物实验室生物安全的管理，保障人类遗传资源和与生物资源安全，防范生物恐怖与生物武器威胁，加强生物安全能力建设。

《关于进一步加强生物多样性保护的意见》提出，提升生物安全管理水平。

《"十四五"生物经济发展规划》提出，加快建设生物安全保障体系。

《中国生物多样性保护战略与行动计划（2023—2030年）》提出，强化国家生物安全工作协调机制，协同推进外来入侵物种和有害生物联防联控。

三、加强有害生物防治

有害生物是指那些对生态环境、农业生产、经济活动以及人类健康产生负面影响的生物。有害生物可能是本地生态系统中的一部分，也可能是外来入侵物种，它们会打破原有生态平衡。

有害生物的影响和危害极大，有害生物的数量激增或入侵可能改变本地生态系统结构，导致生物多样性下降，破坏食物链平衡；农业害虫和病原体能严重影响农作物的生长，造成减产甚至绝产，危害粮食安全；一些有害生物是疾病的传播媒介，严重威胁公众健康；外来入侵物种常常具备强大的适应能力和竞争优势，会侵占本土物种的生存空间，甚至导致部分物种灭绝。

加强有害生物防治是保护农业生产、生态环境和人类健康的重要措施。在生物防治方面，引入或保护有害生物的天敌，利用病原微生物（如细菌、真菌、病毒）控制有害生物，使用植物提取物（如印楝素、除虫菊素）作为天然农药以减少化学农药的使用；在农业生态调控方面，通过轮作和间作改变农田生态系统以打破有害生物的生活周期，选育和推广抗病虫害的作物品种以减少有害生物的侵害，建设生态沟渠、防护林带等增加农田生物多样性，提高生态系统的自我调节能力；在物理与机械防治方面，使用性诱剂、光诱剂等诱捕有害生物，使用防虫网、地膜等物理屏障阻止有害生物侵入，利用高温消毒土壤或处理种子杀灭有害生物；在化学防治方面，选择低毒、高效的化学农药，严格按照推荐剂量和使用方法施用，轮换使用不同作用机制的农药，防止有害生物产生抗药性，采用精准施药技术，如无人机喷药、变量喷雾，减少农药使用量和环境污染。

四、防范和应对外来入侵物种

外来入侵物种是指非本土的生物种类，经由人为或自然途径进入新的生态系统后，由于缺乏天敌或适应性较强而大量繁殖，进而对当地生态环境、经济活动和人类健康产生负面影响的生物。

外来入侵物种可能挤占本土物种的生存空间，改变食物链结构，降低生物多样性，甚至导致某些本土物种灭绝；入侵物种对农作物、渔业、林业等产业造成直接损害，增加防控成本，并可能影响旅游和其他相关经济活动；某些入侵物种可能携带病原体，威胁人畜健康。

开展外来入侵物种普查、监测预警、影响评估，加强进境动植物检疫和外来入侵物种防控，才能有效防范和应对外来物种入侵。要加强边境和进出口检疫，防止外来物种进入，对引进物种进行科学评估，防止潜在的侵入风险。建立跨区域、跨部门的监测网络，利用物联网和遥感技术实现早期发现，通过预警系统快速响应初期入侵情况。在综合治理方面，采用物理与化学方法防控，如机械清除、设置物理屏障、合理使用农药等；采用生物防控，引入或保护有害生物的天敌，对特定入侵物种进行生物调控，同时谨慎评估生态风险；采用生态恢复法，在治理入侵物种的同时，恢复和重建本土生态系统，增强其对入侵物种的抵抗力。加强科普宣传，提高公众对外来入侵物种危害的认识，鼓励公众参与监测和报告，加强跨国界、跨部门合作，分享防控经验与技术，共同应对入侵物种的跨区域扩散。

《进一步加强外来物种入侵防控工作方案》提出，开展外来入侵物种普查和监测预警，加强外来物种引入管理。

《“十四五”全国渔业发展规划》提出，保障水生生物安全，健全水生动物疫病防控体系，加强外来水生生物入侵防范和治理。

《关于进一步加强生物多样性保护的意见》提出，完善外来入侵物种防控部际协调机制，统筹协调解决外来入侵物种防控重大问题。

《“十四五”推进农业农村现代化规划》提出，强化外来入侵物种防控。启动实施外来入侵物种全面调查，推动建设一批天敌繁育基地和综合防控示范区，因地制宜探索推广绿色防控技术模式。

《外来入侵物种管理办法》规定了外来入侵物种的管理原则、职责分工、风险评估、监测预警、应急处理和公众教育等内容，旨在防止外来物种对生态系统和农业生产造成危害。

五、加强种质资源和生物遗传资源保护

种质资源是指具有遗传稳定性、可用于繁殖和改良的生物遗传材料，包括植物、动物和微生物的种子、组织、器官、DNA 等。这些资源广泛用于农业育种、医药与生物技术、环境与生态保护等领域。

生物遗传资源是指来自动植物、微生物等生物体中的任何包含遗传功能单位、具有实际或潜在价值的遗传材料。作为生物多样性的重要组成部分，这些资源在农业、医药、工业及生态保护等领域具有重要价值。生物遗传资源主要有植物遗传资源（农作物、野生植物、中草药等，如水稻、小麦、大豆等种质资源）动物遗传资源（家畜、家禽、野生动物等，如奶牛、藏羚羊、土著犬种等）、微生物遗传资源（细菌、真菌、病毒等）。

种质资源是农业、生态和生物科技发展的基础，其保护与利用对于粮食安全、生物多样性和科技创新至关重要。完善种质资源保护立法，明确资源产权与利益分配机制，强化知识产权保护，落实国际公约，建立健全法律法规与政策体系；开展资源普查与收集，建立多方式、多层次保护体系，对资源进行鉴定与评价，强化种质资源的收集、保存与鉴定；以科技创新驱动育种发展，促进资源共享与转化，推动种质资源创新与利用；积极参与国际合作，强化生物安全与资源主权保护，加强国际合作与安全防控；提高投入，培养高端育种人才，加大政策支持力度。

加强生物遗传资源的保护和管理对保护生物多样性、保障粮食安全具有

重要意义，对人类生存和发展具有深远影响。要完善生物遗传资源法律法规，加强执法力度，通过就地保护和迁地保护建立和完善保护体系，履行国际义务和促进国际合作，推动科技创新，倡导数据共享和加强信息管理，建立惠益分享机制，加强公众教育和参与，确保生物遗传资源的可持续利用。

《全国农作物种质资源保护与利用中长期发展规划（2015—2030 年）》提出，加强农作物种质资源保护与管理，完善国家农作物种质资源保护体系，建立国家农作物种质资源精准鉴定评价体系，完善国家农作物种质资源共享利用体系。

《关于加强农业种质资源保护与利用的意见》提出，开展系统收集保护，实现应保尽保；强化鉴定评价，提高利用效率；建立健全保护体系，提升保护能力；推进开发利用，提升种业竞争力；完善政策支持，强化基础保障。

《关于进一步加强生物多样性保护的意见》提出，开展新作物、新品种、新品系、新遗传材料和作物病虫害发展动态调查研究，加强野生动植物种质资源保护和可持续利用。提高种质资源品种改良生物技术水平，推进酿造、燃料、环境、药品等方面替代资源研发。实施生物遗传资源及其相关传统知识调查登记，制定完善生物遗传资源目录，建立生物遗传资源信息平台。完善获取、利用、进出境审批责任制和责任追究制，强化生物遗传资源对外提供和合作研究利用的监督管理。

《中国生物多样性保护战略与行动计划（2023—2030 年）》提出，强化国家层面种质资源利用平台和共享体系建设，推进生物资源安全共享和有序开发。

《乡村全面振兴规划（2024—2027 年）》提出，加快种业振兴，建设种质资源保存鉴定等设施平台；加快核心种源技术攻关，强化企业科技创新主体地位，培育大型种业企业。

第四节 有效应对气候变化不利影响和风险

一、提升适应气候变化能力

适应气候变化能力是指个人、社区、企业、生态系统或国家在面对气候变化带来的影响时，调整自身行为、政策和系统，以降低负面影响或抓住潜在机遇的能力，其决定了一个社会或生态系统在气候变化背景下的生存、发展和恢复力。

能否适应气候变化，取决于人类的科学认知与气候信息的获取，一个国家基础设施与技术创新的状况，拥有可调控的经济资源数量和投资规模，相关的政策和制度，社会的韧性和政府的气候治理能力。

当前，应对气候变化是人类面临的重大问题，提升适应气候变化的能力无论对各国还是全球都具有重大的意义。提升适应气候变化的能力，可以减少气候风险给人类带来的影响，保护生态系统，保障粮食安全，维护公共健康和社会稳定，提高公众的生活质量，促进经济繁荣，增强国家竞争力，实现可持续发展目标。

《关于进一步优化重污染天气应对机制的指导意见》提出，优化重污染天气应急响应规则，规范重污染天气应对工作，强化区域应急联动，加快重污染天气应急预案制修订，加强重污染天气应对效果评估。

《国家气候变化健康适应行动方案（2024—2030 年）》提出，健全完善多部门气候变化与健康工作协作机制，完善气候变化与健康相关政策和标准体系，加强气候敏感疾病的预警提醒，强化气候变化健康风险、脆弱性和适应能力动态评估，提升气候变化健康风险防范和综合干预能力，增强应对气候变化卫生保障能力，增强健康与公共卫生系统气候韧性，营造全社会气候变化健康适应的友好环境，加快气候变化健康适应科技创新，推进气候变化健康适应全球行动。

《中国应对气候变化的政策与行动 2024 年度报告》提出，我国主动适应气候变化。

《国家适应气候变化战略 2035》提出，深化气候适应型城市试点建设工作高质量开展，气候变化监测预警和风险管理水平不断加强，自然生态系统适应气候变化能力不断提升，经济社会系统适应气候变化能力不断强化，适应气候变化区域格局初步形成。

二、加强气候变化观测网络建设

气候变化观测网络是用于监测、分析和预测全球及区域气候变化的系统，涵盖气象、海洋、陆地、冰雪、大气成分、生物生态等多个领域。这些网络由卫星、地面站、浮标、雷达和遥感技术等多种观测手段组成，为全球气候变化研究和政策制定提供科学依据。

加强气候变化观测网络建设是应对气候变化的关键步骤。通过高效的气象监测、数据分析和预警系统，可以提高全球对气候变化的预测能力、适应能力和减缓能力，支持科学决策，减少灾害损失，追踪温室气体排放，优化碳中和路径，监测生态变化，保护生物多样性，从而更好地促进经济社会的可持续发展。

我国已建成陆海空天一体化综合气象观测系统，气象灾害监测率达 80%，已向全球 132 个国家和地区提供风云卫星服务。气象部门累计建成 7.6 万余个地面自动气象观测站，实现全国乡镇全覆盖；建成 27 个国家气候观象台和 8 个国家大气本底站，实现气候关键区全覆盖；风云气象卫星有 8 颗在轨运行，载荷种类达 27 类；546 部天气雷达组成了世界最大天气雷达监测网；海洋观测已形成覆盖离岸 300 公里范围的探空观测网络，海洋漂浮观测实现对全球海运主要航线的有效覆盖。

加强气候变化观测网络建设，对于提高我国气候监测、预警和适应能力至关重要。要进一步提升全国气候观测站网的覆盖范围与精度，发展高科技气候观测手段，加强海洋和极地气候观测能力，构建全国碳排放监测网络，加强国际合作与数据共享，以智慧化、全球化、精准化为方向建设我国气候变化观测网络。

《国家适应气候变化战略 2035》提出，加强气候变化监测预警和风险管理。完善气候变化观测网络，强化气候变化监测预测预警，加强气候变化影响和风险评估，强化综合防灾减灾。

三、提升重点领域气候韧性

气候韧性是指社会、生态系统和经济部门在气候变化压力下的适应、恢复和转型能力。

在农业领域，干旱、洪涝、病虫害、气候不稳定影响粮食安全；在能源领域，高温干旱影响水电、风电和太阳能发电效率，造成用电紧张；在自然生态系统中，气候变化带来森林火灾、物种减少、湿地退化、生物多样性下降；城市中的极端高温、暴雨内涝、空气污染、能源压力增大，严重影响经济和社会的政策秩序；道路、桥梁、供水系统等基础设施，在极端天气下易受损。

面对全球气候变暖、极端天气、自然灾害等挑战，我国需要加强重点领域的气候韧性，以确保经济安全、生态平衡和社会稳定。推广气候适应型农业，优化水资源管理，强化农业气象监测与预警；建设海绵城市，增强雨洪管理能力，发展低碳智慧城市，提高能源利用效率，优化城市绿地布局，缓解热岛效应；优化能源结构，提升清洁能源适应性，提升能源基础设施气候适应能力；加强生态恢复和保护，增强森林防火和生物多样性保护，提高碳汇能力；优化基础设施抗灾能力，推动智慧交通发展。

《国家适应气候变化战略 2035》提出，提升自然生态系统适应气候变化能力，强化经济社会系统适应气候变化能力，构建适应气候变化区域格局。

四、深化气候适应型城市建设

气候适应型城市是指能够应对和适应气候变化挑战，基础设施韧性、生态承载力和社会适应能力强，同时保持社会、经济和生态可持续发展的城市。

深化气候适应型城市建设，要以提高城市应对极端天气、自然灾害和环境变化的能力为中心进行。第一，强化城市基础设施的气候适应能力。推进“海绵城市”建设，提高城市雨洪调控能力，减少城市内涝风险；提升城市建筑气候韧性，提高建筑抗灾能力，发展零碳建筑等减少能源消耗；优化交通与能源系统，减少碳排放，提高可再生能源利用比例。第二，依托生态系统增强城市气候调节能力。增加城市绿地覆盖，改善空气质量，缓解热岛效应，提高碳汇能力和水循环调节能力；保护城市周边生态屏障，沿海城市加强红树林、海堤建设，内陆城市强化河湖水系连通。第三，构建智慧化气候预警与灾害响应体系。加强气象监测与预警，提高极端天气预测精度，精准监测天气变化；提升城市应急管理能力，建立行之有效的应急管理机制。第四，完善政策、法规与国际合作机制。制定气候适应型城市规划，设定气候适应性关键绩效指标，推动政策落实；引导绿色金融投资，为适应型项目提供资金支持，鼓励社会资本参与建设；加强国际合作与经验交流，参与全球气候治理。

《关于推进海绵城市建设的指导意见》提出，统筹推进新老城区海绵城市建设，推进海绵型建筑和相关基础设施建设，推进公园绿地建设和自然生态修复。

《城市适应气候变化行动方案》提出，加强城市规划引领，提高城市基础设施设计和建设标准，提高城市建筑适应气候变化能力，发挥城市生态绿化功能，保障城市水安全，建立并完善城市灾害风险综合管理系统，夯实城市适应气候变化科技支撑能力。

《关于加强城市内涝治理的实施意见》提出，系统建设城市排水防涝工程体系，提升城市排水防涝工作管理水平，统筹推进城市内涝治理工作。

《关于进一步明确海绵城市建设工作有关要求的通知》提出，建立健全长效机制，扎实推动海绵城市建设和增强城市防洪排涝能力，使城市在适应气候变化、抵御暴雨灾害等方面具有良好“弹性”和“韧性”。

《“十四五”全国城市基础设施建设规划》提出，持续增强城市基础设施安全韧性能力，完善城市生态基础设施体系，构建连续完整的城市生态基础设施体系，开展城市水系统体系化建设行动，开展城市园林绿化提升行动。

《关于深化气候适应型城市建设试点的通知》提出，完善城市适应气候变化治理体系，提升城市基础设施气候韧性，提升城市水安全保障水平，推进城市气候变化健康适应行动。

《关于持续推进城市更新行动的意见》提出，打造宜居、韧性、智慧城市。加强既有建筑改造利用，推进城镇老旧小区整治改造，开展完整社区建设，推进老旧街区、老旧厂区、城中村等更新改造，完善城市功能，加强城市基础设施建设改造，修复城市生态系统，保护传承城市历史文化。

第五节 严密防控环境风险

一、加强环境风险常态化管理

环境风险常态化管理是指在日常管理中，将环境风险的识别、评估、预防、应对和控制等措施制度化、标准化和长期化，以降低突发环境事件的发生概率，并减少其对生态环境和社会的影响。它的基本要求是从“应急响应”向“事前预防”和“全过程管理”转变，确保环境安全管理的持续性和稳定性。

环境风险常态化管理的主要内容是：环境风险识别与评估（建立环境风险源清单，评估企业或区域的环境风险等级，监测可能导致污染事故的因素）、预防与控制措施（制定并实施污染防治和风险控制措施，规范生产流程减少危险物质的使用和排放，建立环境风险预警机制）、环境应急能力建设（设立环境应急预案并定期演练，建立应急物资储备和应急响应队伍，加强环境事故的快速响应能力）、监督与考核（建立环境风险管理的监督检查机制，通过数据监测和评估报告等方式进行定期考核，强化企业和政府的环境责任）、公众参与和信息公开（促进企业与公众沟通，让社会各界了解环境风险并共同参与监督，提供环境风险相关的教育和培训）。

加强环境风险常态化管理，可以提升环境安全水平、降低企业运营风险、促进可持续发展。

《关于加强环境保护重点工作的意见》提出，完善以预防为主的环境风险管理制度，实行环境应急分级、动态和全过程管理，依法科学妥善处置突发环境事件。

《突发环境事件应急管理办法》提出，突发环境事件应急管理工作坚持预防为主、预防与应急相结合的原则。

《生态环境监测网络建设方案》提出，科学引导环境管理与风险防范。加强环境质量监测预报预警，严密监控企业污染排放，提升生态环境风险监测评估与预警能力。

《关于全面加强生态环境保护 坚决打好污染防治攻坚战的意见》提出，建立建设用地土壤污染风险管控和修复名录，强化暂不开发污染地块的风险管控。评估有毒有害化学品在生态环境中的风险状况，严格限制高风险化学品生产、使用、进出口，并逐步淘汰、替代。

《“十四五”规划和2035年远景目标纲要》《关于深入打好污染防治攻坚战的意见》提出，严密防控环境风险。

二、完善国家环境应急体制机制

环境应急体制机制是指为应对突发环境事件而建立的一套系统化、规范化的管理和响应体系，旨在提高突发环境事件的预防、监测、处置和恢复能力，维护国家生态安全。国家环境应急体制机制由法规政策、组织架构、应急预案、监测预警、应急响应、资源保障、后期处置、公众参与、国际合作等系统化构成，确保在突发环境事件发生时能够迅速、有效地进行应对。

为应对环境风险问题的日益凸显，须进一步完善国家环境应急体制机制，提升环境风险防控和突发环境事件处置能力。要健全环境应急立法，进一步细化环境风险防控和应急响应要求，加强环境应急预案管理；建立高效的环境应急协调机制和区域联防联控机制，强化地方政府和企业责任；构建全国环境监测网络，强化环境风险评估，提升环境预警与监测能力；提高环境应急处置能力，推广环境污染应急演练制度，建立突发环境事件信息公开制度，完善公众预警机制；普及环境安全知识，强化公众监督和举报机制；建立环境应急大数据平台，研发应急预警、处置的设备和产品，依托科技创新提升环境应急能力。

《关于加强环境保护重点工作的意见》提出，建设更加高效的环境风险管理和应急救援体系，提高环境应急监测处置能力。制订切实可行的环境应急预案，配备必要的应急救援物资和装备，加强环境应急管理、技术支撑和处置救援队伍建设，定期组织培训和演练。

《关于进一步加强环境影响评价管理防范环境风险的通知》提出，建设和完善项目所在园区（港区、资源开采区）环境风险预警体系、环境风险防控工程、环境应急保障体系，构建区域环境风险联控机制。

《突发环境事件应急管理办法》提出，建立分类管理、分级负责、属地管理为主的应急管理体制，建立健全突发环境事件应急联动机制。

《关于全面加强生态环境保护 坚决打好污染防治攻坚战的意见》提出，建立政府、企业环境社会风险预防与化解机制。

《关于建立跨省流域上下游突发水污染事件联防联控机制的指导意见》提出，建立协作制度、加强研判预警、科学拦污控污、强化信息通报、实施联合监测、协同污染处置、做好纠纷调处、落实基础保障，推动建立跨省流域上下游突发水污染事件联防联控机制。

《国家突发事件总体应急预案》提出，自然灾害、事故灾难、公共卫生事件分为特别重大、重大、较大、一般4级，构建国家层面、地方层面、专家组三个层面的组织指挥体系，建立健全风险防控、监测与预警、处置与救援、恢复与重建的运行机制，加强人力资源、财力支持、物资保障、交通运输与通信电力保障、科技支撑的应急保障建设，强化预案编制、预案衔接、预案演练、预案评估与修订、宣传与培训、责任与奖惩的预案管理。

三、强化重点领域和地区环境风险防控

环境风险防控的重点领域和地区主要集中在高污染、高环境危害性行业和工业园区、重点流域、生态敏感区、城市和人口密集区等区域。

在危险化学品生产、存储与运输领域，环境风险主要是易燃、易爆、有毒化学品泄漏可能造成严重污染事故，要严格监管化学品生产储存运输过程、加强危险化学品企业的环境风险评估、建立化学品泄漏应急响应机制；在重污染行业（钢铁、水泥、石化、电镀等），环境风险主要是排放大量大气污染物、废水和固体废弃物，要推行清洁生产技术，减少污染物排放，建立废水、废气在线监测系统，强制执行污染物排放总量控制制度；采矿、冶炼与尾矿库，可能导致重金属污染、矿区生态被破坏、尾矿库泄漏等环境风险，要规范矿区开发，严格矿山生态修复要求，重点监控尾矿库稳定性，防止溃坝造成污染，推动绿色矿山建设，提高资源利用率；大型基础设施建设过程可能造成生态破坏、水土流失、生物栖息地破坏，要严格执行环评制度，优化施工方案，采取生态补偿措施，加强环境监测，减少污染排放；在固体废弃物与危险废物处置领域，管理不善可能导致土壤污染、地下水污染及毒害物扩散，必须推动垃圾分类，加强危险废物的无害化处理，严格管控废弃物跨区域转移，防止非法倾倒，建设现代化垃圾焚烧和填埋设施，提高处理能力；农业方面的环境风险主要是农药、化肥过量使用导致水体富营养化，畜禽养殖污染导致水体和土壤污染，要推广有机农业和绿色防控技术，减少农药化肥使用量，建立畜禽养殖污染防治制度，加强粪污资源化利用，加强农业面源污染监测，控制农业污染扩散。

京津冀及周边地区是大气污染防控重点区，主要风险是大气污染和重工

业排放，要强化空气污染治理，加强跨区域联防联控，实施区域性错峰生产、交通限行等措施；长江经济带是水污染防控重点区，主要风险是长江流域水污染，要严控工业企业的排污行为，强化入河排污口监管，推动沿岸企业绿色转型，减少污染负荷，严格长江保护法实施，禁止高污染项目进入流域；粤港澳大湾区是复合型污染防控重点区，主要风险是城市化进程加快导致的废气、废水、固废污染排放，要促进绿色发展，提升城市污水处理能力，推广新能源汽车，减少交通污染，加强跨境环保合作，提高区域环境治理水平；黄河流域是生态保护与水资源管理重点区，主要风险是水资源短缺、土壤沙漠化、矿业污染，要推行生态补水措施，保护黄河流域水生态，加强矿区生态修复，减少重金属污染，规范农业灌溉，减少水资源浪费；东北地区是土壤污染防控重点区，主要风险是重金属污染、农业黑土地退化、石化污染，要推行黑土地保护措施，防止土壤退化，加强石油化工产业污染防控，防止地下水污染，实施土壤污染治理与修复技术，提高土地质量；西南喀斯特山区和青藏高原是生态脆弱区，主要风险是植被破坏、土壤侵蚀以及气候变化影响，要强化生态保护政策，减少人为破坏，实施退耕还林、生态补偿等措施恢复生态系统，加强气候变化监测，减少生态脆弱区的环境风险。

采取有针对性的防控措施，可以有效降低环境风险，保护生态环境和公众健康。

《关于加强环境保护重点工作的意见》提出，开展重点流域、区域环境调查研究。

《关于全面加强生态环境保护 坚决打好污染防治攻坚战的意见》提出，严格控制重点流域、重点区域环境风险项目。开展长江流域生态隐患和环境风险调查评估，划定高风险区域，从严实施生态环境风险防控措施。突出重点区域、行业和污染物，有效管控农用地和城市建设用地土壤环境风险。在环境高风险领域建立环境污染强制责任保险制度。开展重点区域、流域、行业环境与健康调查，建立风险监测网络及风险评估体系。

《关于提升危险废物环境监管能力、利用处置能力和环境风险防范能力的指导意见》提出，着力强化危险废物环境监管能力，着力强化危险废物利用处置能力，着力强化危险废物环境风险防范能力。

《关于进一步加强危险废物环境治理 严密防控环境风险的指导意见》提

出，进一步提升危险废物规范收集转运效率、不断健全危险废物集中处置保障体系、持续优化医疗废物收集处置模式，提升危险废物收集处置保障能力；优化危险废物利用处置结构、提升危险废物利用处置水平、严格管控危险废物填埋处置，优化危险废物利用处置方式；深化危险废物规范化环境管理、强化危险废物信息化环境管理、促进危险废物精细化环境管理，健全危险废物环境管理体系。

四、加强环境应急基础能力建设

环境应急基础能力是指在突发环境事件发生时，能够迅速、有效地进行应对和处置的基本能力和条件。

环境应急基础能力主要包括：监测与预警能力（完善的环境监测网络、先进的预警系统）、信息管理与通信能力（高效的信息采集和处理系统、可靠的通信网络）、应急队伍与人员能力（专业的环境应急队伍、定期培训和演练的人员）、物资与装备保障能力（充足的应急物资储备、定期维护和更新的装备）、技术支持与科研能力（先进的应急技术的研发、应急专家的支持和咨询）、应急预案与管理能力（预案制订与更新、高效的应急机制）、资金保障能力（充裕的专项资金、规范的资金管理）、公众参与与宣传教育能力（较高的公众环境风险意识和自救互救能力、环境信息的透明度）。

加强环境应急基础能力建设，全面提升这些基础能力，可以有效提高环境应急管理的整体水平，确保在环境事件发生时能够迅速、有效地进行应对和处置，最大限度地减少环境损害和社会影响。

《关于加强环境保护重点工作的意见》提出，全力做好污染事件应急处置工作，及时准确发布信息，减少人民群众生命财产损失和生态环境损害。

《突发环境事件应急管理办法》提出，加强环境应急处置救援能力建设。

《关于加强地方生态环境部门突发环境事件应急能力建设的指导意见》提出，从加强组织管理、优化支撑队伍、提升专业素质三个方面切实强化应急保障，从深化“一河（园）一策一图”、加强事件应急监测、优化应急物资储备、健全应急联动机制四个方面持续加强应急准备，从加强信息报告、快速科学响应、做好总结评估三个方面着力提升响应时效。

五、建立健全环境应急响应、物资储备体系

建立健全环境应急响应和物资储备体系是提高突发环境事件处置能力、减少环境损害的重要举措。

健全的环境应急响应、物资储备体系，能提高环境突发事件应对能力，减少环境污染对生态和公众健康的危害，提升环境应急管理的科技化、现代化水平，推动企业落实环境应急责任和强化社会共治，提升国家环境安全保障水平，促进可持续发展。

第一，建设环境应急响应体系，建立分级响应机制，完善环境应急指挥体系，强化环境应急监测与预警，强化应急处置能力。第二，建设环境应急物资储备体系，制定物资储备体系规划，按标准储备物资种类，科学调度与管理物资。第三，以科技赋能环境应急响应、物资储备体系，建立环境应急信息化平台，发展污染治理新技术。第四，加强社会动员与公众参与，落实企业应急责任，开展公众环境安全教育，建立公众举报与协作机制。

《突发环境事件应急管理办法》提出，加强环境应急能力标准化建设，配备应急监测仪器设备和装备。建立环境应急物资储备信息库，有条件的地区可以设立环境应急物资储备库。储备必要的环境应急装备和物资，并建立完善相关管理制度。

《关于全面加强生态环境保护 坚决打好污染防治攻坚战的意见》提出，国家建立环境应急物资储备信息库，省、市级政府建设环境应急物资储备库，企业环境应急装备和储备物资应纳入储备体系。

《关于深入打好污染防治攻坚战的意见》提出，健全国家环境应急指挥平台，完善环境应急管理体系。推进流域及地方环境应急物资库建设。

六、健全环境健康管理制度

环境健康管理制度是指政府、企业和社会各界为预防、控制和减少环境污染对公众健康的影响，所建立的一系列法律法规、政策措施、监测预警、风险评估和应急响应机制。该制度旨在保障公众健康，提高环境质量，促进可持续发展。

健全环境健康管理制度，一能减少环境污染对公众健康的影响，降低呼

吸系统、消化系统等疾病的发病率；二能提高环境风险防控能力，通过监测预警及时发现污染问题，避免重大健康危机；三能促进社会公平，加强对弱势群体的健康保护，减少因环境污染带来的健康不公；四能推动可持续发展，通过严格的环境健康管理，提高环境质量，推动“健康中国”与“美丽中国”协同发展。

《关于加强环境保护重点工作的意见》提出，开展健康调查研究。

《国家环境保护环境与健康工作办法（试行）》明确了环境健康风险的含义，规范了环境健康监测、调查和风险评估，明确了环境健康风险防控的内容。

《关于全面加强生态环境保护 坚决打好污染防治攻坚战的意见》提出，开展重点区域、流域、行业环境与健康调查，建立风险监测网络及风险评估体系。

《生态环境健康风险评估技术指南 总纲》规定了生态环境健康风险评估的一般性原则、程序、内容、方法和技术要求。

《关于深入打好污染防治攻坚战的意见》提出，强化生态环境与健康管理。

《“十四五”环境健康工作规划》提出，加强环境健康风险监测评估，大力提升居民环境健康素养，持续探索环境健康管理对策，增强环境健康技术支撑能力，打造环境健康专业人才队伍。

第七章　快速推进美丽中国建设

建设美丽中国是全面建设中国式现代化的重要目标，是实现中华民族伟大复兴的重要内容。加快推进人与自然和谐共生的现代化，必须把美丽中国建设摆在强国建设、民族复兴的突出位置，保持加强生态文明建设的战略定力，坚定不移走生产发展、生活富裕、生态良好的文明发展道路，建设天蓝、地绿、水清的美好家园。当前，建设美丽中国先行区、美丽城市、美丽乡村，开展美丽中国建设创新示范，是实现美丽中国建设快速推进的关键。

第一节　建设美丽中国先行区

一、推进区域协调和绿色发展

促进区域协调发展，深入实施区域重大战略，加强绿色发展协作，打造绿色发展高地，是建设美丽中国先行区的前提。

区域的协调发展要求有限的资源得到更为合理的配置，依据市场经济规律和区域历史传统，突破行政区的限制，打造新经济圈和新经济带。中国沿海地区经济发达，打造环渤海经济圈、东海经济圈、南海经济圈能使东部地区继续引领全国经济的发展；积极打造长江经济带，提升长三角、长江中游、成渝三大经济区功能，修复长江生态环境，推动长江上中下游协同发展、东中西部互动合作，有效促进上、中、下游地区之间互补互促的横向经济联系，实现流域经济一体化；建立以黄河为纽带、以新亚欧大陆桥为依托的区域经济区对于实施区域协调发展战略有重要作用，建设黄河经济带，对于发挥其自然资源、历史文化、产业合作等方面优势，实现区域平衡发展、促进民族团结、开展精准扶贫等有着重要的意义。聚焦实现战略目标和提升引领带动能力，推动区域重大战略取得新的突破性进展，促进区域间融合互动、融通补充。

《关于加强长江经济带工业绿色发展的指导意见》《长江经济带生态环境保护规划》《关于建立更加有效的区域协调发展新机制的意见》《淮河生态经济带发展规划》《汉江生态经济带发展规划》《粤港澳大湾区发展规划纲要》《西部陆海新通道总体规划》《关于支持深圳建设中国特色社会主义先行示范区的意见》《长江三角洲区域一体化发展规划纲要》《海南自由贸易港建设总体方案》《关于支持浙江高质量发展建设共同富裕示范区的意见》《成渝地区双城经济圈综合交通运输发展规划》《长江三角洲地区多层次轨道交通规划》《关于支持浦东新区高水平改革开放打造社会主义现代化建设引领区的意见》《关于新时代推动中部地区高质量发展的意见》《“十四五”推进西部陆海新通道高质量建设实施方案》《横琴粤澳深度合作区建设总体方案》《全面深化前海深港现代服务业合作区改革开放方案》《东北全面振兴“十四五”实施方案》《辽宁沿海经济带高质量发展规划》《推进资源型地区高质量发展“十四五”实施方案》《“十四五”特殊类型地区振兴发展规划》《黄河流域生态保护和高质量发展规划纲要》《成渝地区双城经济圈建设规划纲要》《“十四五”支持老工业城市和资源型城市产业转型升级示范区高质量发展实施方案》《江苏沿海地区发展规划（2021—2025年）》《广州南沙深化面向世界的粤港澳全面合作总体方案》《京津冀产业协同发展实施方案》《横琴粤澳深度合作区总体发展规划》《前海深港现代服务业合作区总体发展规划》《关于提升加工贸易发展水平的意见》《澜湄国家跨境经济合作五年发展规划（2023—2027）》《粤港澳大湾区国际一流营商环境建设三年行动计划》等提出，促进区域绿色协调发展，推进区域一体化。中共中央、国务院决定设立河北雄安新区，党的十九大报告强调实施区域协调发展战略，《关于建立更加有效的区域协调发展新机制的意见》提出促进区域协调发展。

《“十四五”规划和2035年远景目标纲要》提出，优化区域经济布局，促进区域协调发展。

《关于推动城乡建设绿色发展的意见》提出，促进区域和城市群绿色发展。

党的二十大报告指出，促进区域协调发展。

《关于促进制造业有序转移的指导意见》《关于高质量实施〈区域全面经济伙伴关系协定〉（RCEP）的指导意见》《“十四五”推进农业农村现代化规划》《“十四五”东西部科技合作实施方案》《“十四五”文化发展规划》提出，促进区域协调绿色发展。

《〈“十四五”规划和2035年远景目标纲要〉实施中期评估报告》指出，区域协调发展体制机制不断健全，优势互补、高质量发展的区域经济布局和国土空间支撑体系加快形成，区域重大战略深入实施，京津冀协同发展水平不断提升，长江经济带绿色高质量发展有力推进，粤港澳大湾区设施联通和规则衔接不断深化，长三角基础设施、生态环境、公共服务等重点领域一体化水平明显提升，黄河流域生态保护和高质量发展先行区加快建设，区域协调发展取得新成效，区域发展差距稳步缩小，特殊类型地区振兴发展取得新进展，海洋强国建设加快推进。还要着力推进区域协调和城乡融合发展，拓展高质量发展新空间。

《关于推动雄安新区建设绿色发展城市典范的意见》提出，构建绿色生态空间格局，树立宜居宜业城市典范；构建现代产业体系，树立绿色经济城市典范；打造低碳安全能源体系，树立绿色能源城市典范；构建低碳智能交通网络，树立绿色交通城市典范；提升建筑领域节能降碳水平，树立绿色建筑城市典范；提升环境保护治理成效，树立优美环境城市典范；强化生态文明意识培养，树立绿色文化城市典范；强化绿色技术研发推广，树立科技创新城市典范。完善绿色发展体制机制，树立制度创新城市典范。

二、加快建设京津冀减污降碳协同和生态修复示范区

《关于建设美丽中国先行区的实施意见》提出，支持京津冀三地完善生态环境协同保护体制机制，深化生态环境协同立法，强化大气污染联防联控。深入实施煤炭消费总量控制，加快打造跨省零排放货运通道。以渤海重要岸线、重要滨海湿地和河口海湾修复为重点，推进美丽海湾建设。深入推进华北地区地下水超采综合治理，协同共建太行山—燕山区域生态安全屏障和沿海生态防护带，加强京津风沙源治理。加快北京城市副中心、中新天津生态城国家绿色发展示范区建设及雄安新区绿色发展城市典范建设。

京津冀协同发展是北京、天津、河北三地作为一个整体协同发展，以疏解北京非首都功能，实现地区间优势互补、促进环渤海经济区发展、带动北方腹地发展的需要的重大国家战略。

京津冀协同发展的战略于2014年提出。2015年通过的《京津冀协同发展规划纲要》指出，推动京津冀协同发展要在京津冀交通一体化、生态环境保护、产业升级转移三大重点领域率先取得突破。交通一体化是京津冀协同发展的基础和条件，生态环境是京津冀可持续发展的重要保障，产业协同发展是京津冀协同发展的实体内容和关键支撑。

京津冀山水相连、地域相接，三地生态环境协同，深入开展联建联防联治，才能实现区域生态环境质量的持续改善。

《京津冀区域环境保护率先突破合作框架协议》明确，以大气、水、土壤污染防治为重点，以联合立法、统一规划、统一标准、统一监测、协同治污等十个方面为突破口，联防联控，共同改善区域生态环境质量。《京津冀协同发展生态环境保护规划》《"十三五"时期京津冀国民经济和社会发展规划》《北京市机动车和非道路移动机械排放污染防治条例》的印发，三地联合首个环保统一标准《建筑类涂料与胶粘剂挥发性有机化合物含量限值标准》的发布，《密云水库上游潮白河流域水源涵养区横向生态保护补偿协议》的签订……从政策层面构建了生态环境协同保护机制，跨区域突发环境事件应急预案的制订，生态环境执法联动工作机制的建立与完善，使区域生态环境质量同步改善、生态环境联建联防联治不断拓展深化、北京城市副中心和河北雄安新区新"两翼"绿色发展快速推进。

《"十四五"规划和2035年远景目标纲要》提出，加快推动京津冀协同发展。深化大气污染联防联控联治，强化华北地下水超采及地面沉降综合治理。

《关于深入打好污染防治攻坚战的意见》提出，强化京津冀协同发展生态环境联建联防联治，打造雄安新区绿色高质量发展"样板之城"。

《北方防沙带生态保护和修复重大工程建设规划（2021—2035年）》提出，实施京津冀协同发展生态保护和修复工程。

《关于加强京津冀生态环境联建联防联治工作的通知》印发后，京津冀三地生态环境部门成立了京津冀生态环境联建联防联治工作协调小组，推动区域层面生态环境保护的重要目标、重大任务落地，协商解决跨省（直辖市）

重大生态环境问题。

《“十四五”时期京津冀生态环境联建联防联治合作框架协议》围绕大气污染联防联控、水环境联保联治、危险废物处置区域合作、绿色低碳协同发展、生态环境执法和应急联动、完善组织协调机制六个方面，进一步深化三地协同内容。聚焦重点领域、重点区域，深入打好污染防治攻坚战，推进绿色低碳创新，积极开展气候投融资试点，协同推进生物多样性保护。

《京津冀产业协同发展实施方案》提出，优化区域产业分工和生产力布局，提升产业基础高级化和产业链现代化水平，增强区域产业创新体系整体效能，协同打造数字经济新优势，加速绿色低碳转型，推动质量品牌标准一体化建设，培育壮大优质企业群体，深化产业高水平开放合作。

《京津冀能源协同发展行动计划（2023—2025 年）》提出，协同推进能源基础设施互联互通，共同培育绿色低碳能源消费模式，统筹构建清洁多元能源供应体系，合力打造高效融合能源创新体系，共同建立公平开放现代能源市场，协同开展多层次多领域能源合作。

《中新天津生态城建设国家绿色发展示范区实施方案（2024—2035 年）》提出，打造以绿色低碳高质量发展为主线、以高附加值细分产业为重点、以国际一流营商环境为特征的国家绿色发展示范区，推动绿色发展理念融入中新天津生态城经济社会发展各领域全过程。

截至 2023 年底，京津冀三地细颗粒物（$PM_{2.5}$）年均浓度与 2013 年相比降幅均达六成左右；重污染天数均大幅削减、优良天数大幅增加。其中，北京市 $PM_{2.5}$年均浓度为 32 微克/立方米、连续 3 年稳定达标。三地水环境全面消除劣Ⅴ类断面，国家地表水考核断面水质优良比例均动态达到“十四五”国家目标要求。其中，北京市密云水库、怀柔雁栖湖入选全国美丽河湖优秀案例。

三、持续建设长三角区域高水平保护推动高质量发展样板区

《关于建设美丽中国先行区的实施意见》提出，支持长三角三省一市推动生态环境保护一体化向更深层次更宽领域拓展。培育发展绿色生产力，壮大绿色产业集群。加强节能减排降碳区域政策协同，建设减污降碳协同创新区。推进重要生态屏障和生态廊道共同保护，深入开展区域大气、跨界水体、固

废危废共保联治，完善长三角地区会议协商、利益磋商、共享联动、科技协作等机制，推进跨区域排污权交易。建设好长三角生态绿色一体化发展示范区。

长江三角洲地区是指长江下游地区包括上海、江苏、浙江、安徽4个省市的41个城市，面积约35.8万平方千米。2023年，长三角地区GDP为305045亿元。长三角地区是中国经济发展的重要引擎，是最活跃、开放程度最高、创新能力最强的区域之一。

长江三角洲区域一体化上升为国家战略是2018年，是优化国土空间开发格局的重大战略举措。高水平建设美丽长三角，对充分发挥区域内各地区的比较优势、打造绿色国土空间开发格局、深入实施区域协调发展战略、提升长三角在全球格局中的生态位，具有重要的意义。

目前，长三角一体化快速发展。长三角强劲活跃的增长极功能不断巩固提升，区域整体实力和综合竞争力持续位居全国前列。长三角地区户籍证明、住房公积金提取等152项政务服务实现跨省市“一网通办”。出台了虹桥国际开放枢纽进一步提升能级的政策措施、新安江—千岛湖生态环境共同保护合作区建设方案等。长三角港口资源整合和轨道互联互通加快推进。

《关于依托黄金水道推动长江经济带发展的指导意见》提出，促进长江三角洲一体化发展，打造具有国际竞争力的世界级城市群。

《长江三角洲城市群发展规划》提出，构建适应资源环境承载能力的空间格局，打造最具经济活力的资源配置中心、具有全球影响力的科技创新高地、全球重要的现代服务业和先进制造业中心、亚太地区重要国际门户、全国新一轮改革开放排头兵、美丽中国建设示范区。

《长三角地区一体化发展三年行动计划（2018—2020年）》提出，聚焦交通互联互通、能源互济互保、产业协同创新、信息网络高速泛在、环境整治联防联控、公共服务普惠便利、市场开放有序七个重点领域，通过机制创新和具体的项目合作来真正推动长三角地区一体化，实现资源共享互补。

《长三角生态绿色一体化发展示范区总体方案》提出，率先探索将生态优势转化为经济社会发展优势，率先探索区域生态绿色一体化发展制度创新，加快重大改革系统集成和改革试点经验共享共用。建设生态优势转化新标杆、绿色创新发展新高地、一体化制度创新试验田、人与自然和谐宜居新典范。

《长江三角洲区域一体化发展规划纲要》提出，建设全国发展强劲活跃增长极、全国高质量发展样板区、率先基本实现现代化引领区、区域一体化发展示范区、新时代改革开放新高地。

《长江三角洲地区区域规划》提出，推动形成区域协调发展新格局，高水平建设长三角生态绿色一体化发展示范区，高标准建设上海自由贸易试验区新片区。

《长江三角洲区域生态环境共同保护规划》提出，共推绿色低碳发展，共保自然生态系统，共治跨界环境污染，共建环境基础设施，共创生态环境协作机制。

《"十四五"规划和2035年远景目标纲要》提出，提升长三角一体化发展水平。

《长三角一体化发展规划"十四五"实施方案》提出，率先构建新发展格局，推进重点区域联动发展，加快构建协同创新产业体系，推进更高水平协同开放，加强基础设施互联互通。

《长江三角洲地区多层次轨道交通规划》提出，构建多层次网络布局，打造衔接枢纽体系，提升一体化融合水平。

《关于深入打好污染防治攻坚战的意见》提出，积极推动长江经济带成为我国生态优先绿色发展主战场，深化长三角地区生态环境共保联治。

《长三角生态绿色一体化发展示范区国土空间总体规划（2021—2035年）》提出，优化国土空间保护开发格局，强化国土空间底线管控，推动生态绿色高质量空间发展，推进跨区域一体化空间协同。

《长三角生态绿色一体化发展示范区建设三年行动计划》提出，持续深化一体化制度创新，全面推进绿色低碳高质量发展，加强政策支持和组织保障。

《长三角地区一体化发展三年行动计划（2024—2026年）》提出，加强科技创新和产业创新跨区域协同，加快完善一体化发展体制机制，积极推进高层次协同开放，加强生态环境共保联治，着力提升安全发展能力，共同推进文化和旅游一体化发展。

四、共同建设粤港澳融合创新美丽湾区

《关于建设美丽中国先行区的实施意见》提出，支持粤港澳三地深化生态

环境领域规则衔接、机制对接，探索试行与国际接轨的生态环境管理体系。大力推动绿色金融改革、绿色低碳技术创新和产业发展，探索建立大湾区产品碳足迹与低碳产品认证制度。高水平建设横琴、前海、南沙、河套等重大合作平台，深化生态环境领域对外开放合作。实现空气质量全域改善，协同推进珠江三角洲河网区和珠江口近岸海域系统保护，共建美丽海湾，建设"无废湾区"。

粤港澳大湾区包括香港、澳门和广东省的广州、深圳、珠海、佛山、惠州、东莞、中山、江门、肇庆，面积约5.6万平方千米，占全国国土面积的0.58%。2023年，粤港澳大湾区GDP突破14万亿元，是我国开放程度最高、经济活力最强的区域之一。

建设粤港澳大湾区，有利于建立与国际接轨的开放型经济体制，构筑更高发展水平的区域参与国际经济合作与竞争，有利于推进"一带一路"建设，构筑丝绸之路经济带和21世纪海上丝绸之路对接融汇的重要支撑区，促进港澳融入国家发展大局，提升珠三角的核心带动力，进一步优化全国区域发展格局。《粤港澳大湾区生态环境保护规划》以建设美丽中国先行区为目标，扎实落实粤港澳大湾区生态环境保护规划，系统推进生态优美、蓝色清洁、健康安全、绿色低碳、治理创新、开放共享重点建设任务，建设粤港澳美丽大湾区不断推进生态环境共建共治、区域协同、试点示范。

目前，粤港澳大湾区建设迅速。粤港澳大湾区国际科技创新中心建设稳步推进，"深圳—香港—广州创新集群"连续4年蝉联全球创新指数第二；"港车北上""澳车北上"等要素跨境流动便捷举措加快实施；"湾区通"工程纵深推进，粤港澳三地投资贸易、资质标准、市场准入等方面堵点进一步打通。制定了横琴粤澳深度合作区放宽市场准入特别措施、支持广州南沙放宽市场准入与加强监管体制改革的意见。横琴粤澳深度合作区建设扎实推进，2024年3月1日正式封关；前海全面深化改革开放提速，40余项制度创新成果陆续推出；南沙开发建设有序实施，港澳元素不断集聚；河套深港科创合作起势良好，一批重点科研平台落地布局。

《关于深化泛珠三角区域合作的指导意见》提出，促进区域经济合作发展，大力推进统一市场建设，推进重大基础设施一体化建设，促进区域创新驱动发展，加强社会事业领域合作，共同培育对外开放新优势，协同推进生态文明建设，深化内地九省区与港澳合作，创新和完善合作机制。

《深化粤港澳合作推进大湾区建设框架协议》提出，构建协同发展现代产业体系，共建宜居宜业宜游的优质生活圈，培育国际合作新优势，支持重大合作平台建设。

《关于建立更加有效的区域协调发展新机制的意见》提出，以香港、澳门、广州、深圳为中心引领粤港澳大湾区建设，带动珠江—西江经济带创新绿色发展。

《粤港澳大湾区发展规划纲要》提出，构建极点带动、轴带支撑网络化空间格局，完善城市群和城镇发展体系，辐射带动泛珠三角区域发展。建设国际科技创新中心，加快基础设施互联互通，构建具有国际竞争力的现代产业体系，推进生态文明建设，建设宜居宜业宜游的优质生活圈，紧密合作共同参与“一带一路”建设，共建粤港澳合作发展平台。

《关于支持深圳建设中国特色社会主义先行示范区的意见》提出，率先建设体现高质量发展要求的现代化经济体系，率先营造彰显公平正义的民主法治环境，率先塑造展现社会主义文化繁荣兴盛的现代城市文明，率先形成共建共治共享共同富裕的民生发展格局，率先打造人与自然和谐共生的美丽中国典范。

《“十四五”规划和2035年远景目标纲要》提出，积极稳妥推进粤港澳大湾区建设。

《共建国际一流美丽湾区合作框架协议》提出，打造大气污染防治先行区、水生态环境治理修复样板区、一流美丽海湾、共建粤港澳生态环境科学中心等，支持深圳率先打造人与自然和谐美丽中国典范、广州生态环境领域实现“出新出彩”。

《横琴粤澳深度合作区建设总体方案》提出，推动粤港澳大湾区建设的新高地，构建与澳门一体化高水平开放的新体系，健全粤澳共商共建共管共享的新体制。

《全面深化前海深港现代服务业合作区改革开放方案》提出，打造全面深化改革创新试验平台，建设高水平对外开放门户枢纽。

《关于深入打好污染防治攻坚战的意见》提出，加快建设美丽粤港澳大湾区。

《内地与澳门特别行政区环境保护合作安排》提出，支持澳门特区对接国家环境保护政策，进一步深化内地与澳门特区在生态环境保护领域的交流和合作，涉及应对气候变化、推动绿色湾区建设、低碳节能、环境保护规划、环境污染防治、国际环境公约履约、固体废物处理、环保产业及宣传培训等。

《广州南沙深化面向世界的粤港澳全面合作总体方案》提出，建设科技创新产业合作基地，创建青年创业就业合作平台，共建高水平对外开放门户，打造规则衔接机制对接高地，建立高质量城市发展标杆。

《河套深港科技创新合作区深圳园区发展规划》提出，协同香港特别行政区推动国际科技创新，建设具有国际竞争力的产业中试转化基地，构建国际化的科技创新体制机制，打造汇聚全球智慧的科技合作平台。

《前海深港现代服务业合作区总体发展规划》提出，陆海统筹构建协同发展的空间格局，联动港澳打造优质高效的现代服务业新体系，先行示范营造市场化法治化国际化营商环境，对标一流创建宜居韧性智慧枢纽新城，面向国际建设高品质生活圈，创新机制探索区域治理新模式。

《粤港澳大湾区国际一流营商环境建设三年行动计划》提出，营造统一高效和竞争有序的市场环境，加快提升市场一体化水平。

《横琴粤澳深度合作区促进科技创新发展的若干措施》提出，联动澳门打造科技创新平台，构建优质的科技创新环境。

五、推动长江流域建设绿色低碳发展示范带

《关于建设美丽中国先行区的实施意见》提出，稳步推进长江经济带各省市生态共治，优化高水平保护机制。实施长江全流域按单元精细化分区管控，系统推进长江干支流及重要湖泊保护治理，实施长江流域水生态考核，继续抓好长江十年禁渔措施落实。坚持旱涝同防同治，加强丹江口库区及其上游流域水质安全保障。深入推进长江全流域横向生态保护补偿机制建设，促进共抓大保护。成渝地区双城经济圈推进跨界污染协同治理，共建绿色低碳高品质生活宜居地。

长江流域是长江干流和支流流经的 19 个省（区、市），长江经济带则是包含上海、江苏、浙江、安徽、江西、湖北、湖南、重庆、四川、贵州、云南等 11 个省市在内的横跨东中西三大区域经济带。长江流域建设绿色低碳发

展示范带包括长江经济带11个省（市）全域，以及《长江保护法》规定的长江流域其他8个省（区、市）的相关县级行政区域，共计1173个县级行政区域，陆域面积240万平方千米。长江经济带—长江流域是我国乃至全球的重要生态安全屏障，具有生物多样性、水源涵养、水土保持和洪水调蓄等重要生态功能。长江经济带是我国综合实力最强的区域，2023年GDP为584274.2亿元，占全国的46.7%，对全国经济增长的贡献率为48.8%。

推动长江流域建设绿色低碳发展示范带，把保护生态环境放在优先位置，实现经济发展与环境保护的良性循环，推动长江流域经济社会的可持续发展，为全国的生态文明建设提供经验。

长江干流水质连续4年全线保持Ⅱ类，重要支流保护修复和河湖水域岸线治理得到强化，太湖流域水环境综合治理和供水安全得到有效保障。

《关于依托黄金水道推动长江经济带发展的指导意见》提出，提升长江黄金水道功能，建设绿色生态廊道，创新区域协调发展体制机制。

《长江经济带综合立体交通走廊规划（2014—2020年）》提出，打造长江黄金水道，建设综合立体交通走廊，加快城市群交通网络建设。推动长江经济带发展，为内河经济带建设提供支撑，为东中西协调发展奠定基础，为陆海双向开放创造条件，为生态文明建设做好示范，建成横贯东西、沟通南北、通江达海、便捷高效的长江经济带综合立体交通走廊。

《长江经济带发展规划纲要》确立了长江经济带"一轴、两翼、三极、多点"的发展新格局。"一轴"是以长江黄金水道为依托，发挥上海、武汉、重庆的核心作用，"两翼"分别指沪瑞和沪蓉南北两大运输通道，"三极"指的是长江三角洲、长江中游和成渝三个城市群，"多点"是指发挥三大城市群以外地级城市的支撑作用。

《关于加强长江经济带工业绿色发展的指导意见》提出，优化工业布局，调整产业结构，推进传统制造业绿色化改造，加强工业节水和污染防治。保护长江流域生态环境，进一步提高工业资源能源利用效率，全面推进绿色制造，减少工业发展对生态环境的影响，实现绿色增长。

《长江经济带生态环境保护规划》提出，确立水资源利用上线，划定生态保护红线，推进流域水污染统防统治，全面推进环境污染治理，严格管控环境风险，推动区域协同联动。

《“十四五”规划和2035年远景目标纲要》提出，全面推动长江经济带发展。

《成渝地区双城经济圈建设规划纲要》提出，构建双城经济圈发展新格局，合力建设现代基础设施网络，协同建设现代产业体系，共建具有全国影响力的科技创新中心，打造富有巴蜀特色的国际消费目的地，共筑长江上游生态屏障，联手打造内陆改革开放高地，共同推动城乡融合发展，强化公共服务共建共享。

《“十四五”推动长江经济带发展城乡建设行动方案》提出，开展城市建设绿色低碳转型发展行动，开展流域区域协调发展建设行动，开展城市防洪排涝能力提升行动，开展城乡建设品质提升行动，开展城市建设创新发展行动，开展山水人城和谐相融建设行动。

《长江中游城市群发展“十四五”实施方案》提出，强化都市圈带动作用，健全基础设施网络，增强科技创新能力，深化改革全面开放，推动绿色低碳转型，提升公共服务质量。

《深入打好长江保护修复攻坚战行动方案》提出，持续深化水环境综合治理，深入推进水生态系统修复，着力提升水资源保障程度。

《新时代洞庭湖生态经济区规划》提出，以生态环境保护修复为前提，坚持以水定城、以水定地、以水定人、以水定产，着力构建和谐人水关系，着力推动产业绿色转型升级。

《关于进一步推动长江经济带高质量发展若干政策措施的意见》提出，推动长江经济带高质量发展，根本上依赖于长江流域高质量的生态环境。守住管住生态红线，协同推进降碳、减污、扩绿、增长；加强区域创新链融合，大力推动产业链供应链现代化；提升国内大循环内生动力和可靠性，增强对国际循环的吸引力、推动力；提升区域交通一体化水平，深化要素市场化改革，促进区域协调发展；维护国家重要产业链供应链安全稳定，提升流域防灾减灾能力。

《长江经济带—长江流域国土空间规划（2021—2035年）》提出，夯实国家粮食安全空间基础，筑牢流域生态安全空间，以城镇开发边界引导城镇空间集约高效，统筹协调岸线空间保护利用，支撑高效联通的基础设施网络建设，保护传承长江文化空间。

六、推动黄河流域上中下游协同保护和治理

《关于建设美丽中国先行区的实施意见》提出，支持沿黄河各省区加强生态保护治理，加快沿黄能源、化工等基地绿色低碳转型。实施水资源刚性约束制度，提高重点行业水资源利用效率。全力打好黄河“几字弯”等“三北”工程标志性战役。建立上中下游协同共治机制，加强黄河上中游水土流失治理，加强汾渭平原等重点区域大气污染联防联控，提升黄河三角洲生物多样性。健全黄河全流域生态保护补偿机制，加快形成“成本共担、效益共享、合作共治”的流域保护和治理格局。

黄河流域是指黄河水系影响的地理生态区域，包括青海、四川、甘肃、宁夏、内蒙古、山西、陕西、河南、山东 9 个省区，流域面积 79.5 万平方千米。2023 年，黄河流域 GDP 约为 31.64 万亿元。黄河流域是我国重要的生态安全屏障，也是人口活动和经济发展的重要区域，战略地位举足轻重。

推动黄河流域生态保护和高质量发展，具有深远历史意义和重大战略意义。保护好黄河流域生态环境，促进沿黄地区经济高质量发展，是保障黄河安澜的迫切需要，是防范和化解生态安全风险、建设美丽中国的现实需要，有利于保护传承弘扬黄河文化、彰显中华文明、增进民族团结、增强文化自信。

目前，黄河流域生态保护和高质量发展快速推进。黄河流域Ⅰ～Ⅲ类水质断面比例为 91.0%，干流水质连续 2 年全线保持Ⅱ类；水土流失治理面积新增 3.1 万平方千米。黄河保护法深入实施，黄河国家文化公园建设等规划出台，规范黄河流域各类公园建设的指导意见印发实施。黄河上游和“几字弯”地区大型风电光伏基地加快建设，陕甘宁 3 个百万吨级二氧化碳捕集利用项目加快推进。宁夏以落实“四水四定”为重点建设黄河流域生态保护和高质量发展先行区。

《关中平原城市群发展规划》提出，构建与资源环境承载能力相适应的空间格局，建设创新引领的现代产业体系，推动基础设施互联互通，推进生态共建环境共治，全面提升开放合作水平，建立健全城市群协同发展机制。

《“十四五”规划和 2035 年远景目标纲要》提出，扎实推进黄河流域生态

保护和高质量发展。实施黄河文化遗产系统保护工程，打造具有国际影响力的黄河文化旅游带。建设黄河流域生态保护和高质量发展先行区。

《黄河流域生态保护和高质量发展规划纲要》提出，加强上游水源涵养能力建设，加强中游水土保持，推进下游湿地保护和生态治理，加强全流域水资源节约集约利用，全力保障黄河长治久安，强化环境污染系统治理，建设特色优势现代产业体系，构建区域城乡发展新格局，加强基础设施互联互通，保护传承弘扬黄河文化，补齐民生短板和弱项，加快改革开放步伐。

为贯彻实施《黄河流域生态保护和高质量发展规划纲要》，沿黄地区陆续印发各自的《建设黄河流域生态保护和高质量发展先行区实施方案》，共同推动黄河流域生态保护和高质量发展。

《关于深入打好污染防治攻坚战的意见》提出，扎实推动黄河流域生态保护和高质量发展。

《“十四五”黄河流域生态保护和高质量发展城乡建设行动方案》提出，实施城镇生态保护治理行动，实施安全韧性城镇建设行动，实施城乡水资源节约集约利用行动，实施城乡人居环境高质量建设行动，实施历史文化保护利用与传承行动。

《西安都市圈发展规划》提出，优化都市圈发展空间格局，推动基础设施互联互通，构建高效协同创新生态圈，促进都市圈产业分工协作，协同推动更高水平改革开放，推进生态共建环境共治，推动公共服务共建共享，共同推动文化传承发展，共同推进城乡深度融合发展。

《黄河流域生态环境保护规划》提出，优化空间布局加快产业绿色发展，推进三水统筹治理修复水生态环境，加强区域协作实现减污降碳协同增效，加强管控修复防治土壤地下水污染，坚持生态优先实施系统保护修复，强化源头管控有效防范重大环境风险，构建治理体系提升治理水平。

《关中平原城市群建设“十四五”实施方案》提出，优化城市群空间发展格局，提升交通基础设施互联互通水平，推动产业和创新协同发展，推进生态共建环境共保，共同打造内陆改革开放高地，推进公共服务开放共享。

《关于深入推进黄河流域工业绿色发展的指导意见》提出，推动产业结构布局调整，推动水资源集约化利用，推动能源消费低碳化转型，推动传统制造业绿色化提升，推动产业数字化升级。

《西安都市圈建设三年行动计划（2023—2025年）》提出，强化核心区引领，推动重点功能组团发展；加快推动交通能源等设施互联互通，建设通畅便捷都市圈；做强创新驱动发展引擎，建设协同创新都市圈；强化产业分工协作，推动产业链深度融合；实施更高水平开放，积极融入新发展格局；推动生态持续向好，合力建设绿色都市圈；共建共享公共服务，建设幸福和谐都市圈；统筹文化资源保护利用，打造世界级文化发展示范区；坚持以人为本，深化城乡融合发展；做好协调配合，凝心聚力落实行动计划。

《关于共建沿黄陆海大通道 融入全国统一大市场的倡议》提出，发挥现代物流“筋络”作用，合力打造国家和区域物流枢纽，畅通连接日韩、欧亚、东南亚的陆海联动大通道，构筑服务黄河流域的“一键式、一站式、全程式”合作平台，发展现代物流新质生产力，更好融入全国统一大市场。

《黄河流域国土空间规划（2021—2035年）》提出，在黄河源区，一体化保护高寒地区生态系统整体性，支撑打造生态文明建设高地；以自然恢复为主全面推进黄河源区生态修复，筑牢三江源“中华水塔”生态安全屏障。在黄河“几字弯”地区，重点治理晋陕宁蒙黄土区水土流失，推进黄河左右岸线流沙及沿线“沙头、沙口、沙源”治理；打造规模连片高质量的粮食生产基地，合理拓展粮食生产潜力空间；推进沿黄城市集聚集约发展，培育新兴增长极；充分利用沙漠、戈壁、荒漠等建设重要清洁能源走廊；实施地表水、地下水联合调蓄和战略储备，坚决遏制挖湖造景。在黄河下游地区，增强山东半岛、中原城市群与京津冀、长三角等城市群之间的区域联系和融合发展；实施滩区差别化空间管控，增强下游洪涝灾害防御能力；加强生态系统综合治理，强化黄河入海口地区绿色低碳高质量发展空间保障。完善主体功能区配套政策，推动黄河源区、黄河“几字弯”地区、黄河下游地区优化人口、资源、产业合理配置，推动区域整体统筹产业链、供应链布局，依托城市群、都市圈和中心城市打造产业科技创新高地，为构建新发展格局提供支撑。统筹传统和新型基础设施空间布局，构建现代化基础设施网络，强化应对气候变化和极端天气的防灾减灾救灾基础设施，全面提升国土空间韧性。

第二节　建设美丽城市

一、推进美丽城市建设

（一）美丽城市的含义

美丽城市是指符合绿色低碳、环境优美、生态宜居、安全健康、智慧高效建设目标要求，聚焦城市生态环境重点领域和突出问题，探索以城市为载体的美丽中国建设实践路径的城市。

（二）美丽城市建设的目标

《美丽城市建设实施方案》明确了美丽城市建设的主要目标是：到2027年，城市生产生活方式绿色低碳转型成效明显，突出生态环境问题得到有效解决，城区环境明显改善、生态宜居更加凸显、治理效能有效提升，推动50个左右美丽城市建设取得标志性成果，成为美丽中国先行区建设示范标杆。到2035年，城市绿色生产生活方式广泛形成，生态环境实现根本好转，生态系统多样性稳定性持续性显著提升，形成智慧高效、多元共治的城市生态环境治理体系，美丽城市建设实现全覆盖[①]。

（三）推进美丽城市建设的机制

打造美丽城市示范标杆　在加强各类城市生态环境保护基础上，鼓励若干城市改革创新、先行探索，发挥在破解生态环境治理难题、优化城市空间布局、提供优质生态产品、增进民生环境福祉等方面的示范带动作用。统筹考虑区域特色、发展阶段、城市规模，结合城市生态环境保护工作基础，在东、中、西、东北部等地区分类选取50个左右地级及以上城市，纳入美丽中

---

① 关于印发《美丽城市建设实施方案》的通知［EB/OL］.（2025－01－17）［2025－02－22］. https：//www. mee. gov. cn/xxgk2018/xxgk/xxgk03/202501/t20250117_1100861. html.

国先行区建设予以重点支持。鼓励超大特大城市率先探索、形成突破、实现引领。

建设高品质生态社区　持续推动低碳、宜居、清洁、宁静、和谐的生态社区建设。新建社区将低碳节能、生物友好等理念融入社区规划、建设、管理和居民生活之中，积极优化 15 分钟生活圈要素配置和空间布局，合理规划和建设各类社区绿地，不断提升社区居民生活方式、运营管理、楼宇建筑、基础设施等各方面的绿色低碳及生物多样性友好水平。结合存量住房改造提升、城市老旧小区改造、完整社区建设、市政基础设施设备更新等工作积极推动社区基础设施绿色化、城区环境生态化。城市积极组织生态社区试点示范，开展社区生态环境志愿服务展示交流活动。到 2027 年，公开展示 100 个左右生态社区典型案例。

引导建设各类美丽细胞　鼓励引导各类园区、厂矿企业、学校、街道、庭院等开展丰富多彩的绿色、清洁、零碳引领行动。鼓励有条件的城市和行业企业基于自身实际开展碳足迹试点。推进不同类型城市、产业园区减污降碳协同创新试点，打造能源清洁化、产业绿色化、排放减量化、资源循环化的协同创新模式。持续推进生态工业园区建设。推荐一批生态文明宣教特色园区典型案例和企业生态环境保护开放活动典型案例。利用全国生态日、六五环境日等，用好“美丽中国，我是行动者”等活动品牌，深入开展生态环境宣传教育科普活动。

强化全过程管理　美丽城市建设原则上以地级及以上城市为主体自主自愿开展。生态环境部会同有关部门根据美丽城市建设任务要求，制定参考指标体系和技术指南。鼓励各城市人民政府以美丽城市建设参考指标体系为基础，根据本地特征细化、优化美丽城市建设要求，结合自身实际编制印发实施方案、规划或行动计划，明确建设目标、重点任务、改革举措和工程项目。国家逐步建立城市生态环境治理评估机制，定期对美丽城市建设进展进行评估，适时发布美丽城市建设评估报告。

多渠道加强资金支持　将城市开发与美丽城市建设有效挂钩，推动一批典型城市编制美丽城市建设重大项目投融资方案，系统谋划、统筹实施美丽城市建设项目，以城市为载体探索区域性环保建设项目金融支持模式。推动将美丽城市建设项目按程序纳入中央生态环境资金项目储备库、生态环保金融支持项目储备库和国家气候投融资重点项目库。拓展多元化投融资模式，积极引导社会资本在美丽城市建设中发挥作用，推动各类金融机构加大美丽城市建设信贷支持力度。鼓励开发性金融机构发挥政银合作、中长期贷款优势，创新融资模式①。

二、提升城市绿色低碳发展水平

《美丽城市建设实施方案》提出，完善国土空间治理体系，优化城市内部空间结构，促进生态空间与生产生活空间衔接融合。大力发展绿色产业和绿色服务业，不断提升绿色生产力发展水平，积极培育新业态新模式新动能。推动城乡结合部、城郊工业园区绿色低碳发展，完善产业园区环境基础设施。加快城市交通运输与能源体系融合发展，推动交通基础设施绿色低碳改造，推广节能低碳交通运输工具，推进城市货运配送绿色低碳、集约高效发展，深入实施城市公共交通优先发展战略，加强城市慢行交通系统建设，鼓励引导绿色出行。严格执行建筑节能降碳强制性标准，提升新建建筑中星级绿色建筑比例，加快既有建筑节能改造。积极推广使用绿色环保广告材料。深化国家低碳城市试点。

《关于加快建立健全绿色低碳循环发展经济体系的指导意见》提出，统筹城市发展和安全，优化空间布局，合理确定开发强度，鼓励城市留白增绿。建立“美丽城市”评价体系，开展“美丽城市”建设试点。增强城市防洪排涝能力。开展绿色社区创建行动，大力发展绿色建筑。

《关于完整准确全面贯彻新发展理念做好碳达峰碳中和工作的意见》提出，推进城乡建设和管理模式低碳转型。

《2030年前碳达峰行动方案》提出，推动建立以绿色低碳为导向的城乡规划建设管理机制。

《“十四五”推动长江经济带发展城乡建设行动方案》提出，推广上海市低碳发展实践区、低碳社区建设经验，开展绿色社区建设工作。在长三角一体化示范区、国家级新区、绿色生态示范城区，持续推动绿色生态城区创建，

① 关于印发《美丽城市建设实施方案》的通知［EB/OL］.（2025-01-17）［2025-02-22］. https：//www.mee.gov.cn/xxgk2018/xxgk/xxgk03/202501/t20250117_1100861.html.

探索社区建设碳排放减量化目标、措施和机制。

《“十四五”黄河流域生态保护和高质量发展城乡建设行动方案》提出，推进绿色社区创建，推进居住社区基础设施绿色化改造。

《“十四五”建筑节能与绿色建筑发展规划》提出，开展绿色低碳城市建设，树立建筑绿色低碳发展标杆。推动开展绿色低碳城区建设，全面提升建筑节能与绿色建筑发展水平。

《长株潭都市圈发展规划》提出，广泛开展绿色社区创建活动。

《城乡建设领域碳达峰实施方案》提出，通过优化城市结构和布局、开展绿色低碳社区建设、全面提高绿色低碳建筑水平、建设绿色低碳住宅、提高基础设施运行效率、优化城市建设用能结构、推进绿色低碳建造，建设绿色低碳城市；通过提升县城绿色低碳水平、营造自然紧凑乡村格局、推进绿色低碳农房建设、推进生活垃圾污水治理低碳化、推广应用可再生能源，打造绿色低碳县城和乡村。

《“十四五”全国城市基础设施建设规划》提出，推进城市基础设施体系化建设增强城市安全韧性能力。实施城市交通设施体系化与绿色化提升行动、城市水系统体系化建设行动、城市能源系统安全保障和绿色化提升行动、城市环境卫生提升行动、城市园林绿化提升行动、城市基础设施智能化建设行动、城市居住区市政配套基础设施补短板行动、城市燃气管道等老化更新改造行动。

“十四五”时期，推动建设宜居、绿色、韧性、智慧、人文城市。到2025年，城市建设方式和生产生活方式绿色转型成效显著，基础设施体系化水平、运行效率和防风险能力显著提升，超大特大城市“城市病”得到有效缓解，基础设施运行更加高效，大中城市基础设施质量明显提升，中小城市基础设施短板加快补齐。到2035年，全面建成系统完备、高效实用、智能绿色、安全可靠的现代化城市基础设施体系，建设方式基本实现绿色转型。

三、提升城市生态环境质量

《美丽城市建设实施方案》提出，加强生态环境分区管控成果应用，有效降低生态环境重点管控单元主要污染物排放强度。深入实施城市空气质量达标管理，推动城市移动源结构优化和高效监管，推进扬尘精细化管控。合理规划建设布局，源头解决餐饮油烟及恶臭异味扰民问题。规范室外照明设施建设管理。加强城市生活污水管网建设和运行维护，建设城市污水管网全覆盖样板区。有序推进城区建设“清水绿岸、鱼翔浅底”的美丽河湖，实现城区水环境长治久清。沿海城市深入推进美丽海湾建设，“一湾一策”协同推进近岸海域污染防治、生态保护修复和岸滩环境整治，加强海洋垃圾治理。持续提升垃圾分类管理水平，推进地级及以上城市居民小区垃圾分类全覆盖，建立健全建筑垃圾治理体系，加强各环节规范管理。依法合理规划受污染建设用地用途，鼓励优先用于拓展生态空间，推动污染地块绿色低碳修复。

《关于培育发展现代化都市圈的指导意见》提出，通过构建绿色生态网络、推动环境联防联治、建立生态环境协同共治机制，强化生态环境共保共治。

《绿色社区创建行动方案》提出，建立健全社区人居环境建设和整治机制，推进社区基础设施绿色化，营造社区宜居环境，提高社区信息化智能化水平，培育社区绿色文化。

《“十四五”规划和2035年远景目标纲要》提出，加强城市大气质量达标管理。

《环境基础设施建设水平提升行动（2023—2025年）》提出，加快补齐城市和县城污水处理能力缺口，加快完善生活垃圾分类设施体系，积极推动固体废弃物处置及综合利用设施建设，全面提升设施处置及综合利用能力。

《关于深入打好污染防治攻坚战的意见》《国家适应气候变化战略2035》《减污降碳协同增效实施方案》《黄河流域生态环境保护规划》《城乡建设领域碳达峰实施方案》《黄河生态保护治理攻坚战行动方案》《关于深化气候适应型城市建设试点的通知》《国家碳达峰试点建设方案》《关于推进污水处理减污降碳协同增效的实施意见》《深入打好重污染天气消除、臭氧污染防治和柴油货车污染治理攻坚战行动方案》《空气质量持续改善行动计划》《关于进一步优化重污染天气应对机制的指导意见》《“十四五”黄河流域城镇污水垃圾处理实施方案》《“十四五”重点流域水环境综合治理规划》《“十四五”城市黑臭水体整治环境保护行动方案》《太湖流域水环境综合治理总体方案》《深入打好长江保护修复攻坚战行动方案》《关于推进建制镇生活污水垃圾处理设施建设和管理的实施方案》《重点流域水生态环境保护规划》《“十四五”城市排水防涝体系建设行动计划》《关于促进土壤污染风险管控和绿色低碳修复的指导意见》等，分别就加强城市生态环境治理和有效改善城市生态环境质量提出了要求。

四、提升城市生态宜居品质

《美丽城市建设实施方案》提出，统筹推进生态廊道、通风廊道、城市绿道、景观廊道及基础设施一体布局，利用街头、社区小微空间等见缝插绿，因地制宜建设社区公园、口袋公园。加强城市湿地生态和水环境修复。大力推进城市生物多样性保护，将生物多样性保护要求纳入城市规划建设和相关标准，开展城市生态功能及生物多样性调查、监测和评估，鼓励有条件的城市对重要物种和特殊生境实施精细化保护管理，支持建设一批生物多样性开放地、体验地。持续实施噪声污染防治行动，智能应用噪声地图，全面推动宁静小区建设。加快推进“无废城市”建设，推进固体废物源头减量和资源化利用。鼓励积极发展绿色旅游，依托城市文化底蕴研发推广生态环境文化产品，打造城市生态文化品牌。

《关于科学绿化的指导意见》提出，合理安排绿化用地，提升城乡居民绿色宜居感受。

《关于完整准确全面贯彻新发展理念做好碳达峰碳中和工作的意见》提出，推动城市组团式发展，建设城市生态和通风廊道，提升城市绿化水平，加快推进绿色社区建设。

《城乡建设领域碳达峰实施方案》提出，积极开展绿色低碳城市建设，推动组团式发展，加强生态廊道、景观视廊、通风廊道、滨水空间和城市绿道统筹布局，留足城市河湖生态空间和防洪排涝空间；开展绿色低碳社区建设。

《“十四五”全国城市基础设施建设规划》提出，推动城市绿色低碳发展。构建连续完整的城市生态基础设施体系，统筹推进城市水系统建设，推进城市绿地系统建设。

《扩大内需战略规划纲要（2022—2035年）》提出，按照绿色低碳循环理念规划建设城乡基础设施；完善城市生态和通风廊道，提升城市绿化水平；推进绿色社区建设。

《关于加强新时代水土保持工作的意见》提出，实施城市更新行动，推进城市水土保持和生态修复，强化山体、山林、水体、湿地保护，保持山水生态的原真性和完整性，推动绿色城市建设。

《环境基础设施建设水平提升行动（2023—2025年）》提出，支持开展“无废城市”建设的地区率先探索，形成可复制、可推广的实施模式。

五、提升城市环境健康安全保障能力

《美丽城市建设实施方案》提出，加强城市集中式饮用水水源地保护，优化城市备用水源地布局，多渠道多水源保障城市饮用水安全。提高危险废物全过程信息化监管覆盖率，严密防控危险废物环境风险。开展本地特征污染物和新污染物治理。以一次性塑料制品为重点，加强塑料制品生产、流通、消费、回收利用、末端处置全链条治理。加强电磁辐射污染防治，提升电磁辐射环境监管与监测能力。健全生物安全监管预警防控体系，开展外来入侵物种普查、监测预警、影响评估。深化气候适应型城市建设试点，推进海绵城市建设，划定城市洪涝风险控制线，有效提升城市适应气候变化能力。开展居民生态环境健康素养提升行动。

《“健康中国2030”规划纲要》提出，把健康城市和健康村镇建设作为推进健康中国建设的重要抓手。

《关于推进城市安全发展的意见》提出，加强城市安全源头治理，健全城市安全防控机制，提升城市安全监管效能，强化城市安全保障能力。

《关于进一步加强塑料污染治理的意见》提出，禁止、限制部分塑料制品的生产、销售和使用，推广应用替代产品和模式，规范塑料废弃物回收利用和处置。

《强化危险废物监管和利用处置能力改革实施方案》提出，完善危险废物监管体制机制，强化危险废物源头管控，强化危险废物收集转运等过程监管，强化废弃危险化学品监管，提升危险废物集中处置基础保障能力，促进危险废物利用处置产业高质量发展，建立平战结合的医疗废物应急处置体系，强化危险废物环境风险防控能力。

《“十四五”塑料污染治理行动方案》提出，积极推动塑料生产和使用源头减量，加快推进塑料废弃物规范回收利用和处置，大力开展重点区域塑料垃圾清理整治。

《“十四五”时期“无废城市”建设工作方案》提出，科学编制实施方案、强化顶层设计引领，加快工业绿色低碳发展、降低工业固体废物处置压力，促进农业农村绿色低碳发展、提升主要农业固体废物综合利用水平，推动形成绿色低碳生活方式、促进生活源固体废物减量化和资源化，加强全过程管理、推进建筑垃圾综合利用，强化监管和利用处置能力、切实防控危险废物环境风险。

《关于进一步明确海绵城市建设工作有关要求的通知》提出，科学编制海绵城市建设规划，建立健全长效机制。建设海绵城市缓解城市内涝，使城市在适应气候变化、抵御暴雨灾害等方面具有良好“弹性”和“韧性”。

《危险废物重大工程建设总体实施方案（2023—2025 年）》提出，加快建设国家技术中心，布局建设区域技术中心，推进建设区域处置中心。

《环境基础设施建设水平提升行动（2023—2025 年）》提出，强化特殊类别危险废物处置能力建设，加快建设国家和 6 个区域性危险废物风险防控中心、20 个区域性特殊危险废物集中处置中心。

六、提升城市数智治理效能

《美丽城市建设实施方案》提出，加强数字赋能，提高生态环境监管治理协同水平，推动生态环境领域数据平台与城市智能中枢等共性支撑平台互联互通。加强跨部门生态环境治理业务集成、数据联动和共享使用。丰富综合集成、多领域协同的数字化应用场景。强化用能在线监测系统建设。加强城市国土空间监测，动态掌握城市国土空间变化情况，支撑提升城市规划、建设、治理水平。建立健全从山顶到海洋“天空地海”一体化生态环境监测网络体系，鼓励有基础有条件的城市率先建设生态环境监测现代化城市，实现智慧高效生态环境数字化监测。推进实景三维中国建设，搭建统一时空基底。聚焦住宅电梯、供水、供热、供气、污水处理、环卫、城市基础设施生命线安全工程等，分类推进建筑和市政基础设施设备更新。完善生态环境保护公众参与机制，加强生态环境志愿服务队伍建设，激发城市基层环境管理活力。

《“十四五”规划和 2035 年远景目标纲要》提出，以数字化助推城乡发展和治理模式创新，全面提高运行效率和宜居度。

《上海市建设具有全球影响力的科技创新中心“十四五”规划》提出，开展智能高效的城市规划建设。

《“十四五”数字经济发展规划》提出，深化新型智慧城市建设。

《关于深化智慧城市发展 推进城市全域数字化转型的指导意见》提出，全领域推进城市数字化转型，全方位增强城市数字化转型支撑，全过程优化城市数字化转型生态。

第三节　建设美丽乡村

一、美丽乡村建设和目标

美丽乡村是指村庄干净整洁、农业绿色低碳、生态环境优美的人与自然和谐共生的乡村，美丽乡村山清水秀、天蓝地绿、村美人和，是新时代的一幅“富春山居图”。

《美丽乡村建设实施方案》明确了美丽乡村建设的主要目标是：到 2027 年，美丽乡村整县建成比例达到 40%。农业绿色发展进展明显，重点区域农业面源污染得到有效遏制，新增完成 6 万个行政村环境整治，有条件的设区的市或者县（市、区）率先全域基本消除较大面积农村劣 V 类水体。到 2035 年，美丽乡村基本建成。农村绿色生产生活方式广泛形成，乡政府驻地、中心村等重点村庄全面完成环境整治，基本消除较大面积农村劣 V 类水体，有条件的设区的市或者县（市、区）率先重现乡村“河里游泳、溪里捉鱼”的亲水记忆①。

《关于进一步深化农村改革 扎实推进乡村全面振兴的意见》提出，深入打好农业农村污染治理攻坚战，持续推进农村人居环境整治提升，建设美丽乡村。

二、构建各美其美、美美与共的美丽乡村格局

（一）深入学习运用“千万工程”经验

《美丽乡村建设实施方案》提出，坚持“问需于农”“问计于农”“问效

---

① 关于印发《美丽乡村建设实施方案》的通知［EB/OL］.（2025－01－20）［2025－02－22］. https：//www. mee. gov. cn/xxgk2018/xxgk/xxgk03/202501/t20250120_1100929. html.

于农”，集中力量抓好办成一批群众可感可及的实事，推进村庄生态环境质量、农业绿色低碳发展水平、农村居民生活品质全面提升，建成一批生态宜居的美丽乡村，为老百姓留住鸟语花香、田园风光，让农村成为安居乐业的美丽家园。

“千万工程”是浙江省的“千村示范、万村整治”工程，工程提供了改善农村人居环境、促进乡村振兴的典范。深入学习运用“千万工程”经验建设美丽乡村，要坚持系统思维，统筹生态、生产、生活空间规划，实施“一村一策”精准施策，推动基础设施向村覆盖、公共服务向户延伸；突出生态优先，深化垃圾、污水、厕所“三大革命”，构建“山水林田湖草”生命共同体，发展乡村旅游、现代农业等绿色产业；强化党建引领，健全村民自治机制，培育乡贤文化，通过“四议两公开”激发群众参与热情；要建立长效管护机制，推动数字技术赋能乡村治理，注重保留乡愁记忆与现代功能提升相融合，实现从环境整治到全面振兴的迭代升级，打造宜居宜业的和美乡村新图景。

《农村人居环境整治三年行动方案》提出，各地区要借鉴浙江“千村示范万村整治”等经验做法，结合本地实践深入开展试点示范，总结并提炼出一系列符合当地实际的环境整治技术、方法，以及能复制、易推广的建设和运行管护机制。

《关于学习推广浙江“千村示范、万村整治”经验 深入推进农村人居环境整治工作的通知》提出，学习推广浙江“千村示范、万村整治”经验，切实抓好农村人居环境整治的试点示范工作。

《农村人居环境整治提升五年行动方案（2021—2025 年）》提出，深入学习推广浙江“千村示范、万村整治”工程经验，以农村厕所革命、生活污水垃圾治理、村容村貌提升为重点，全面提升农村人居环境质量。

《关于深入学习浙江“千万工程”经验的通知》提出，深刻认识学习运用浙江“千万工程”经验的重大意义，准确把握浙江“千万工程”经验的精髓要义，切实抓好“千万工程”经验学习宣传贯彻工作。

《关于有力有序有效推广浙江“千万工程”经验的指导意见》提出，充分认识推广“千万工程”经验的重大意义，学深悟透“千万工程”经验蕴含的科学方法，结合实际创造性推广“千万工程”经验，确保推广“千万工程”经验沿着正确轨道行稳致远，健全推广“千万工程”经验长效机制。

《关于补齐公共卫生环境设施短板 开展城乡环境卫生清理整治的通知》提出，推广浙江“千万工程”经验做法，推进城市环境卫生清理整治行动，实施农村人居环境整治提升行动，开展医疗卫生机构环境整治，完善医疗卫生服务体系，补齐城乡垃圾污水治理短板，提升医疗污水综合处置能力，创新城乡社会健康治理模式，加强城乡环境整治组织保障。

《关于进一步推进农村生活污水治理的指导意见》提出，学习运用“千万工程”经验，因地制宜实施治理管控，走出一条新时代农村生活污水治理之路。

《关于学习运用“千村示范、万村整治”工程经验有力有效推进乡村全面振兴的意见》提出，确保国家粮食安全，提升乡村产业发展水平，提升乡村建设水平，提升乡村治理水平，加强党对“三农”工作的全面领导。

《关于学习运用“千村示范、万村整治”工程经验有力有效推进乡村全面振兴的意见》提出，要学习运用“千万工程”蕴含的发展理念、工作方法和推进机制，集中力量抓好办成一批群众可感可及的实事，不断取得实质性进展、阶段性成果。以学习运用“千万工程”经验为引领，打好乡村全面振兴漂亮仗，绘就宜居宜业和美乡村新画卷。

《关于学习运用“千万工程”经验提高村庄规划编制质量和实效的通知》提出，学习运用浙江“千万工程”经验，科学开展村庄规划编制工作，切实提高规划编制质量和实效，更好引领宜居宜业和美乡村建设、推进乡村全面振兴。

《乡村全面振兴规划（2024—2027年）》提出，学习运用“千万工程”经验，健全推动乡村全面振兴长效机制，扎实推进乡村产业、人才、文化、生态、组织“五个振兴”，加快农业农村现代化，推动农业全面升级、农村全面进步、农民全面发展。

（二）实施整县推进美丽乡村建设行动

《美丽乡村建设实施方案》提出，坚持城乡融合发展，积极探索各美其美的整县建设美丽乡村模式和路径，坚守空间管控底线，统筹各类用地需求。选择有条件的县（市、区）开展整县推进美丽乡村建设行动，注重总结提炼和推广基层的好经验好做法，梯次推进美丽乡村建设全域覆盖，推动差异化打造、特质化发展、全域化提升。2027 年前，分类选取 100 个左右重点县（市、区），全域推进美丽乡村建设，纳入美丽中国先行区统筹推进。

实施整县推进美丽乡村建设行动，必须围绕县域统筹、全域提升这个中心。通过规划引领，编制县域美丽乡村总体规划，划分集聚提升、城郊融合、特色保护等村庄类型，统筹基础设施、产业布局与生态空间；通过分类推进，示范村抓精品提升，一般村抓环境整治，薄弱村抓基础补短，全域建设美丽乡村；通过生态筑基，整县推广垃圾治理、污水纳管、厕所改造“三大革命”，联动治理山水林田湖草；通过产村融合，依托县域特色资源，培育“一县一业”“一村一品”特色产业，发展现代农业、乡村休闲旅游等绿色产业；通过长效管护，建立“县统筹、镇负责、村落实”三级管护机制，引入数字化平台动态监测，保障美丽乡村建设的整体推进。

（三）强化乡村空间设计和风貌引导

《美丽乡村建设实施方案》提出，结合自然条件、传统特色和民风民俗，合理确定宅基地及其他乡村建设项目的布局、规模及空间形态，塑造美丽乡村特色风貌。对历史文化名村、传统村落等历史文化遗产及其整体环境实施严格保护和管控，促进活化利用。

建设美丽乡村，必须在空间格局上进行科学合理的规划，以县域为单元编制全域风貌导则，划定村庄风貌分区（如传统村落、现代田园），明确建筑高度、色彩、材质等管控要求，避免千村一面、万村雷同的现象，要依据当地的自然、文化传统、产业特点，打造传统村落的个性，保护古建、古树、街巷肌理，将传统符号（如坡屋顶、夯土墙）融入新建农房，延续“乡愁记忆”；充分考虑当地的地质、地貌、水文、日照、风向、气候、资源、景观等方面的因素，因形就势，保留山水田林自然脉络，控制过度硬化，推广本土植被和生态建材，实现村落与自然融合；挖掘乡土文化基因，把优秀传统文化中的宇宙观、自然观和审美观体现在规划当中，保护和发展传统村落，在制定统一的生态环境保护总体规划的基础上实行多规合一；尽可能满足当地人的生活需要，众多火爆一时后门庭冷落的旅游式开发为现行的乡村发展模式敲响了警钟，优秀的传统古城、村落保护较好的，无一不是以当地人的生活优先为出发点的；同步建立“设计下乡”机制，组织规划师进村指导，制定负面清单，通过村规民约约束无序建设，形成“一村一韵、全域和谐”的乡村美学体系。

保护和发展传统村落，是重塑中国文化之魂的关键，是建设美丽乡村的重要内容。要保护好传统村落的生态环境，建设绿水青山的生态村落；要重构传统村落的生态经济体系，打造传统村落的金山银山；要创新社会治理模式，重建传统村落自治能力；要传承传统村落的文化，重塑中华民族之魂；要再造传统村落的社区，唤起人们的乡愁。实施乡村振兴发展战略，必须全方位重新审视农村和农业的发展模式，准确定位乡村的“生态位”，通过规划先行、生活优先、建设基础设施、保护生态环境、凸显村落特色、重视村落管理、强调公众参与，走出一条既回归乡村发展规律又体现与时俱进的传统村落保护和发展之路。

《关于切实加强中国传统村落保护的指导意见》提出，保护文化遗产，改善基础设施和公共环境，合理利用文化遗产，建立保护管理机制，实现保持传统村落的完整性、真实性和延续性。

《全国重点文物保护单位和省级文物保护单位集中成片传统村落整体保护利用工作实施方案》提出，全面提升 270 个全国重点文物保护单位和省级文物保护单位集中成片传统村落整体保护利用水平。

《关于实施中华优秀传统文化传承发展工程的意见》提出，加强历史文化名城名镇名村、历史文化街区、名人故居保护和城市特色风貌管理，实施中国传统村落保护工程，做好传统民居、历史建筑、革命文化纪念地、农业遗产、工业遗产保护工作。

《关于实施中国传统村落挂牌保护工作的通知》提出，统一传统村落保护标志设计样式，落实传统村落挂牌要求，完善传统村落相关信息。

《关于全面推进乡村振兴加快农业农村现代化的意见》提出，加快推进村庄规划工作，明确村庄布局分类，加强村庄风貌引导，保护传统村落、传统民居和历史文化名村名镇，加大农村地区文化遗产遗迹保护力度。

《中华人民共和国乡村振兴促进法》提出，鼓励农村住房设计体现地域、民族和乡土特色。

《农村人居环境整治提升五年行动方案（2021—2025 年）》提出，优化村庄生产生活生态空间，突出乡土特色和地域特点，弘扬优秀农耕文化，加强传统村落和历史文化名村名镇保护。

《乡村全面振兴规划（2024—2027年）》提出，因地制宜编制村庄规划，充分利用各类已建设施，严禁使用财政资金建设景观项目。

《关于进一步深化农村改革 扎实推进乡村全面振兴的意见》提出，提高村庄规划编制质量和实效，合理确定村庄建设重点和优先序，探索具有地域特色的乡村建设模式。

《加快建设农业强国规划（2024—2035年）》提出，编制村容村貌提升导则，保护乡村特色风貌。

（四）制定符合地方特色的指标体系

《美丽乡村建设实施方案》提出，国家设立整县推进美丽乡村建设基本指标体系。各省（区、市）可在基本指标体系的基础上，突出自身特点，建立省级指标体系，并逐步迭代升级。鼓励市（州）、县（市、区）以生态环境综合治理、“两山”转化、绿色农业发展、促进宜居宜业为重点，结合本区域特色、发展水平、财政承受能力、农村居民接受程度等，细化指标体系和目标要求。

我国幅员辽阔，各地情况千差万别，在制定符合地方特色的美丽乡村建设指标体系时，应遵循“共性标准＋个性定制”的原则。针对资源禀赋、文化传统、生态本底、村庄类型的差异，在通用基础指标基础上，增设地域元素，同时实行动态管理，建立“村民参与、专家论证、政府统筹”的指标调整机制，结合发展阶段动态增删指标，同步配套差异化考核办法，确保指标可落地、能感知。

三、全面改善农村生态环境质量

（一）梯次推进农村生活污水治理

《美丽乡村建设实施方案》提出，强化农村生活污水水量水质调查，因地制宜选择资源化利用、纳入城镇污水管网/厂、相对集中式或集中式处理等治理模式。对采取相对集中式或者集中式处理的地区，选择当地经济可承受、与管理水平相适应的技术工艺，确保设施规模合理、可靠、稳定运行。积极探索适应人口“潮汐”现象的村庄的生活污水治理模式。以设计日处理能力100吨及以上的设施为重点，加强监管。到2027年和2035年，全国农村生活污水治理（管控）率分别达到60%和85%。

在美丽乡村建设中梯次推进农村生活污水治理，须“因地制宜、分步实施”。优先治理饮用水源地、旅游村、人口密集区等敏感区域，分阶段覆盖一般村和分散户；城郊村接入城镇管网，聚集村建集中式生态设施，分散户采用三格化粪池或小型净化槽，高寒地区推广资源化利用技术；专业公司管护集中设施，村级组织负责分散设备，运用数字化平台实时监测水质，纳入村规民约引导村民参与。同时要强化与“厕所革命”、垃圾处理协同。

《关于全面推进乡村振兴加快农业农村现代化的意见》提出，统筹农村改厕和污水、黑臭水体治理，因地制宜建设污水处理设施。

《“十四五”规划和2035年远景目标纲要》提出，稳步解决“垃圾围村”和乡村黑臭水体等突出环境问题。

《农村人居环境整治提升五年行动方案（2021—2025年）》提出，农村生活污水采取分区分类推进治理，建立健全促进水质改善的长效运行维护机制。

《农业农村污染治理攻坚战行动方案（2021—2025年）》提出，加快推进农村生活污水垃圾治理，开展农村黑臭水体整治，实施化肥农药减量增效行动，深入实施农膜回收行动，加强养殖业污染防治。

《关于进一步推进农村生活污水治理的指导意见》提出，健全农村生活污水治理机制。

《乡村全面振兴规划（2024—2027年）》提出，推进农村“厕所革命”与生活污水治理有机衔接，鼓励联户、联村、村镇一体处理。

《关于进一步深化农村改革 扎实推进乡村全面振兴的意见》提出，因地制宜选择农村生活污水治理模式，推动厕所粪污和生活污水协同治理，基本消除农村较大面积黑臭水体。

《加快建设农业强国规划（2024—2035年）》提出，分区分类推进农村生活污水垃圾治理，健全农村人居环境长效管护机制。

（二）有效治理农村生活垃圾

《美丽乡村建设实施方案》提出，完善农村生活垃圾收运处置设施，明确设施管理维护责任主体和经费来源，保障收运处置体系常态化运行。因地制宜在偏远村镇建设小型化分散式焚烧处理设施。

美丽乡村建设中，有效治理农村生活垃圾要遵循“减量化、资源化、无害化”目标。实行源头分类，建立“村收集—镇转运—县处理”体系，偏远地区建设阳光堆肥房、沼气池等就地处理设施，加强资源利用，易腐垃圾堆肥还田，废旧衣物、塑料等引入再生企业回收，有害垃圾专存送处。通过村规民约、积分超市等激励村民参与，开展“垃圾不落地”宣传，运用数字化平台监测收运效率，政府购买服务强化专业运维，构建生态循环治理闭环。

《关于支持长江经济带农业农村绿色发展的实施意见》提出，推进农村生活垃圾治理，推进农村生活污水治理。

《农村人居环境整治提升五年行动方案（2021—2025年）》提出，全面提升农村生活垃圾治理水平。

《关于进一步加强农村生活垃圾收运处置体系建设管理的通知》提出，形成农村生活垃圾收运处置体系建设管理工作合力。

《乡村全面振兴规划（2024—2027年）》提出，提高生活垃圾治理水平，推进源头分类减量、就地就近处理和资源化利用，完善收运处置，提升有毒有害垃圾处置能力。

《关于进一步深化农村改革 扎实推进乡村全面振兴的意见》提出，推动农村生活垃圾源头减量、就地就近处理和资源化利用。

（三）基本消除农村黑臭水体和较大面积劣V类水体

《美丽乡村建设实施方案》提出，持续开展农村黑臭水体动态排查。以农村居住集聚区、非正规或简易垃圾填埋场周边、群众反映强烈的水体为重点，开展农村较大面积劣V类水体摸底排查，建立清单并动态更新。坚持以控源截污为根本，统筹农村生活污水垃圾、农业源、工业（小作坊）源和内源等污染源，优先采用资源化、生态化治理措施，结合水系连通，综合治理农村黑臭水体、较大面积劣V类水体。鼓励将水体治理与村庄改善生活环境相结合。建立健全长效管护机制，畅通举报和反馈渠道。到 2027 年，基本消除农村黑臭水体。

在美丽乡村建设中，消除农村黑臭水体和劣 V 类水体，须采取“控源截污—内源治理—生态修复”三步策略。严控废水直排，推进畜禽养殖粪污资源化利用，建设污水管网和处理设施，实现生活污水全收集、全处理；清除河塘底泥污染物，恢复水流连通性，辅以生态补水，增强水体自净能力；种植沉水植物、放养滤食性鱼类，构建人工湿地和生态浮岛，重建水生态系统。落实“河长制 + 网格化”长效管护，运用卫星遥感、智能传感器动态监测水质，并结合奖惩机制遏制返黑返臭。

《“十四五”推进农业农村现代化规划》提出，以县域为基本单元，以乡镇政府驻地和中心村为重点梯次推进农村生活污水治理，基本消除较大面积的农村黑臭水体。

《农村人居环境整治提升五年行动方案（2021—2025 年）》提出，通过分区分类推进治理、加强农村黑臭水体治理，加快推进农村生活污水治理。

《“十四五”土壤、地下水和农村生态环境保护规划》提出，整治农村黑臭水体，治理农村生活污水，治理农村生活垃圾。实施农村环境整治工程。

《农业农村污染治理攻坚战行动方案（2021—2025 年）》提出，分区分类治理生活污水，加强农村改厕与生活污水治理衔接，健全农村生活垃圾收运处置体系，推行农村生活垃圾分类减量与利用；明确农村黑臭水体整治重点，系统开展农村黑臭水体整治，推动“长治久清”。

新修订的《农村黑臭水体治理工作指南》，详细规定了农村黑臭水体治理的基本原则、农村黑臭水体识别的具体要求、对农村黑臭水体开展清单管理、农村黑臭水体治理的总体要求、农村黑臭水体治理长效管护机制、治理成效的验收等。

《乡村全面振兴规划（2024—2027 年）》提出，分类开展生活污水治理，以乡镇政府驻地和中心村为重点批次推进实施，基本消除较大面积黑臭水体。

（四）协同推进畜禽养殖氨等臭气治理

《美丽乡村建设实施方案》提出，加强畜禽粪污综合管理，推进氨等臭气污染防控。开展京津冀及周边地区大气氨排放控制试点，到 2025 年，京津冀及周边地区大型规模化畜禽养殖场大气氨排放总量比 2020 年下降 5%。对群众反映强烈的恶臭异味等扰民问题加强排查整治。

在美丽乡村建设中，协同推进畜禽养殖氨等臭气治理，要建立“源头减量—过程控制—资源利用”链条。升级养殖模式，推广低蛋白饲料配方，减少氨气排放，推行“发酵床养殖”“种养循环”等生态养殖技术，实现粪污原位降解；收集处理臭气，规模化养殖场加装负压集气罩，采用生物滤塔、光催化氧化等技术净化废气，散户采用覆膜堆肥、添加微生物菌剂抑制臭味扩散；实现粪污资源转化，建设区域性沼气工程，将粪污转化为清洁能源，生产有机肥反哺农田，构建“养殖—能源—种植”的循环农业。同时将臭气治理纳入环保督查，建立智能监测平台，实现环境改善与产业绿色转型双赢。

《乡村全面振兴规划（2024—2027 年）》提出，降低农业甲烷和畜禽养殖臭气排放。

（五）综合治理乡村水土流失

《美丽乡村建设实施方案》提出，统筹生产生活生态，以流域水系为单元，整沟、整村、整乡、整县一体化推进水土流失综合治理工作。以水系、村庄和城镇周边为重点，大力推进生态清洁小流域的建设。

在美丽乡村建设中，要坚持生态修复与工程治理并重，综合治理水土流失。对陡坡地推行退耕还林，修建梯田、水平沟等截蓄径流，沟道布设谷坊、拦沙坝固土防冲；种植根系发达的乡土树种，构建水土保持林，坡面铺设草毯或草灌混交缓冲带，增强地表抗蚀力；采用石笼网、生态袋等柔性材料加固河岸与边坡，配套建设截排水沟和沉砂池，减少泥沙入河；推广等高耕作、间作套种等保护性耕作，果园推行生草覆盖，减少表土扰动，同步发展经济林果、林下经济等生态产业。实现水土流失“控增量、减存量”，建设生态清洁小流域。

（六）长效保护乡村自然生态

《美丽乡村建设实施方案》提出，落实生态保护红线管理制度。保护乡村山体田园、河湖、海洋、湿地、原生植被、珍稀濒危物种。加强天然林和公益林、天然草原、水产种质资源保护区、小微水体保护修复。保护古树名木及其自然生境，对古树名木实行挂牌保护，及时抢救复壮。开展护村林、护路林、护岸林建设，构建乡村生态廊道体系。充分利用农村道路、沟渠、田坎等现有空间，加强农田（牧场）防护林建设。完善河长制湖长制体系，建立健全乡村河湖长效管护机制。

美丽乡村建设离不开长效保护乡村自然生态，没有绿水青山也不会有金山银山。要坚守生态保护红线，建立负面清单，严控开发强度，保护山水林田湖草原生脉络；推进退化林地恢复、小微湿地修复，建设河湖生态缓冲带，连通生物迁徙廊道；发展生态种养、林下经济、自然教育等低碳产业，严控高污染业态下乡；探索横向生态补偿、碳汇交易机制，使生态保护者获经济激励；运用卫星遥感、物联网实时监控生态变化，建立"天空地"一体化预警体系；推广"生态积分制""自然管家"等模式，激活村民守护内生动力。

《乡村振兴战略规划（2018—2022年）》提出，加强乡村生态保护与修复。实施重要生态系统保护和修复重大工程，健全重要生态系统保护制度，健全生态保护补偿机制，发挥自然资源多重效益。

《关于以生态振兴巩固脱贫攻坚成果 进一步推进乡村振兴的指导意见》提出，巩固脱贫成果，打造生态宜居美丽乡村；培育生态资源优势，发展乡村生态经济；弘扬乡村生态文化，推动践行绿色生活方式；健全乡村生态环境监管体系，推进乡村环境治理能力现代化；完善脱贫攻坚与乡村振兴有效衔接的机制保障。

《"十四五"推进农业农村现代化规划》提出，加强农村生态文明建设，建设绿色美丽乡村。

《乡村全面振兴规划（2024—2027年）》提出，开展重点河湖治理修复。实施重要生态系统保护和修复重大工程，推进"三北"等重点生态工程建设，实施生物多样性保护工程，加强外来物种入侵防控，深入实施长江十年禁渔，加强水生野生动物保护。

《关于进一步深化农村改革 扎实推进乡村全面振兴的意见》提出，大力推进"三北"工程，推进生态清洁小流域建设，强化长江珍稀濒危物种拯救和重要栖息地生态修复。

四、大力推进农业绿色低碳发展

（一）加强农用地土壤保护

《美丽乡村建设实施方案》提出，分阶段推进农用地土壤重金属污染溯源和整治全覆盖。各省级生态环境部门明确农用地土壤重金属污染溯源和整治全覆盖的任务和时限要求，整县或整市推进。重点县（市、区）到2027年，基本完成污染溯源；到2030年，基本完成污染源整治。到2035年，涉及受污染农用地的县（市、区）基本完成污染源整治。加强农用地分类管理，动态调整耕地土壤环境质量类别。实施耕地有机质提升行动。加强盐碱地综合利用中的生态环境风险防范，保护黑土地，推动土壤健康永续利用。在重点地区开展土壤微塑料试点调查。严厉打击危险废物非法排放、倾倒、利用、处置等环境违法犯罪行为。

土壤保护是农业绿色发展的重要内容。农用地土壤重金属污染溯源与整治、监测预警及长效管理是当前乡村振兴要关注点的重点。通过溯源分析精准识别重金属污染来源，建立动态数据库，实施分类管控，采取修复技术，降低污染风险；严控工业废水、生活污水及农业面源污染，推广绿色防控技术，加强土壤微塑料污染监测，使用生物降解农膜减少塑料残留；推行有机肥替代化肥、秸秆还田和轮作休耕制度，有效提升土壤有机质。

《关于全面推进乡村振兴加快农业农村现代化的意见》提出，推进农业绿色发展。实施国家黑土地保护工程，推广保护性耕作模式。健全耕地休耕轮作制度。持续推进化肥农药减量增效，推广农作物病虫害绿色防控产品和技术。

《关于加快建立健全绿色低碳循环发展经济体系的指导意见》提出，加快农业绿色发展。鼓励发展生态种植、生态养殖，加强绿色食品、有机农产品认证和管理，强化耕地质量保护与提升，推进退化耕地综合治理。

《“十四五”全国农业绿色发展规划》提出，通过加强耕地保护与质量建设、提高农业用水效率、保护农业生物资源，加强农业资源保护利用，提升可持续发展能力。通过治理修复耕地生态、保护修复农业耕地生态系统、加强重点流域生态保护，加强农业生态保护修复，提升生态涵养功能。

《乡村全面振兴规划（2024—2027 年）》提出，推广绿色生产技术，鼓励测土配方施肥和增施有机肥，降低经济作物化肥施用强度，推进病虫害绿色防控与统防统治融合，发展节水旱作农业。

（二）加强生态养殖和健康养殖引导

《美丽乡村建设实施方案》提出，科学布局，促进养殖规模与资源环境相匹配，推进畜禽粪污资源化利用，在散养密集区因地制宜建立畜禽粪污收运利用系统，鼓励实施畜禽粪污养分平衡管理。推广绿色健康养殖模式，开展养殖池塘标准化改造及水产养殖尾水达标治理。鼓励出台水产养殖尾水排放地方标准。将规模化畜禽养殖、水产养殖排污口纳入监管。到 2030 年，畜禽粪污综合利用率达到 85% 以上。

在美丽乡村建设中，要加强生态养殖和健康养殖引导。发展循环农业，推广种养循环模式，推动畜禽粪污资源化利用，发展“鱼菜共生”“稻田养鱼”等生态农业；严格规范饲料、兽药使用，减少抗生素依赖；强化养殖污染治理，完善粪污处理设施，实施雨污分流与无害化处理；加强疫病防控，严格产品质量安全追溯监管。

《关于加快推进水产养殖业绿色发展的若干意见》提出，大力发展生态健康养殖。开展水产健康养殖示范创建，发展生态健康养殖模式。推进养殖尾水治理，加强养殖废弃物治理，发挥水产养殖生态修复功能。

《“十四五”全国渔业发展规划》提出，加强渔业资源养护和水生野生动物保护，实现渔业资源可持续利用，促进人与自然和谐共生。

（三）加强农膜科学使用处置

《美丽乡村建设实施方案》提出，严厉打击生产销售非标地膜、不按规定回收废旧地膜等违法行为。推广使用加厚高强度地膜和全生物降解地膜，因地制宜建立废旧地膜科学处置体系，鼓励将废旧农膜纳入低值可回收物回收体系，加强收集利用。健全农田地膜残留监测制度。

在美丽乡村建设中，加强农膜科学使用与处置，须从源头减量、过程管控和末端治理协同发力。推广加厚高标农膜和全生物降解地膜替代传统产品，通过补贴政策鼓励农户选用环保材料；建立“谁使用、谁回收”责任制，完善“企业＋站点＋农户”回收网络，依托押金返还、以旧换新等机制提升回收率；强化技术支撑，研发智能揭膜设备，建立残留监测体系，动态评估污染风险；严格执法监管，禁止生产销售超薄农膜，严查随意弃置焚烧行为。通过全链条管理减少白色污染，促进农业绿色转型。

《“十四五”规划和2035年远景目标纲要》提出，推进农业绿色转型，深入实施农药化肥减量行动，治理农膜污染。

《建设国家农业绿色发展先行区 促进农业现代化示范区全面绿色转型实施方案》提出，开展农膜回收利用行动，推动将没有利用价值的废旧农膜纳入农村垃圾收集处置体系。

（四）加强秸秆综合利用和有效管控

《美丽乡村建设实施方案》提出，多渠道拓宽秸秆综合利用途径，提高秸秆还田科学化、标准化、规范化水平。健全秸秆收储运服务体系，提高离田效能。结合实际对秸秆禁烧范围等作出具体规定，进行精准划分，大气污染防治重点区域禁止露天焚烧秸秆。综合运用卫星遥感等手段，提高秸秆焚烧火点监测精准度。完善网格化监管体系，开展秸秆焚烧重点时段专项巡查，严防因秸秆集中焚烧引发重污染天气。到2027年，全国秸秆综合利用率稳定在88%以上。

在美丽乡村建设进程中，要加强秸秆综合利用与有效管控。须推广秸秆还田、饲料化、基料化、燃料化等综合利用模式，提高秸秆资源价值；政府应提供补贴和技术支持，鼓励农民和企业参与秸秆收集、加工与利用；加强禁烧监管，建立收储运体系，完善秸秆利用产业链，确保秸秆高效利用，减少环境污染，助力农业绿色发展。

《“十四五”循环经济发展规划》提出，加强农作物秸秆综合利用，坚持农用优先，加大秸秆还田力度，发挥耕地保育功能，鼓励秸秆离田产业化利用，开发新材料新产品，提高秸秆饲料、燃料、原料等附加值。

《“十四五”全国农业绿色发展规划》提出，推进秸秆综合利用。

《“十四五”全国清洁生产推行方案》提出，完善秸秆收储运服务体系，积极推动秸秆综合利用。

《农业农村减排固碳实施方案》提出，实施秸秆综合利用行动。

《“十四五”生物经济发展规划》提出，推动提高秸秆综合利用水平。

《建设国家农业绿色发展先行区 促进农业现代化示范区全面绿色转型实施方案》提出，促进农作物秸秆综合利用。

《关于进一步深化农村改革 扎实推进乡村全面振兴的意见》提出，支持秸秆综合利用，精准划定禁烧范围，依法依规落实禁烧管控要求。

（五）加强重点区域系统治理

《美丽乡村建设实施方案》提出，识别主要由农业面源污染导致氮、磷等污染突出的水体及所涉及区域，强化流域内统一协调，系统治理。聚焦主要流域和重点区域实施一批农业面源污染综合治理项目。加快农业投入品减量增效技术集成创新和推广应用。加强农业废弃物回收处理。开展农业面源污染治理成效评估。

系统治理农业面源污染，可以有效减少污染物排放，加强农业废弃物资源化利用，提升农业废弃物处理产业化水平，保护农村生态环境，实现农业可持续发展，这是建设美丽乡村的重要途径。

《农业面源污染治理与监督指导实施方案（试行）》提出，实施农业面源污染综合治理等项目，建设一批以污染防治、调查监测、绩效评估等为主要内容的试点示范工程。

《中华人民共和国乡村振兴促进法》提出，采取措施加强农业面源污染防治，推进农业投入品减量化、生产清洁化、废弃物资源化、产业模式生态化。

《“十四五”全国农业绿色发展规划》提出，通过推进化肥农药减量增效、促进畜禽粪污和秸秆资源化利用、加强白色污染治理，加强农业面源污染防治，提升产地环境保护水平。

《“十四五”推进农业农村现代化规划》提出，通过持续推进化肥农药减量增效、循环利用农业废弃物、加强污染耕地治理，加强农业面源污染防治。

《“十四五”土壤、地下水和农村生态环境保护规划》提出，按照实施乡村振兴战略总要求，强化源头减量、循环利用、污染治理、生态保护，推进农业面源污染防治。实施农业面源污染防治工程。

《减污降碳协同增效实施方案》提出，推行农业绿色生产方式，协同推进种植业、畜牧业、渔业节能减排与污染治理，深入实施化肥农药减量增效行动，加强种植业面源污染防治。

《“十四五”重点流域农业面源污染综合治理建设规划》提出，推进化肥农药减量增效、畜禽粪污资源化利用、池塘养殖尾水治理、秸秆综合利用、农膜回收利用，实施农田面源污染防治、畜禽粪污资源化利用、水产养殖尾水治理、农作物秸秆综合利用、农膜回收利用、农业面源污染治理支撑六大工程。

《建设国家农业绿色发展先行区 促进农业现代化示范区全面绿色转型实施方案》提出，提高畜禽粪污资源化利用水平，促进农作物秸秆综合利用。

《国家农业绿色发展先行区整建制全要素全链条推进农业面源污染综合防治实施方案》提出，强化农业面源污染全链条综合防治。

《关于促进畜牧业高质量发展的意见》提出，持续推动畜牧业绿色循环发展。

《中华人民共和国乡村振兴促进法》提出，推动种养结合、农业资源综合开发，优先发展生态循环农业。

《“十四五”循环经济发展规划》提出，建立循环型农业生产方式。

《“十四五”推进农业农村现代化规划》提出，全面实施秸秆综合利用行动，开展农药肥料包装废弃物回收利用。

《“十四五”时期“无废城市”建设工作方案》提出，提升主要农业固体废物综合利用水平。

《关于推进花卉业高质量发展的指导意见》提出，提高生产废弃物资源化利用水平，实现产地环境明显改善。

《农业农村减排固碳实施方案》提出，实施秸秆综合利用行动。

《减污降碳协同增效实施方案》提出，提升秸秆综合利用水平，强化秸秆焚烧管控，提高畜禽粪污资源化利用水平。

《乡村全面振兴规划（2024—2027 年）》提出，强化农业面源污染防治，发展生态循环农业，开展生态环境突出问题治理，建立农村生态环境监测评价制度。

《关于进一步深化农村改革 扎实推进乡村全面振兴的意见》提出，强化农业面源污染突出区域系统治理，加强畜禽粪污资源化利用和水产养殖尾水处理。推进受污染耕地安全利用，加强农用地土壤重金属污染溯源和整治。

《加快建设农业强国规划（2024—2035年）》提出，快推进农业全面绿色转型。全面推行农业用水总量控制和定额管理，开展地下水超采综合治理，深入推进农业水价综合改革。健全耕地轮作休耕制度，加强受污染耕地治理和安全利用。保护重要生物物种和遗传资源，加强农业生物安全管理。健全重要农业资源台账制度。推进农业面源污染综合防治，发展生态循环农业。健全山水林田湖草沙一体化保护和系统治理机制。实施好长江十年禁渔和海洋伏季休渔，推进黄河流域农业深度节水控水。建立农业生态环境保护监测制度。推进生态综合补偿，健全横向生态保护补偿机制，统筹推进生态环境损害赔偿。

五、持续提升农村幸福宜居品质

（一）扎实推进农村厕所革命

《美丽乡村建设实施方案》提出，科学选择适宜技术模式，鼓励推广节水型、少水型设施设备。对于暂时无法开展水冲式厕所改造的地区，积极推进厕所粪污就地就近资源化利用。加强农村厕所革命与生活污水治理有机衔接，因地制宜推进厕所粪污分散处理、集中处理与纳入污水管网统一处理。持续完善厕所管护机制，健全日常巡检、设备维修和粪污清掏等管护体系。

扎实推进农村厕所革命对美丽乡村建设具有重要意义。第一，它能有效改善农村人居环境，减少粪污对土壤和水体的污染，提升乡村卫生水平。第二，厕所改造促进农民生活质量提高，增强农村公共服务均等化，助力乡村文明建设。第三，厕所粪污资源化利用，如沼气发电、有机肥生产等，有助于农业可持续发展。第四，农村厕所革命与乡村旅游、产业升级相结合，推动乡村振兴，提升乡村整体形象，加快现代化美丽乡村建设进程。

《关于全面推进乡村振兴加快农业农村现代化的意见》提出，实施农村人居环境整治提升五年行动。分类有序推进农村厕所革命，加快研发干旱、寒冷地区卫生厕所适用技术和产品，加强中西部地区农村户用厕所改造。健全农村人居环境设施管护机制。有条件的地区推广城乡环卫一体化第三方治理。

《关于加快建立健全绿色低碳循环发展经济体系的指导意见》提出，加快推进农村人居环境整治，因地制宜推进农村改厕、生活垃圾处理和污水治理、村容村貌提升、乡村绿化美化等，继续做好农村清洁供暖改造、老旧危房改造，打造干净整洁有序美丽的村庄环境。

《中华人民共和国乡村振兴促进法》提出，综合整治农村水系，因地制宜推广卫生厕所和简便易行的垃圾分类，治理农村垃圾和污水，加强乡村无障碍设施建设，鼓励和支持使用清洁能源、可再生能源，持续改善农村人居环境。

《关于深入打好污染防治攻坚战的意见》提出，因地制宜推进农村厕所革命、生活污水治理、生活垃圾治理，基本消除较大面积的农村黑臭水体。

《“十四五”推进农业农村现代化规划》提出，通过因地制宜推进农村厕所革命、梯次推进农村生活污水治理、健全农村生活垃圾处理长效机制、整体提升村容村貌，整治提升农村人居环境。

《农村人居环境整治提升五年行动方案（2021—2025年）》提出，加强农村厕所革命与生活污水治理有机衔接，因地制宜推进厕所粪污分散处理、集中处理与纳入污水管网统一处理，鼓励联户、联村、村镇一体处理。

《关于加强农村公共厕所建设和管理的通知》提出，要因需建设科学布局农村公共厕所，加快人口较集中区域公共厕所建设，“空心村”、拟搬迁撤并类村庄可建设简易或可移动公共厕所。

《乡村全面振兴规划（2024—2027年）》提出，因地制宜扎实推进农村厕所革命，引导农民开展户内改厕，完善农村厕所建设管理制度。

《关于进一步深化农村改革 扎实推进乡村全面振兴的意见》提出，健全农村改厕实施机制，完善社会化管护和服务体系。

《加快建设农业强国规划（2024—2035年）》提出，扎实推进农村厕所革命。

（二）大力推进农村地区清洁能源替代

《美丽乡村建设实施方案》提出，推进农村地区特别是大气污染防治重点区域涉及的散煤、小锅炉、小窑炉治理。坚持先立后破，因地制宜成片推进北方地区清洁取暖，加大民用、农用散煤替代力度，到2025年底，大气污染防治重点区域平原地区散煤基本清零，有条件的地区逐步推进山区散煤清洁能源替代。推广生物质能、太阳能等绿色用能模式，加快农业设施等清洁能源替代。

在美丽乡村建设进程中，要大力推进农村清洁能源替代。大力倡导和鼓励农民使用清洁能源，如生物质能、太阳能、风能等；推广高效节能炉具、农村光伏发电、沼气池等技术，提高清洁能源利用率；完善农村电网和燃气管道建设，优化能源供应体系，确保稳定可及；开展清洁能源示范村创建，以点带面引导观念转变。通过清洁能源替代，减少污染排放，改善农村生态环境，助力美丽乡村和绿色低碳发展。

《关于全面推进乡村振兴加快农业农村现代化的意见》提出，实施乡村清洁能源建设工程。加大农村电网建设力度，全面巩固提升农村电力保障水平。推进燃气下乡，支持建设安全可靠的乡村储气罐站和微管网供气系统。发展农村生物质能源。加强煤炭清洁化利用。

《加快农村能源转型发展助力乡村振兴的实施意见》提出，风电、太阳能、生物质能、地热能等占农村能源的比重持续提升，农村电网保障能力进一步增强，分布式可再生能源发展壮大，绿色低碳新模式新业态得到广泛应用，新能源产业成为农村经济的重要补充和农民增收的重要渠道，绿色、多元的农村能源体系加快形成。

《农业农村减排固碳实施方案》提出，实施可再生能源替代行动。

（三）深入实施乡村绿化美化

《美丽乡村建设实施方案》提出，统筹山水林田湖草沙系统治理，因地制宜增加乡村绿量。持续实施农村“四旁”（水旁、宅旁、路旁、村旁）绿化，优先采用乡土树种。引导村民打造小花园、小果园、小菜园，见缝插绿、应绿尽绿。开展村庄公共空间整理，清理私搭乱建、乱堆乱放，整治残垣断壁，结合盘活农村零散闲置土地、死角盲区清理等，实施村庄微改造、精提升。

推进乡村绿化美化是提升农村人居环境、促进乡村旅游和经济发展、建设美丽乡村的重要内容。各地要制定乡村绿化美化规划，出台支持政策；通过道路绿化、村庄绿化、水体绿化等多样化绿化措施，美化环境；开展植树造林改善生态环境，推广经济林种植提高农民收入；进行庭院绿化美化设计，提升庭院景观；建立绿化美化维护管理机制，确保长期绿化美化工作效果。

《关于全面推进乡村振兴加快农业农村现代化的意见》提出，科学开展大规模国土绿化行动，深入推进村庄清洁和绿化行动，开展美丽宜居村庄和美丽庭院示范创建活动。

《“十四五”规划和2035年远景目标纲要》提出，深入开展村庄清洁和绿化行动，实现村庄公共空间及庭院房屋、村庄周边干净整洁。

《关于科学绿化的指导意见》提出，充分利用城乡废弃地、边角地、房前屋后等见缝插绿，推进立体绿化，提升城乡绿地生态功能。

《农村人居环境整治提升五年行动方案（2021—2025年）》提出，深入实施乡村绿化美化行动，引导鼓励村民通过栽植果蔬、花木等开展庭院绿化，支持条件适宜地区开展森林乡村建设，实施水系连通及水美乡村建设试点。

《“十四五”乡村绿化美化行动方案》提出，科学编制相关规划，保护乡村自然生态，稳步增加乡村绿量，着力提升绿化质量，发展绿色惠民产业，弘扬乡村生态文化，推动国有林场林区绿色发展，建立健全长效管护机制，强化典型示范引领。

第四节　开展创新示范

一、分类施策开展创新示范

我国幅员辽阔，各地自然环境、经济发展水平、社会文化背景不尽相同，美丽中国建设创新示范要因地制宜、分类施策，在实施区域差异化策略、产业转型策略、城乡协调策略、生态保护策略、社会参与策略、政策支持策略上，根据不同区域、产业和社会发展的实际情况，有针对性地开展美丽中国建设创新示范，更好地实现生态环境保护和经济社会协调发展的目标。

《关于加快美丽特色小（城）镇建设的指导意见》提出，分类施策，探索城镇发展新路径。

《关于建立特色小镇和特色小城镇高质量发展机制的通知》提出，持续挖掘典型案例、总结有益经验、树立示范性标杆，引导处于发展过程中的小镇和小城镇对标典型、学习先进。

《关于全面推进乡村振兴加快农业农村现代化的意见》提出，在长江经济带、黄河流域建设一批农业面源污染综合治理示范县。支持国家农业绿色发展先行区建设。

《“十四五”推动长江经济带发展城乡建设行动方案》提出，组织开展长江经济带城乡建设试点示范工作。《“十四五”黄河流域生态保护和高质量发展城乡建设行动方案》提出，开展试点示范，推进部省合作。

《“十四五”规划和2035年远景目标纲要》提出，分级分类推进新型智慧城市建设，因地制宜、分类推进村庄建设。

《关于加强县城绿色低碳建设的意见》提出，选择有代表性的县城开展试点，探索可复制可推广的经验做法，总结工作进展成效，及时推广好的经验模式。

《关于推动城乡建设绿色发展的意见》提出，建设人与自然和谐共生的美丽城市，打造绿色生态宜居的美丽乡村。

《“十四五”推进农业农村现代化规划》提出，科学把握农业农村发展的差异性，保持历史耐心，分类指导、分区施策，稳扎稳打、久久为功，推进不同地区、不同发展阶段的乡村实现现代化。

《关于推进以县城为重要载体的城镇化建设的意见》提出，推动试点先行。在示范工作基础上，及时总结推广典型经验和有效做法，稳步有序推动其他县城建设。

《乡村建设行动实施方案》提出，因地制宜、分类指导。乡村建设要同地方经济发展水平相适应、同当地文化和风土人情相协调，合理确定公共基础设施配置和基本公共服务标准。

《“十四五”新型城镇化实施方案》提出，因地制宜、分类施策。实施有针对性的任务举措，形成符合实际、各具特色的城镇化发展模式。

《关于开展美丽宜居村庄创建示范工作的通知》提出，在全国创建示范一批美丽宜居村庄，引领地方因地制宜开展各级创建示范活动。

《“十四五”乡村绿化美化行动方案》提出，鼓励有条件的地区，开展具有地方特色的乡村绿化建设，总结推广一批可复制、易推广的乡村绿化美化经验做法。

《关于全面推进美丽中国建设的意见》提出，开展创新示范。分类施策推进美丽城市建设，实施美丽乡村示范县建设行动，持续推广美丽河湖、美丽海湾优秀案例。

2023 年，我国坚持陆海统筹、河海联动，深入推进美丽海湾建设和重点海域综合治理，推动近岸海域生态环境质量持续改善。以海湾为基本单元，推动沿海城市编制实施美丽海湾建设方案，“一湾一策”协同推进近岸海域污染防治、生态保护修复和岸滩环境整治，开展 11 个重点海域专项清漂行动，深入推进“水清滩净、鱼鸥翔集、人海和谐”的美丽海湾建设。以渤海、长江口—杭州湾、珠江口邻近海域为重点，深入实施陆海污染防治、生态保护修复、环境风险防范等重点任务，协同推进入海河流水质改善、入海排污口排查整治、沿海城市和农业农村污染治理等。加强海洋生态环境监管，开展入海排污口排查质量现场核查和抽测，推动沿海省份出台海水养殖尾水排放地方标准。全面启动第三次海洋污染基线调查。

2020 年 12 月，生态环境部制订了《美丽河湖、美丽海湾优秀案例征集活动方案》，要求并结合各地实际，扎实推进美丽河湖、美丽海湾保护与建设，积极参与美丽河湖、美丽海湾优秀案例征集活动。

美丽河湖是美丽中国在水生态环境领域的集中体现和重要载体，2022 年生态环境部发布了首批美丽河湖优秀案例。截至 2024 年 8 月 30 日，一共发布了 56 个美丽河湖优秀案例，已将 2573 个水体纳入美丽河湖建设；美丽海湾建设是美丽中国建设在海洋生态环境领域的集中体现和重要载体，“十四五”以来已经形成了“三个五年”接续发力、梯次推进的美丽海湾建设格局，力争到 2035 年将全国 283 个海湾都建成美丽海湾，截至目前全国遴选出 20 个美丽海湾优秀案例。

《美丽海湾建设提升行动方案》提出，实施美丽海湾建设提质增效行动、典型海洋生态系统保护修复行动、重点入海排污口整治行动 3 个重点行动。

二、将美丽中国建设融入基层治理创新

国家治理现代化是中国式现代化的重要组成部分，基层治理是国家治理的基石，统筹推进乡镇（街道）和城乡社区治理，是实现国家治理体系和治理能力现代化的基础工程。基层治理创新为美丽中国建设提供了坚实的治理基础和保障，而美丽中国建设又为基层治理创新注入了新的内容和动力。

基层治理创新是美丽中国建设的重要支撑，通过优化治理结构和提升治理能力，可以有效推动生态环境保护和可持续发展。美丽中国建设丰富了基

层治理创新的内容，通过推进生态文明建设，基层治理可以探索和实践更多绿色发展模式。基层治理创新对于美丽乡村建设尤为重要，通过创新农村治理模式，可以有效提升农村环境质量和居民生活幸福感。基层社会治理创新可以推动生态文明教育的普及和深化，提高全社会的环保意识和生态文明素养。基层治理的数字化创新可以大大提升环境管理的效率和精度，为美丽中国建设提供技术支持。基层治理中的政策和制度创新是美丽中国建设的制度保障，有助于形成生态环境保护的长效机制。

《关于加强基层治理体系和治理能力现代化建设的意见》提出，完善党全面领导基层治理制度，加强基层政权治理能力建设，健全基层群众自治制度，推进基层法治和德治建设，加强基层智慧治理能力建设，加强组织保障。

将美丽中国建设融入基层治理创新，需要从理念、机制、手段等方面全面推进。通过开展理念创新、技术创新、政策创新、多元共治、生态项目落地等，有效提升基层治理能力，实现生态环境保护与经济社会发展的协调统一，推动美丽中国建设目标的实现。

三、推进生态文明示范建设

生态文明示范区是通过建设形成符合主体功能定位的开发格局，资源循环利用体系初步建立，节能减排和碳强度指标下降，资源产出率、单位建设用地生产总值、万元工业增加值用水量、农业灌溉水有效利用系数、城镇（乡）生活污水处理率、生活垃圾无害化处理率等处于前列，城镇供水水源地全面达标，森林、草原、湖泊、湿地等面积逐步增加、质量逐步提高，水土流失和沙化、荒漠化、石漠化土地面积明显减少，耕地质量稳步提高，物种得到有效保护，覆盖全社会的生态文化体系基本建立，绿色生活方式普遍推行，最严格的耕地保护制度、水资源管理制度、环境保护制度得到有效落实，生态文明制度建设取得重大突破，形成可复制、可推广的生态文明建设典型模式。

20 世纪 90 年代中期，全国生态示范创建工作就已经开始。从生态示范区到生态村、环境优美乡镇、生态县、生态市、生态省的生态示范系列创建活动呈现出蓬勃发展的态势。生态文明示范工程试点、海洋生态文明建设示范区、水生态文明建设试点、国家生态文明建设试点示范区、国家生态文明先行示范区、生态保护与建设示范区、国家生态文明建设示范区、水生态文明城市建设工作广泛开展。2013 年 6 月，“生态示范区”正式更名为“生态文明建设示范区”。

《国家生态文明先行示范区建设方案（试行）》提出，国家生态文明先行示范区建设的主要任务是科学谋划空间开发格局、调整优化产业结构、着力推动绿色循环低碳发展、节约集约利用资源、加大生态系统和环境保护力度、建立生态文化体系、创新体制机制、加强基础能力建设。

《关于支持福建省深入实施生态省战略 加快生态文明先行示范区建设的若干意见》提出，生态文明先行示范区的战略定位是国土空间科学开发先导区、绿色循环低碳发展先行区、城乡人居环境建设示范区、生态文明制度创新实验区。优化国土空间开发格局，加快推进产业转型升级，促进能源资源节约，加大生态建设和环境保护力度，提升生态文明建设能力和水平，加强生态文明制度建设。

《关于设立统一规范的国家生态文明试验区的意见》提出，统一规范各类试点示范。整合资源集中开展试点试验，严格规范其他各类试点示范。

《关于深入打好污染防治攻坚战的意见》提出，深入推动生态文明建设示范创建、“绿水青山就是金山银山”实践创新基地建设和美丽中国地方实践。

2024 年 2 月，生态环境部修订了《生态文明建设示范区（市）建设指标》《生态文明建设示范区（县）建设指标》《生态文明建设示范区管理规程》《“绿水青山就是金山银山”实践创新基地建设管理规程》，进一步加强了生态文明示范建设和管理工作。

截至 2023 年 10 月，生态环境部命名了 7 批 572 个生态文明建设示范区和 240 个“绿水青山就是金山银山”实践创新基地。

第八章　全民参与生态文明建设

建设生态文明，加快中国式现代化发展步伐，全领域、全方位、全地域推进美丽中国建设，必须全社会行动起来，使之成为全体人民的自觉行为，通过培育和弘扬生态文化，建立多元参与行动体系，鼓励园区、企业、社区、学校等基层单位开展绿色、清洁、零碳引领行动，形成人人参与、人人共享的良好社会氛围。

第一节　培育弘扬生态文化

一、弘扬中华优秀的生态文化

中国传统文化有着极其深厚的生态文化积淀，为生态文明提供了丰富的精神资源。道家、儒家、佛家、墨家、法家等传统文化中朴素的生态理念在当代极具历史继承性，“以儒做人，以道养生，以禅清心，以墨尽责，以法为基，以兵入市①”给了当代人类如何在可持续生存基础上求得绿色发展的世界观和方法论。

道家文化是中国传统文化中最具生态意蕴的文化，它积极探寻人与自然之间的和谐，“道法自然”是道家思想体系的核心，构成了所宗奉的中心理念和最高法则；儒家学说是调整人与人关系的伦理学说，“仁、义、礼、智、信”构建了人与人之间和谐的关系；佛家尊重生命、提倡和谐，为我们正确

① 赵士林．国学六法［M］．南京：江苏文艺出版社，2010.

处理当代人与后代人之间关系、正确处理自然界生物之间的关系提供了重要的思想基础；墨家强调“节用”，成为当代提倡“节约资源”“低碳消费”“光盘行动”的环保观念的一大思想来源，“民本技经”以技术经济促进民生发展、通过科技进步和广泛运用加快社会发展，也是发展新质生产力的重要理论渊源；管仲的生态经济智慧，对我们今天处理人与自然关系有重要的启迪意义；王阳明的心学是中国传统文化中的精华，以道德良知为核心的道德理想主义、“多元和谐”、重视民生、力行实践的精神，对我们今天倡导生态文明理念有重大的参考价值。

《关于实施中华优秀传统文化传承发展工程的意见》提出，中华文化对延续和发展中华文明、促进人类文明进步，发挥着重要作用。

党的十九大报告提出，深入挖掘中华优秀传统文化蕴含的思想观念、人文精神、道德规范，结合时代要求继承创新，让中华文化展现出永久魅力和时代风采。

《“十四五”规划和2035年远景目标纲要》提出，深入实施中华优秀传统文化传承发展工程，强化重要文化和自然遗产、非物质文化遗产系统性保护，推动中华优秀传统文化创造性转化、创新性发展。

《关于在城乡建设中加强历史文化保护传承的若干意见》强调，坚持系统完整保护，既要保护单体建筑，也要保护街巷街区、城镇格局，还要保护好历史地段、自然景观、人文环境，统筹规划、建设、管理，加强监督检查和问责问效。

《“十四五”非物质文化遗产保护规划》提出，非遗是中华优秀传统文化的重要组成部分，加强非遗调查、记录和研究，加强非遗项目保护，加强非遗传承人认定和管理，加强非遗区域性整体保护，加大非遗传播普及力度，服务社会经济发展。

《出版物发行业“十四五”时期发展专项规划》提出，推进弘扬中华民族精神作品出版传播。

《关于推进新时代古籍工作的意见》提出，深入推进中华优秀传统文化创造性转化、创新性发展，加强古籍抢救保护、整理研究和出版利用，促进古籍事业发展。

《面向2035高校哲学社会科学高质量发展行动计划》提出，传承发展中华优秀传统文化，构建有效提升国家文化软实力的学术体系。

《“十四五”文化发展规划》提出，加强中华优秀传统文化和革命文化研究阐释，加强文物保护利用，加强非物质文化遗产保护传承，推进国家文化公园建设，深化中外文明交流互鉴，提升文化贸易国际竞争力。

《2021—2035年国家古籍工作规划》提出，推进重大工程建设，加大古籍抢救保护力度，提高古籍整理研究能力，提升古籍整理出版水平，统筹古籍数字化建设，促进古籍资源普及推广，推动经典古籍对外传播，创新古籍人才队伍建设机制。

党的二十大报告指出，增强中华文明传播力影响力。坚守中华文化立场，提炼展示中华文明的精神标识和文化精髓，推动中华文化更好走向世界。

《“十四五”医药文化弘扬工程实施方案》提出，提炼中医药文化精神标识，加强中医药文化时代阐释，加强中医药典籍保护传承，推动中医药博物馆事业发展，打造中医药文化传播平台，加大中医药文化活动和产品供给，丰富中小学中医药文化教育校园活动，广泛开展中医药科普工作，实施中医药健康文化素养调查制度，推动中医药医教研产彰显文化特色，培养建立中医药文化传播队伍，促进中医药文化海外交流。

《关于全面推进美丽中国建设的意见》提出，培育弘扬生态文化。

《关于进一步加强生态文化建设的指导意见》提出，加强生态文化研究传承，强化生态文化传播推广，推动生态文化转化利用。

史学大师汤因比认为，中国文化保持着人类社会中可贵的天下主义精神，儒家文化的人文主义价值观使中国文明符合新时代人类社会整合的需求，儒家和佛家思想中有合理主义思想，道家对宇宙和人类之间的深刻认识为人类文明提供了节制性和合理性发展观的哲学基础。

二、现代可持续发展思想

20世纪30年代，美国著名环境保护主义者、威斯康星大学的利奥波德创立了“大地伦理学”，提出大地共同体除了包括气候、水、动物和植物，还包括人，人应当改变在大地共同体中征服者的地位。1962年，美国生物学家蕾切尔·卡逊的《寂静的春天》出版，在全球范围引发了一场关于发展观问题的大讨论，揭开了“生态学时代的序幕”。20世纪60年代末，英国大气学家詹姆斯·洛夫洛克提出了盖亚假说，其认为地球是一个生命有机体，具有自我调节的能力，要用系统或整体的观点和方法来重新认识人类活动对生态环境影响。1971 年，美国生物学家、生态学家和教育家康芒纳的《封闭圈》提出，要克服生态环境危机，必须确立生态学的观念，就要端正现代技术的价值取向。1972 年，罗马俱乐部发表了《增长的极限》报告，深刻阐明了环境的重要性以及资源与人口之间的基本联系，第一次系统地考察了人类科学技术、生产力的增长和自然资源及其他一些要素的关系。1972 年 6 月，联合国人类环境会议发表的《只有一个地球》报告，将污染问题与人口问题、资源问题、工艺技术影响、发展不平衡，以及世界范围的城市化困境等联系起来，作为一个整体来探讨和研究。1972 年，美国著名思想家、建设性后现代主义的领军人物小约翰·柯布的《太迟了吗》出版，呼吁人们反思人与自然的关系，反思人自身与环境之间的关系。1972 年，英国著名生态学家、生态经济学家戈德·史密斯的《生存蓝图》，从生态学的理论高度对社会经济发展过程进行了探讨，提出应该实现社会发展方式的战略转变，由工业高度发达的经济增长型社会，转向一种持久、平衡、稳定发展的社会。1976 年，康恩和布朗发表了《下一个 200 年—— 关于美国和世界的情景描述》报告，提出到 21 世纪人类将进入后工业社会，人类将利用太阳能、核裂变、核聚变以解决能源危机，以非传统方法生产更多粮食。1976 年，罗马俱乐部的《人类处于转折点》报告，提出世界发展模式应该从无差异增长转移到有机增长。1981 年，西蒙的《最后的资源》出版，西蒙认为人类的资源没有尽头，人类的生态环境会日益好转，恶化只不过是工业化过程中的暂时现象，会产生出众多的知识创造者。1986 年，新经济学研究会的《生存经济学》出版，该书将经济发展中“人的尺度”与“自然的尺度”统一起来，成为一门“健全的、人道的和生态的”新经济学。1987 年，世界环境与发展委员会的报告《我们共同的未来》明确提出了可持续发展的概念，把环境与发展作为一个整体加以考虑。

《我们共同的未来》以“可持续发展”为基本纲领，从保护和发展环境资源、满足当代和后代的需要出发，提出了一系列政策目标和行动建议，把环境与发展作为一个整体考虑，指出人类社会的可持续发展只能以生态环境和自然资源的持久、稳定的支撑能力为基础，而环境问题也只有在经济的可持续发展中才能够得到解决。只有正确处理眼前利益与长远利益、局部利益与整体利益的关系，掌握经济发展与环境保护的关系，才能使这一重大问题得到解决。各国政府和人民必须担负起自己对经济发展和环境保护的历史责任，制定正确的政策并付诸实施。

三、全民生态文明意识的培育

2021 年 2 月，生态环境部等六部门联合印发了《“美丽中国，我是行动者”提升公民生态文明意识行动计划（2021—2025 年）》，提出提升公民生态文明意识，把建设美丽中国化为全社会自觉行动。

生态库意识 生态库是指能为主体生态系统贮存、提供或运输物质、能量和信息，并与该系统的生存、发展和演替密切相关的系统。生态库对主体生态系统起着哺育、促进和抑制的作用。生态意识的一个重要内容是我们在经济建设中重视和周围生态库的相互关系，重视生态库的价值、生态库的容量、支撑能力以及生态库的建设。只有全球生态文化意识才能给科学技术定向并发展生态化的生产力、生产关系及与绿色发展相应的社会体制，才能消除全球生态危机。

共生和谐意识 大力开展生态意识教育，让全人类都明白我们只有一个地球，人是自然的一个有机组成部分，要尊重自然界的固有规律。尽管科学技术如此发达，若没有现存的遗传基因，人类至今连一粒粮食、一棵蔬菜也合成不了，更不用说猪马牛羊等肉类食品了。人类操纵着巨大的能量，操纵着先进的机器，但一回到餐桌上，人类的食品永远是原始、自然的。

全球意识 人类赖以生存的地球是一个自然、社会、经济、文化等多因素构成的复合系统，全人类是一个整体，生态文明意识的培养不仅要关注小范围的环境污染，还要关注大范围的全球环境问题，要关注全球性的经济与社会发展、子孙后代和全人类的未来发展。

发展意识 要采取新的途径，在发展经济的同时实现环境保护，使经济效益和生态效益、短期利益和长远利益、局部利益和整体利益达到有机统一。

人均水平意识、国情意识和人口教育意识 中国人均环境资源占有量低于世界平均水平。在环境资源开发利用和经济社会发展方向上，要牢固地树立人均水平与国情意识，要通过发展教育事业来提高人口素质。

环境资源意识　要强调环境资源是有限的，必须加以保护和珍惜使用；明确环境资源是有价值的，必须有偿使用；环境资源是全人类的，属于全民财产。因此，要提高资源的利用效率，循环利用资源，减少排放，提倡“绿色消费”。

环境道德意识　环境道德不仅要对人类讲道德，而且要对生命和自然界讲道德，把道德对象的范围从人与人的社会关系扩展到人类与自然的生态关系，确认自然界的价值和权利。

环境法治意识　要使每个公民、法人和组织都享有利用环境的权利，同时也必须履行保护环境的义务，严重污染和破坏环境的行为都是违法的甚至犯罪的，应承担法律责任。

环境科技与经济意识　人类要依靠科技进步、节约能源、减少废物排放和文明消费，建立经济、社会、资源与环境协调和可持续发展的新模式。要强调科学技术发展的“生态化”，使整个科学技术沿着符合生态保护的方向发展。通过采用绿色技术进行清洁生产，通过提高资源利用率减少废弃物排放，达到提高经济效率和保护环境的双重目的。

公众参与意识　生态文明建设是一项全民的事业，公民自觉参与，是搞好生态文明建设的重要条件。要提高公民参与环境保护工作的主动性和积极性，公民在日常生活中，时时处处自觉地参与生态文明建设的各种活动。

第二节　践行绿色低碳生活方式

一、倡导绿色低碳生活方式

生活方式是指在一定社会文化、经济、风俗、家庭影响下，长期以来人们所形成的一系列的生活习惯、生活制度和生活意识。随着社会的发展和人们生活水平的提高，生活污染已成为重要的污染源，2022 年我国城镇生活污水排放量为 545 亿吨，同比增长 6%，占全年污水排放总量的 71.4%。不环保的生活习俗、消费习惯等生活方式加剧了污染的程度。

绿色低碳生活方式是指在生态文明观念指导下，人们在日常生活中，改变传统的生活方式，养成适度消费、节俭消费、低碳消费、安全消费的良好习惯，使绿色饮食、绿色出行、绿色居住成为人们的自觉行动，同在满足我们这一代人的消费需求、安全和健康的前提下，还要满足子孙后代的消费需求、安全和健康。

《关于加快推进生态文明建设的意见》提出，要加快推动生活方式绿色化，实现生活方式和消费模式向勤俭节约、绿色低碳、文明健康的方向转变，力戒奢侈浪费和不合理消费。《“十三”五规划纲要》提出要“倡导勤俭节约的生活方式”“倡导合理消费”“生活方式绿色、低碳水平上升”。《关于加快推动生活方式绿色化的实施意见》《关于促进绿色消费的指导意见》《人体健康水质基准制定技术指南》《国民营养计划（2017—2030年）》等，都从不同角度提出了绿色消费。

《绿色生活创建行动总体方案》提出，通过开展节约型机关、绿色家庭、绿色学校、绿色社区、绿色出行、绿色商场、绿色建筑等创建行动，建立完善绿色生活的相关政策和管理制度，推动绿色消费，促进绿色发展。

《绿色社区创建行动方案》提出，建立健全社区人居环境建设和整治机制，推进社区基础设施绿色化，营造社区宜居环境，提高社区信息化智能化水平，培育社区绿色文化，明确了绿色社区16项具体创建标准。

《绿色出行创建行动方案》提出，通过开展绿色出行创建行动，倡导简约适度、绿色低碳的生活方式，引导公众优先选择公共交通、步行和自行车等绿色出行方式，降低小汽车通行量，整体提升我国绿色出行水平。

《“十四五”规划和2035年远景目标纲要》提出，深入开展绿色生活创建行动。

《关于推动城乡建设绿色发展的意见》提出，推动形成绿色生活方式。

《关于深入打好污染防治攻坚战的意见》提出，加快形成绿色低碳生活方式，因地制宜推行垃圾分类制度，深入开展绿色生活创建行动，建立绿色消费激励机制。

《促进绿色消费实施方案》提出，全面促进重点领域消费绿色转型，强化绿色消费科技和服务支撑，建立健全绿色消费制度保障体系，完善绿色消费激励约束政策。

《邮件快件包装操作规范备案管理规定（试行）》提出，加强邮件快件包装操作规范化建设，推进邮件快件包装减量化、标准化和循环化。

《关于进一步释放消费潜力促进消费持续恢复的意见》提出，大力发展绿色消费。增强全民节约意识，反对奢侈浪费和过度消费，形成简约适度、绿色低碳的生活方式和消费模式，广泛开展节约型机关、绿色家庭、绿色社区、绿色出行等创建活动。

《关于进一步加强商品过度包装治理的通知》提出，强化商品过度包装全链条治理。

全国首个绿色生活领域地方标准《绿水青山就是金山银山 绿色生活评价通则》建立了由定量和定性两类指标构成的绿色生活评价指标体系。

《扩大内需战略规划纲要（2022—2035 年）》《“十四五”扩大内需战略实施方案》提出，大力倡导绿色低碳消费。积极发展绿色低碳消费市场，倡导节约集约的绿色生活方式。

《数字中国建设整体布局规划》提出，倡导绿色智慧生活方式。

《公民生态环境行为规范十条》提出，关爱生态环境，节约能源资源，践行绿色消费，选择低碳出行，分类投放垃圾，减少污染产生，呵护自然生态，参加环保实践，参与环境监督，共建美丽中国。

《关于促进电子产品消费的若干措施》提出，营造绿色消费氛围。

《关于恢复和扩大消费的措施》提出，提升家居智能化绿色化水平，提升健康服务消费，开展绿色产品下乡，壮大数字消费，推广绿色消费。

《深入推进快递包装绿色转型行动方案》提出，实施快递包装减量化专项指导行动、电商平台企业引领行动、快递包装供应链绿色升级行动、可循环快递包装推广行动、快递包装回收利用和处置行动、快递包装监管执法行动、快递包装绿色转型主题宣传行动。

《关于全面推进美丽中国建设的意见》提出，践行绿色低碳生活方式。倡导简约适度、绿色低碳、文明健康的生活方式和消费模式。

二、绿色生活在绿色低碳循环发展经济体系中的作用

生产决定消费，但消费也影响生产，消费升级引领产业升级，消费升级的方向是产业升级的重要导向，合理的消费需求有利于提高发展质量、增进民生福祉、推动经济结构优化升级、激活经济增长内生动力，实现持续健康

高效协调发展。生活方式的绿色化将极大地促进产业转型的进程。

“推动形成绿色生产生活方式，加快改善生态环境”是当前经济和社会发展的一个重要内容。建设生态文明，必须倡导低碳生活方式，实行生活方式转型，尽可能避免消费那些会导致二氧化碳排放的商品和服务，以减少温室气体的产生。

国外有统计数据显示，发达国家消费领域的能耗巨大，占到总能耗的60%～65%，制造业消耗的能耗不足40%。其根源在于广大消费者的关注点放在消费领域，而不在生产领域。

中国目前的消费状况也呈现这种趋势，一方面我们高喊要原生态的生活，另一方面我们的不生态、不环保的消费快速增长，良好的愿望与消费的陋习产生了严重的冲突。不健康、高能耗的生活方式，不仅会引发诸多生理疾病与心理疾病的流行，也会对资源造成巨大浪费。要通过生活方式的绿色化促进传统产业的绿色化，进而建立科技含量高、资源消耗低、环境污染少的绿色产业结构。

《关于积极发挥新消费引领作用 加快培育形成新供给新动力的指导意见》《关于促进消费带动转型升级的行动方案》等提出通过各种方法用绿色生活促进产业转型。

《关于深入打好污染防治攻坚战的意见》提出，加快形成绿色低碳生活方式。把生态文明教育纳入国民教育体系，增强全民节约意识、环保意识、生态意识。因地制宜推行垃圾分类制度，加快快递包装绿色转型，加强塑料污染全链条防治。深入开展绿色生活创建行动。建立绿色消费激励机制，推进绿色产品认证、标识体系建设，营造绿色低碳生活新时尚。

2017年11月，在联合国波恩气候大会上，“公众参与”和“落实行动”成为会议的两大关键词，许多国家认为消费者能促进企业行为进而实现低碳转型，引导企业走向更绿色的未来。

三、全民践行绿色低碳生活

确立绿色低碳生活方式，需要社会与个人两个层面的共同努力。

从社会层面讲，生活方式绿色化是一个社会转变过程，需要从改变消费理念、制定政策制度、推动全民行动和完善保障措施等多方面协调推进。首先，要在全社会营造绿色生活方式的氛围，形成全社会热爱绿色生活的良好氛围，制定推行绿色城市、绿色社会、绿色企业、绿色校园、绿色家庭的标准，限制过度包装，严格限制高耗能、高污染服务业，实施相应的表彰、奖励、处罚措施。其次，要建立绿色公共服务体系，在农村大力推广沼气利用，在城市大力发展公共交通。最后，注重发挥社会组织的作用，开展全民绿色教育活动。《关于加快推动生活方式绿色化的实施意见》已明确提出要“引导绿色饮食，推广绿色服装，倡导绿色居住，鼓励绿色出行”，同时要求各地全面构建推动生活方式绿色化的全民行动体系，将生活方式绿色化全民行动纳入文明城市、文明村镇、文明单位、文明家庭创建内容。

从个人层面看，绿色生活意味着衣食住行更环保。在生活中，衣服多选择棉质、亚麻和丝绸，尽量选择手洗衣服，用太阳光自然烘干衣服。饮食方面，尽量养成良好的餐饮习惯，出门购物尽量自己带可循环使用的环保袋，拒绝过度包装，购买采用经认证节能低碳工艺技术制造的产品，尽量购买本地产品。践行垃圾分类回收，支持可循环使用的产品，尽量少用一次性物品。养成随手关闭电器电源的习惯，随手关灯、关水龙头、拔插头，不追求过度的时尚，拒绝使用珍贵动植物制品。出行时，1000 米以内我们最好步行，3000 米以内骑自行车，5000 米左右乘坐公共交通工具，开车时要注意节能……实实在在地减少个人碳足迹，不能“用好玩、炫酷的方式做环保”，人人践行绿色生活，衣食住行游勤俭节约、绿色低碳，适度消费、健康消费、文明消费、节约消费。联合国政府间气候变化专门委员会（IPCC）指出，改变人们的生活方式和行为，到 2050 年可以使温室气体排放量减少 40% ~ 70%。埃森哲发布的《2022 中国消费者洞察》显示，98% 的受访者认可环保和可持续发展的价值，并对自我行为和产品选择产生了影响，43% 的受访者愿意为环保产品支付溢价。

为了保证人类的持续发展，仅倡导消费绿色产品等浅层次的技术性措施是远远不够的，必须从更深、更高的层次，改变那种毫无节制的生活方式，把生活方式上升到世界观、人生观、价值观的高度。发达国家必须放弃一部分既得利益，发展中国家也不能完全照搬发达国家的模式，不能把那些过度消费自然资源的生活方式当作楷模和追求的目标。正如联合国环境规划署倡导的：“我们都是蝴蝶。如果我们共同扇动翅膀，我们便可以改变世界。”

第三节　建立多元参与行动体系

一、全民参与绿色生产力的培育和发展

在建设生态文明的进程中，发展新质生产力推动经济增长，必须时刻保持“绿色”的底色，通过培育绿色生产力，发展绿色经济。在公众的生态文明意识逐步提升的背景下，建立多元参与行动体系，全民参与绿色生产力的培育和发展，是全社会都必须关注的问题。

公众参与是公众作为权利、义务主体参与政府公共事务的社会行动。公众是生态文明建设的利益主体，是经济绿色转型、淘汰落后产能、产业结构升级的直接受益者。公众参与生态文明建设是保障公众合法生存权利和环境权利的需要，体现了一个国家民主进程和政治文明发育的程度；公众参与生态文明建设是弥补政府管理缺陷的需要；公众参与生态文明建设能够扩大影响，引起各方面的重视，加快推进生态文明建设。

要充分调动每一位公民的参与积极性。生态文明意味着人类整个生存方式的革命性变革，需要全民在共同参与的生活实践中，逐步告别和摆脱物质主义和商业主义的生活习惯，塑造形成绿色、环保、低碳的生活方式。

要构筑公众参与的制度保障。要提供公众参与环保事业的较为完备的法律保障；建立政府环境信息披露制度是公众参与环境事务的前提，从本地出发，设置简便、规范、可操作的参与程序和规则，让公众参与环境事务成为制度化的政务环节。

公众参与生态文明建设的内容主要包括参与法规的制定、参与生态文明宣传教育和生态文化建设、支持环境执法和对环境执法部门的监督、参与监督破坏生态环境的行为、做好日常工作和生活中的环境保护、踊跃参加志愿者队伍的行动等。《环境保护公众参与办法》，对保障公民、法人和其他组织获取环境信息、参与和监督环境保护的权利，畅通参与渠道，促进环境保护公众参与依法有序发展，起到了推动作用。

《关于推动生态环境志愿服务发展的指导意见》提出，发展培育生态环境

志愿服务组织，培育生态环境志愿服务项目，规范生态环境志愿服务工作，提升生态环境志愿服务专业化水平，建立生态环境志愿服务评价激励机制，推广繁荣生态环境志愿文化。

《关于鼓励和支持社会资本参与生态保护修复的意见》提出，以促进社会资本参与生态建设，加快推进山水林田湖草沙一体化保护和修复。社会资本可通过自主投资、与政府合作、公益参与 3 种参与方式，重点参与自然生态系统、农田生态系统、城镇生态系统、矿山生态、海洋生态的保护修复和探索发展生态产业。

《关于全面推进美丽中国建设的意见》提出，建立多元参与行动体系。

《关于健全新时代志愿服务体系的意见》提出，健全全面参与的志愿服务动员体系，健全精准高效的志愿服务供给体系，健全充满活力的志愿服务队伍组织体系，健全覆盖广泛的志愿服务阵地体系，健全特色鲜明的志愿文化体系，健全坚实有力的志愿服务支持保障体系，构建志愿服务国际合作交流新格局。

二、大力发展民间组织

民间组织作为公众参与的主要组成部分，在培育和发展绿色生产力中发挥了极其重要的作用，起到了政府职能所不易做、不便做的拾遗补阙的作用，起到了政府与社会之间的沟通、交流和融合作用，起到了监督政府、保护百姓环境权益的作用，起到宣传群众、引导群众、组织群众参与美丽中国建设以及各种环境活动咨询和服务等作用。要深化社会管理体制改革，为民间组织发挥自身在推进转型升级和生态文明建设上的独特作用提供广阔的空间。

《“十四五”规划和2035 年远景目标纲要》提出，发挥群团组织和社会组织在社会治理中的作用。

《“十四五”社会组织发展规划》提出，推动我国社会组织高质量发展。

《关于动员引导社会组织参与乡村振兴工作的通知》提出，深入开展社会组织助力乡村振兴专项行动，加快建设社会组织参与乡村振兴对接平台，认真做好社会组织参与乡村振兴项目库建设，大力培育发展服务乡村振兴的社会组织，着力完善社会组织参与帮扶合作机制，持续优化社会组织参与乡村振兴支持体系。

三、开展全民生态文明教育

生态文明教育涉及普通教育、专业教育，全面覆盖校内外所有形式的教育过程，生态文明观成为人类重新审视和反思现代教育体系的平台。生态文明教育以生态文明观为指导，确定生态伦理观和环境道德观，进而形成新一代人的生态文明意识，它是教育的一个重要组成部分。生态文明教育能使人们充分认识现代世界中经济、政治、生态的相互依存关系，有利于全人类树立全球意识。

开展生态文明教育，要利用现有教育资源普及生态文明知识，在高等院校、中小学中开设生态文明教育课程，在政府职能部门或业务主管部门经常开设综合性的生态文明讲座，在各级党校、行政学院设立系统的生态文明知识课程，在企事业、社区等不定期举办相关的生态文明教育讲座。深化环保设施开放，这是向公众普及生态环境保护知识，宣传生态文明理念，提高市民生态环境意识的重要场所，也是开展环境宣传教育的重要抓手，鼓励和不断加大开展环保设施向公众开放活动的力度。

《国家教育事业发展“十三五”规划》提出，要增强学生生态文明素养。强化生态文明教育，将生态文明理念融入教育全过程。

《“美丽中国，我是行动者”提升公民生态文明意识行动计划（2021—2025年)》提出，推进生态文明学校教育，将生态文明教育纳入国民教育体系，加强生态文明社会教育，加强生态环境法律宣传教育，推进生态文明教育进家庭、进社区、进工厂、进机关、进农村。

《关于深入打好污染防治攻坚战的意见》提出，把生态文明教育纳入国民教育体系。

《“十四五”生态环境科普工作实施方案》提出，实施青少年、农民、产业工人、领导干部和公务员、老年人的生态环境科学素质提升行动。

《绿色低碳发展国民教育体系建设实施方案》提出，将绿色低碳发展融入教育教学，以绿色低碳发展引领提升教育服务贡献力，将绿色低碳发展融入校园建设。

《江苏省生态文明教育促进办法》是全国首部以生态文明教育命名的地方立法，涉及了学校、家庭、社会生态文明教育，明确规定了生态文明教育的内涵、原则、管理、组织、措施等。

截至 2023 年 8 月，全国共创建国家生态环境科普基地 138 家，覆盖 31 个省份，类型涵盖科普场馆、自然保护地、企业、产业园区、科研院所、教育培训 6 个类别。

第九章　健全美丽中国建设保障体系

建设美丽中国是实现人与自然和谐共生现代化的关键任务，需要健全高效有力的保障体系。通过改革完善体制机制，提升生态治理能力；通过强化激励政策，推动绿色低碳发展；通过加强科技支撑，提升环境治理创新能力；通过加快数字赋能，构建智慧治理体系；通过实施重大工程，夯实生态环境基础；通过共谋全球生态文明建设，推动国际合作，共享绿色发展机遇。多措并举地建立系统完备、科学高效的保障体系，为美丽中国建设提供强有力支撑。

第一节　改革完善体制机制

一、深化生态文明体制改革

生态文明体制改革是指改革不适合生态文明建设的体制机制，进一步推动生态文明建设、实现可持续发展而进行的一系列制度创新和政策调整。

《关于全面深化改革若干重大问题的决定》首次提出，建设生态文明，必须建立系统完整的生态文明制度体系，用制度保护生态环境。健全自然资源资产产权制度和用途管制制度，改革生态环境保护管理体制。

《关于加快推进生态文明建设的意见》提出，健全生态文明制度体系。

《生态文明体制改革总体方案》提出，生态文明体制改革的理念是“树立尊重自然、顺应自然、保护自然的理念”“树立发展和保护相统一的理念”“树立绿水青山就是金山银山的理念”“树立自然价值和自然资本的理念”

"树立空间均衡的理念""树立山水林田湖是一个生命共同体的理念"，生态文明体制改革的原则是坚持正确改革方向、坚持自然资源资产的公有性质、坚持城乡环境治理体系统一、坚持激励和约束并举、坚持主动作为和国际合作相结合、坚持鼓励试点先行和整体协调推进相结合。健全自然资源资产产权制度，建立国土空间开发保护制度，建立空间规划体系，完善资源总量管理和全面节约制度，健全资源有偿使用和生态补偿制度，建立健全环境治理体系，健全环境治理和生态保护市场体系，完善生态文明绩效评价考核和责任追究制度，加强生态文明体制改革的实施保障。

党的十九大报告指出，实行最严格的生态环境保护制度。推进绿色发展、着力解决突出环境问题、加大生态系统保护力度、改革生态环境监管体制，加快生态文明体制改革，建设美丽中国。

《关于全面加强生态环境保护 坚决打好污染防治攻坚战的意见》提出，改革完善生态环境治理体系。

《"十四五"规划和2035年远景目标纲要》提出，完善生态文明领域统筹协调机制，构建生态文明体系，推动经济社会发展全面绿色转型，建设美丽中国。

《中共中央关于进一步全面深化改革、推进中国式现代化的决定》提出，深化生态文明体制改革。

《关于全面推进美丽中国建设的意见》提出，深化生态文明体制改革，一体推进制度集成、机制创新。

二、强化美丽中国建设法治保障

建设美丽中国是全面建设中国式现代化的重要目标，强化美丽中国建设的法治保障，才能确保生态文明建设有法可依，提升环境治理的权威性和约束力，促进经济社会高质量发展，增强环境治理的公平性和透明度，提高生态环境保护的执行力，保障公众环境权益，履行国际环境承诺和提升国家形象，为建设人与自然和谐共生的现代化提供坚强保障。

强化美丽中国建设的法治保障，一是完善立法体系，制定和修订相关环境保护、生态文明建设等法律法规，确保法律体系完整、协调，细化生态环境保护责任，增强法律的可操作性；二是严格执法监督，加强环境执法力度，严惩环境违法行为，建立健全生态环境保护执法协调机制，提高执法效率；三是提升司法保障，完善环境司法体系，推动设立专门的生态环境法庭，畅通环境公益诉讼渠道，强化司法对生态环境保护的支持作用；四是加强法治宣传，通过普法教育提升公众环保法律意识，引导全民参与生态文明建设，加强对企业、政府部门的法治培训，确保法律得到严格执行；五是健全责任追究机制，建立生态环境损害责任终身追究制度，严格追责污染企业和相关责任人，强化政绩考核中的生态文明指标，压实政府部门环保责任；六是推动社会共治，充分发挥公众、社会组织的监督作用，鼓励公众通过法律途径维护生态环境权益，借助科技手段提升环境监管能力，实现智能化、精细化治理。

《关于全面加强生态环境保护 坚决打好污染防治攻坚战的意见》提出，健全生态环境保护法治体系。

《关于深入打好污染防治攻坚战的意见》提出，全面强化生态环境法治保障。

《关于全面推进美丽中国建设的意见》提出，强化美丽中国建设法治保障，推动生态环境、资源能源等领域相关法律制定修订，推进生态环境法典编纂，完善公益诉讼，加强生态环境领域司法保护，统筹推进生态环境损害赔偿。

三、加强行政执法与司法协同合作

行政执法与司法协同合作是指行政执法机关与司法机关在执法过程中相互配合、衔接，以提高法律执行的整体效能，维护社会公平正义。

加强行政执法与司法协同合作，可以提升执法效能，确保法律适用统一，强化权力制衡，更好地维护社会公平正义。通过协同合作，确保违法行为得到及时、有效处理，提高公众对法治的信任。行政执法与司法协同合作通过信息共享机制、案件移送与衔接机制、联合执法机制、监督与救济机制进行。

环境犯罪是环境污染产生的一个重要原因，长期以来对于环境犯罪问题没有引起足够的重视，除非发生重大环境灾难被告人被追究刑事责任外，一般的污染环境行为仅处以行政处罚。只有严厉打击环境犯罪，才能加强环境治理。行政执法与司法的协同合作，对全面加强生态环境保护，有重要的作用。

《关于全面加强生态环境保护 坚决打好污染防治攻坚战的意见》提出，建立生态环境保护综合执法机关、公安机关、检察机关、审判机关信息共享、案情通报、案件移送制度，完善生态环境保护领域民事、行政公益诉讼制度。

《关于在检察公益诉讼中加强协作配合 依法打好污染防治攻坚战的意见》提出，在检察公益诉讼中加强协作配合，合力打好污染防治攻坚战。

《关于深化生态环境领域依法行政 持续强化依法治污的指导意见》提出，完善生态环境领域行政执法与刑事司法衔接机制。

《关于深入打好污染防治攻坚战的意见》提出，强化生态环境行政执法与刑事司法衔接，联合开展专项行动。

《关于全面推进美丽中国建设的意见》提出，加强行政执法与司法协同合作，强化在信息通报、形势会商、证据调取、纠纷化解、生态修复等方面衔接配合。

四、实施最严格的生态环境治理制度

生态环境治理制度是指国家和社会为了保护生态环境、防治污染、促进可持续发展而建立的一系列法律、政策、管理机制和执行措施，旨在协调经济发展与环境保护的关系，实现人与自然和谐共生。

实施最严格的生态环境治理制度，才能使生态环境越来越好，提高生态承载力，有助于维护生态安全，促进绿色产业发展，推动绿色低碳转型，实现经济增长与环境保护的协调统一。

实施最严格的生态环境治理制度，要建立健全环境保护法律体系，强化环境执法力度，完善环境司法保障；推动绿色低碳发展，加快淘汰落后产能，发展低碳经济和循环经济，建立绿色金融体系；强化生态环境治理责任制，落实“党政同责、一岗双责”，健全生态环境损害责任追究制度，实行最严格的生态考核制度；健全市场化和社会化治理机制，完善排污权交易、碳排放交易等市场机制，加强社会监督，完善生态补偿机制。

《关于全面加强生态环境保护 坚决打好污染防治攻坚战的意见》提出，完善生态环境监管体系。

《关于坚持和完善中国特色社会主义制度推进国家治理体系和治理能力现

代化若干重大问题的决定》提出，实行最严格的生态环境保护制度。

《关于加强生态保护监管工作的意见》提出，完善生态监测和评估体系，切实加强生态保护重点领域监管，加强生态破坏问题监督和查处力度，深入推进生态文明示范建设。

《关于优化生态环境保护执法方式提高执法效能的指导意见》提出，明确执法职责，切实落实行政执法责任；优化执法方式，高效统筹行政执法资源；完善执法机制，着力提升行政执法效能；规范执法工作，严格约束行政执法行为。

《关于深入打好污染防治攻坚战的意见》提出，提升生态环境监管执法效能。

《关于全面推进美丽中国建设的意见》提出，构建从山顶到海洋的保护治理大格局，实施最严格的生态环境治理制度。完善环评源头预防管理体系，全面实行排污许可制，加快构建环保信用监管体系。

五、深化环境信息依法披露制度改革

环境信息依法披露制度是指政府、企业及相关主体按照法律法规的要求，及时、准确、全面地公开环境相关信息，确保公众的知情权、监督权和参与权，旨在提高环境管理的透明度，促进社会监督，推动环境保护目标的实现。

深化环境信息依法披露制度改革，可以通过信息公开提高政府和企业的环境管理透明度，减少信息不对称问题，增强社会监督与公众参与，企业环境信息披露有助于增强环保合规性，提高绿色竞争力，环境信息披露制度符合国际惯例，有助于履行国际环保义务。

在深化环境信息依法披露制度改革中，环境信息披露要改革过去不适合发展要求的披露制度。政府环境信息披露包括环境质量信息、污染源监管信息、环境政策法规、行政审批和处罚信息、环境治理与投入情况等，企业环境信息披露包括污染物排放信息、污染治理设施运行情况、环境影响评价及应对措施、环境事故及应急处置情况、碳排放与绿色发展情况等，突发环境事件信息披露包括事件概况、应急响应措施、公众防护建议、后续处理进展等。政府环境主管部门、生产企业、第三方监测机构构成了环境信息披露主体，政府信息平台、企业年度环境报告、新闻发布会、生态环境数据库与公众查询系统等是主要的环境信息披露方式，在此基础上完善监督与惩罚机制，定期检查和评估企业的环境信息披露情况，建立违法处罚机制，倡导社会监督。

《关于全面加强生态环境保护 坚决打好污染防治攻坚战的意见》提出，完善环境信息公开制度，加强重特大突发环境事件信息公开，对涉及群众切身利益的重大项目及时主动公开。

《“十四五”规划和2035年远景目标纲要》提出，加大环保信息公开力度，加强企业环境治理责任制度建设，完善公众监督和举报反馈机制，引导社会组织和公众共同参与环境治理。

《环境信息依法披露制度改革方案》提出，建立健全环境信息依法强制性披露规范要求，建立环境信息依法强制性披露协同管理机制，健全环境信息依法强制性披露监督机制，加强环境信息披露法治化建设。

《关于深入打好污染防治攻坚战的意见》提出，深化环境信息依法披露制度改革。加强生态环境保护法律宣传普及。

《企业环境信息依法披露管理办法》的实施，明确了企业环境信息依法披露主体、内容和时限、监督管理、罚则，推动企业加大污染治理和碳减排力度。

《关于全面推进美丽中国建设的意见》提出，深化环境信息依法披露制度改革，探索开展环境、社会和公司治理评价。

六、完善自然资源资产管理制度体系

自然资源资产管理制度体系是指国家为合理开发、利用、保护和管理自然资源，确保生态安全与可持续发展而建立的一整套法律、政策、技术和经济手段的体系，涵盖资源确权登记、用途管制、开发利用、保护修复、监督考核、责任追究等方面，旨在推动资源节约集约利用，实现人与自然和谐共生。

完善自然资源资产管理制度体系，能合理管理自然资源，防止资源破坏和环境退化，维护生态平衡；优化资源配置，提高资源利用效率，促进经济可持续发展；推动自然资源保护和修复，提升生态系统服务功能；建立科学规范的资源管理体系，增强资源监管和政策执行力；确保资源公平分配，提高生态环境质量，增加人民福祉。

构建完善的自然资源资产管理制度体系，是建设生态文明、保障国家资源安全和促进高质量发展的关键。一要完善自然资源确权登记制度，统一确权登记，分类管理，将自然资源纳入不动产登记体系；二要完善自然资源用途管制制度，科学规划国土空间，严格控制自然资源用途变更，落实最严格的耕地保护制度和林地、草原用途管制；三要完善自然资源开发利用制度，资源有偿使用，实行生态环境准入，强调节约集约利用；四要完善自然资源生态保护与修复制度，严守生态保护红线制度，建立生态补偿制度，实施“山水林田湖草沙”一体化保护与修复；五要完善自然资源资产监督考核制度，实行领导干部自然资源资产离任审计，建立绩效评价指标，实行信息公开与公众参与；六要完善自然资源资产产权交易与市场化制度，通过资源产权交易市场提高资源配置效率，探索“绿水青山就是金山银山”转化路径以实现生态产品价值；七要完善自然资源资产责任追究制度，实行生态损害赔偿制度，加强环境司法和执法联动，建立“终身责任追究”制度。

《生态文明体制改革总体方案》提出，健全自然资源资产产权制度，建立国土空间开发保护制度，建立空间规划体系，完善资源总量管理和全面节约制度，健全资源有偿使用和生态补偿制度，健全环境治理和生态保护市场体系，完善生态文明绩效评价考核和责任追究制度。

《关于全面深化改革若干重大问题的决定》提出，健全自然资源资产产权制度和用途管制制度。健全国家自然资源资产管理体制，完善自然资源监管体制，实行资源有偿使用制度和生态补偿制度。

《关于全民所有自然资源资产有偿使用制度改革的指导意见》提出，完善国有土地资源有偿使用制度，完善水资源有偿使用制度，完善矿产资源有偿使用制度，建立国有森林资源有偿使用制度，建立国有草原资源有偿使用制度，完善海域海岛有偿使用制度。

《关于统筹推进自然资源资产产权制度改革的指导意见》提出，健全自然资源资产产权体系，明确自然资源资产产权主体，开展自然资源统一调查监测评价，加快自然资源统一确权登记，强化自然资源整体保护，促进自然资源资产集约开发利用，推动自然生态空间系统修复和合理补偿，健全自然资源资产监管体系，完善自然资源资产产权法律体系。

《关于建立国土空间规划体系并监督实施的若干意见》提出，分级分类建立国土空间规划，明确各级国土空间总体规划编制重点，强化对专项规划的指导约束作用，在市县及以下编制详细规划。

《关于坚持和完善中国特色社会主义制度推进国家治理体系和治理能力现代化若干重大问题的决定》提出，全面建立资源高效利用制度。

《关于全面推进美丽中国建设的意见》提出，完善自然资源资产管理制度体系，健全国土空间用途管制制度。

七、强化河湖长制、林长制

河湖长制和林长制是我国生态文明建设的重要制度创新。针对水生态环境保护和森林、草原资源管理，由各级党政主要负责人担任河长、湖长或林长，实行分级负责、属地管理，以实现生态环境保护的长效机制。

河湖长制是在“河长制”的基础上拓展而来的治理模式，涵盖河流和湖泊的生态环境保护。各级党政主要负责人担任省、市、县、乡四级的河长、湖长，负责辖区内水资源保护、水污染防治、水生态修复、岸线管理与执法、社会共治等。

林长制是针对森林和草原生态保护的管理制度，由各级党政负责人担任省、市、县、乡、村五级的林长，负责辖区内森林资源保护、草原生态修复、防火防灾、生物多样性保护、林草经济发展等。

近年来，我国全面推行河湖长制、林长制，在水生态保护、森林资源管理、生态修复等方面取得了显著成效。强化河湖长制、林长制，推动水清、山绿、林茂，改善生态环境，助力美丽中国建设。

强化河湖长制，第一，完善责任体系落实属地管理，明确各级河湖长职责，确保责任到人、治理到位，强化跨区域、跨部门协同治理，建立联动机制，解决上下游、左右岸治理不均衡问题；第二，加强水生态监测与预警，利用大数据、卫星遥感、无人机等技术，实现水质、水量、水生态实时监测，建立动态预警机制，提高污染溯源能力和应急处置能力；第三，推进水污染综合治理，严格控制工业、农业、生活污染排放，落实排污许可管理制度，加强黑臭水体治理，修复河湖生态系统，实施生态补水工程；第四，强化执法监管与问责机制，加大对违法排污、非法采砂、侵占水域等行为的打击力度，建立“督查+考核+问责”机制，对治理不力、监管失职的责任人严肃追责；第五，提高公众参与度，推进社会共治，建立“民间河长”制度，吸纳社会力量共同参与河湖保护，开展环保宣传与科普教育，提高公众水生态保护意识。

强化林长制，第一，明确责任分工形成层级管理，落实五级林长制，确保森林资源责任到人，重点关注生态功能区、国家公园、天然林等重点区域的保护与修复；第二，加强森林生态监测与防灾减灾，依托卫星遥感、无人机巡查、AI识别等技术，实现森林资源动态监测，完善森林火灾、病虫害监测预警系统，提升防灾减灾能力；第三，推动森林生态修复和可持续利用，继续推进退耕还林、荒漠化治理和湿地恢复工程，发展生态林业经济，推广“森林+”等模式；第四，强化执法监管，遏制破坏行为，严厉打击毁林开荒、乱砍滥伐、非法占用林地等违法行为，建立生态补偿机制，对因生态保护受损的地区和个人给予合理补偿；第五，鼓励全民参与，共建绿色生态，推动“全民义务植树”活动，设立“护林员”“民间林长”等机制，发挥社会监督作用。

《关于全面推行河长制的意见》提出，在全国江河湖泊全面推行河长制，明确各级河长职责，实行一河一策、一湖一策，各级河长负责组织领导相应河湖的管理和保护工作。

《关于在湖泊实施湖长制的指导意见》提出，全面建立省、市、县、乡四级湖长体系。

《关于全面推行林长制的意见》提出，按照山水林田湖草系统治理要求，在全国全面推行林长制。

《关于科学绿化的指导意见》提出，全面推行林长制，明确地方领导干部保护发展森林草原资源目标责任。

《关于深入打好污染防治攻坚战的意见》提出，充分发挥河长制、湖长制作用，巩固城市黑臭水体治理成效，建立防止返黑返臭的长效机制。

《关于加强河湖水域岸线空间管控的指导意见》提出，强化河湖长制。明确河湖水域岸线空间管控边界，严格河湖水域岸线用途管制，规范处置涉水违建问题，推进河湖水域岸线生态修复，提升河湖水域岸线监管能力。

《关于全面推进美丽中国建设的意见》提出，强化河湖长制、林长制。

八、推进领导干部自然资源资产离任审计

领导干部自然资源资产离任审计是指对各级政府及相关部门的领导干部在任职期间自然资源资产管理和生态环境保护责任履行情况进行的审计，主要评估领导干部在森林、河流、湿地、草原、耕地、矿产等自然资源的开发、利用、保护、修复方面的履职情况，并对其生态责任进行追溯问责。

领导干部自然资源资产离任审计的内容，主要包括：自然资源资产管理、生态环境保护责任履行、污染防治与生态修复、资源开发利用合规、生态损害责任追究。

推进领导干部自然资源资产离任审计，可以促进领导干部履职尽责，推动生态环境治理，强化生态责任追究，助力生态文明建设。一是健全法规政策体系，强化制度约束，细化审计标准，建立生态环境损害量化考核体系，将生态文明建设履职情况纳入领导干部绩效考核。二是提升审计技术能力，推动科学化、数字化审计。运用遥感监测、大数据分析，建立自然资源资产负债表，构建生态审计数据库，结合 GIS、AI 分析，提升资源环境管理能力。三是强化责任追究，确保审计结果落地，落实终身责任追究制，实行“红黄牌”预警机制，加强生态补偿与修复。四是增强社会监督，推动审计公开透明，定期发布领导干部自然资源资产离任审计结果，设立生态审计举报平台，引入第三方评估机构，提高审计的公正性和专业性，加强宣传提高领导干部生态责任意识。五是试点推广，稳步推进全国实施，先行试点，积累经验，加强跨部门协调，形成工作合力。

《关于全面深化改革若干重大问题的决定》提出，探索编制自然资源资产负债表，对领导干部实行自然资源资产离任审计。建立生态环境损害责任终身追究制。

《关于加快推进生态文明建设的意见》提出，建立领导干部任期生态文明建设责任制，完善节能减排目标责任考核及问责制度。造成资源环境生态严重破坏，实行终身追责。

《党政领导干部生态环境损害责任追究办法（试行）》提出，强化党政领导干部生态环境和资源保护职责，实行生态环境损害责任终身追究制。

《生态文明体制改革总体方案》提出，对领导干部实行自然资源资产离任

审计，建立生态环境损害责任终身追究制。

《开展领导干部自然资源资产离任审计试点方案》提出，探索并逐步完善领导干部自然资源资产离任审计制度，切实履行自然资源资产管理和生态环境保护责任。

《领导干部自然资源资产离任审计规定（试行）》提出，开展领导干部自然资源资产离任审计。

《关于全面加强生态环境保护 坚决打好污染防治攻坚战的意见》提出，开展领导干部自然资源资产离任审计，造成生态环境质量恶化、生态严重破坏的终身追责。

《关于坚持和完善中国特色社会主义制度推进国家治理体系和治理能力现代化若干重大问题的决定》提出，开展领导干部自然资源资产离任审计。

《关于全面推进美丽中国建设的意见》提出，深入推进领导干部自然资源资产离任审计，对不顾生态环境盲目决策、造成严重后果的，依规依纪依法严格问责、终身追责。

九、强化国家自然资源督察

国家自然资源督察是指国家对地方政府及相关部门在土地、矿产、海洋、森林、草原、水资源等自然资源管理和保护方面的履职情况进行监督检查，以确保自然资源合理利用、生态环境保护和国土空间规划落地实施。

国家自然资源督察的主要职责包括：监督自然资源政策执行情况、严查土地资源违法违规行为、矿产资源开发和保护监管、生态保护红线落实情况监督、跟踪自然资源资产离任审计结果、督察地方政府履行自然资源管理责任。国家自然资源督察的重点工作是：耕地保护督察、国土空间规划实施督察、矿产资源督察、海洋自然资源督察、违法违规用地查处、生态修复督察。

强化国家自然资源督察，可以强化中央生态文明建设要求的落地执行，防止地方政府乱作为、不作为，推动自然资源科学合理利用，强化耕地保护，确保国家粮食安全，完善生态修复机制。

《关于建立国土空间规划体系并监督实施的若干意见》提出，将国土空间规划执行情况纳入自然资源执法督察内容。

《关于全面推进美丽中国建设的意见》提出，强化国家自然资源督察。

十、强化对生态和环境的统筹协调和监督管理

生态和环境的统筹协调和监督管理是指在生态保护与环境治理过程中，综合考虑自然生态系统的整体性、系统性，以及环境保护的复杂性，合理规划、协调各类生态保护与环境治理活动，并对其实施情况进行监管，以平衡经济发展与生态环境保护，确保自然资源的合理利用和生态系统的良性循环。

生态和环境的统筹协调涉及：综合规划（制订生态环境保护的整体规划，协调不同部门和区域之间的治理措施，避免各自为政或政策冲突）、多方协作（加强政府、企业、社会组织和公众之间的合作，提高生态环境治理的效率）、政策协同（将生态保护与经济发展政策有机结合，促进绿色发展）。生态和环境的监督管理涉及：环境监测（建立健全生态环境监测体系，实时跟踪空气、水、土壤等生态要素的质量状况）、法律法规（制定并严格执行环境保护法律法规）、执法监督（对企业、工厂、建设项目等进行环境执法检查，防止污染和生态破坏行为）、生态修复（对生态退化地区实施生态修复工程）。

在经济社会全面绿色转型的进程中，强化对生态和环境的统筹协调和监督管理至关重要。一是促进可持续发展，生态环境是经济社会可持续发展的基础，强化统筹协调有助于在发展与保护之间找到平衡，避免短期经济利益损害长期生态安全；二是提高治理效能，环境问题往往涉及多个部门和地区，加强统筹协调能够减少政策冲突，提高资源配置效率，实现协同治理；三是防范生态风险，通过严格的监督管理，可以及时发现并应对环境污染和生态破坏问题，防止局部环境问题演变为系统性生态危机；四是推动政策落实，强化监管有助于确保环境法律法规和政策的有效执行，防止企业或地方政府因利益驱动而忽视环保责任；五是促进全民参与，通过完善信息公开和监督机制，可以提高公众环保意识，增强社会各界的责任感和参与度，共同推动生态文明建设。

《关于加快推进生态文明建设的意见》提出，强化统筹协调。

《关于全面加强生态环境保护坚决打好污染防治攻坚战的意见》提出，强化对生态文明建设和生态环境保护的总体设计和组织领导。

《"十四五"规划和2035年远景目标纲要》提出，完善生态文明领域统筹协调机制，构建生态文明体系，推动经济社会发展全面绿色转型，建设美丽

中国。

《关于深入打好污染防治攻坚战的意见》提出，提升生态环境监管执法效能。

《关于全面推进美丽中国建设的意见》提出，充分发挥生态环境部门职能作用，强化对生态和环境的统筹协调和监督管理。

十一、深化生态环境机构监测监察执法垂直管理制度改革

省以下生态环境机构监测监察执法垂直管理制度改革是为了加强生态环境保护和监管而实施的一项重要改革，省级生态环境部门直接管理市、县两级生态环境部门，监测监察执法职能上收。生态环境监测职能由省级生态环境部门直接负责，确保监测数据的独立性和真实性；生态环境监察职能由省级生态环境部门派驻机构负责，强化对地方生态环境保护的监督；生态环境执法权由市级生态环境部门统一行使，减少地方干预，确保执法公正。

省以下生态环境机构监测监察执法垂直管理制度改革，可以提高生态环境监管的权威性和独立性，避免地方政府干预，减少地方保护主义对环境执法的影响；提升执法效率和监测质量，确保环境数据的真实性、科学性，提高环境治理能力；推动生态环境治理体系现代化，保障国家生态文明建设目标的顺利实现。

深化生态环境机构监测监察执法垂直管理制度改革，需要从体制机制、执法能力、监督考核等方面入手，确保改革真正发挥作用，提高生态环境治理能力。第一，完善监测、监察、执法“三分设”体系。优化监测体系，加强国家和省级环境监测网络建设，建立独立、公正的监测数据管理机制，推动自动化、智能化监测技术应用；强化监察权威，加强中央生态环境督察对地方政府生态环境保护责任的监督，赋予监察机构更强的监督权；加强执法独立性，执法队伍不属于当地政府管理，确保执法公平公正，跨地区联合执法，防止地方保护主义干预执法。第二，健全管理体制，强化统一协调。建立省级统一调度机制，确保政策执行一致性，明确各级职责避免职责交叉或推诿；推动跨部门联动执法，提高环境违法案件查处力度，依托“大数据+环保”平台的信息共享，提高执法精准度。第三，提高执法能力，增强技术支撑。加强执法队伍建设，提高执法人员专业素养，提升基层执法力量；推

进科技执法手段，发展无人机、卫星遥感、人工智能等技术应用，提高环境违法行为的发现能力，推广移动执法系统，提高透明度和公信力。第四，完善监督考核机制，压实责任。健全考核评价体系，设定量化考核指标，确保各级环保机构履职到位，加强社会监督，鼓励全民参与环境治理；强化责任追究，建立“终身追责”制度，确保环保责任落到实处，弄虚作假、干预监测数据要依法追究刑事责任。第五，深化“放管服”改革，优化服务能力。优化行政审批流程，提高审批效率，同时严格把关环境准入；提升服务企业能力，通过环保信用体系建设，推动企业主动守法，提供环保技术指导，帮助企业达标排放。

《关于省以下环保机构监测监察执法垂直管理制度改革试点工作的指导意见》指出，省级环保部门对全省（区、市）环境保护工作实施统一监督管理，市级环保部门对全市区域范围内环境保护工作实施统一监督管理，县级环保部门强化现场环境执法。市级环保局实行以省级环保厅（局）为主的双重管理，县级环保局调整为市级环保局的派出分局，由市级环保局直接管理。环境监察职能上收，由省级环保部门统一行使，通过向市或跨市县区域派驻等形式实施环境监察。实行生态环境质量省级监测、考核，市级环境监测机构调整为省级环保部门驻市环境监测机构。县级环境监测机构主要职能调整为执法监测，上收到市级。

《关于全面加强生态环境保护 坚决打好污染防治攻坚战的意见》和《关于构建现代环境治理体系的指导意见》提出，全面完成省以下生态环境机构监测监察执法垂直管理制度改革。

《“十四五”规划和2035年远景目标纲要》提出，完善省以下生态环境机构监测监察执法垂直管理制度。

《“十四五”生态环境监测规划》提出，深入落实省以下生态环境监测机构垂直管理改革和“放管服”改革等要求，持续推进生态环境监测制度政策、体制机制、基础能力和队伍建设改革创新，建立完善现代化生态环境监测体系。

《关于全面推进美丽中国建设的意见》提出，深化省以下生态环境机构监测监察执法垂直管理制度改革。

十二、实施市县生态环境队伍专业培训工程

加强市县生态环境队伍专业培训，是提升基层生态环境队伍的专业能力和管理水平的重要举措，旨在通过系统化、专业化的培训，提高市县两级生态环境部门工作人员的业务素质和技术能力，从而更好地履行生态环境监测、监察和执法职责。

市县生态环境队伍专业培训的培训对象是市县两级生态环境部门的工作人员（包括监测、监察、执法人员以及管理人员），培训内容有政策法规、技术技能、管理能力、新技术应用等，培训方式采用集中培训、在线培训、实地教学的方式，培训资源是整合高校、科研机构、行业协会等资源组建专业的培训师资队伍，开发标准化培训教材和课程，并建立培训考核机制，将培训成果与工作绩效挂钩。

《关于省以下环保机构监测监察执法垂直管理制度改革试点工作的指导意见》指出，规范和加强地方环保机构队伍建设，加强基层执法队伍建设。

《关于全面加强生态环境保护 坚决打好污染防治攻坚战的意见》提出，推进综合执法队伍特别是基层队伍的能力建设。

《关于加强生态环境保护综合行政执法队伍建设的实施意见》提出，全面履行执法职能推进执法机构示范单位建设，全面提升装备水平推进执法队伍现代化建设，全面提高人员素质推进执法队伍专业化建设，注重建章立制推进执法队伍管理制度化建设，严格依法执法推进激励执法人员履职尽责的保障体系建设，加强组织领导推进政策措施全面落地。

《关于全面推进美丽中国建设的意见》提出，实施市县生态环境队伍专业培训工程。

第二节　强化激励政策

一、健全资源环境要素市场化配置体系

资源环境要素市场化配置体系是指通过市场机制优化配置资源和环境要

素，以提高资源利用效率、促进生态环境保护和推动可持续发展的制度和政策体系。

构成资源环境要素市场化配置体系的要素有：资源产权制度（明确资源环境要素的产权归属，推进自然资源资产确权登记）、市场交易机制（建立和完善碳交易市场、水权交易市场、排污权交易市场等资源环境要素市场，推动资源跨区域、跨行业流动）、价格形成机制（通过市场供需关系确定资源价格，反映资源的稀缺性和生态环境成本，建立合理的生态补偿机制）、监管与激励机制（完善环境税收政策，采用绿色金融工具，加强政府监管）、科技与信息支撑（利用大数据、区块链等技术提升资源环境要素交易透明度和效率，建立环境资源大数据库）。

健全资源环境要素市场化配置体系是实现经济高质量发展和生态文明建设的重要保障。第一，提高资源利用效率，通过市场机制优化资源配置，促进技术创新，缓解资源短缺。第二，推动绿色低碳发展，通过市场化交易机制将环境成本内部化减少污染排放，推动清洁能源和可再生能源的开发利用，助力实现“双碳”目标。第三，促进经济高质量发展，通过市场机制优化产业结构，增强经济韧性，提升国际竞争力。第四，实现环境外部性内部化，通过价格机制和交易制度将环境成本纳入企业决策，解决市场失灵问题，通过市场化手段确保环境资源的公平分配。第五，激发市场活力，市场化配置促进要素流动，培育新兴市场，吸引社会资本。第六，提升政府治理能力，通过市场化配置转变政府职能，提高政策精准性，降低行政成本。第七，促进社会公平与可持续发展，市场化配置体系通过公开透明的交易机制，保障公众权益，促进资源在区域间的合理流动，注重资源的可持续利用。第八，应对全球环境挑战，健全的资源环境要素市场化配置体系有助于履行国际责任，在全球环境治理中发挥更大作用。

健全资源环境要素市场化配置体系，要完善资源环境要素产权制度，推进水资源、土地、矿产、森林、碳排放权等自然资源的确权登记，允许符合条件的自然资源资产进行合理的市场交易，探索“绿水青山就是金山银山”的市场化路径；建立健全市场交易机制，完善资源要素交易市场，推动跨区域、跨行业交易，发展资源环境要素金融工具；改革资源环境要素价格机制，建立合理的资源定价机制，推进阶梯式定价，取消不合理的资源能源补贴；

强化监管与激励机制，加强环境监管和执法，实施环境税收制度，完善生态补偿机制；加强科技与信息支撑，建设资源环境大数据平台，推广数字化监管手段，加大对节能环保、新能源、循环经济等领域的技术研发投入；学习国际成熟经验，加强国际合作。

《关于全面深化改革若干重大问题的决定》提出，市场在资源配置中起决定性作用。加快资源税改革，推动环境保护费改税。

《生态文明体制改革总体方案》提出，加快自然资源及其产品价格改革，完善土地、矿产资源、海域海岛有偿使用制度，加快资源环境税费改革。推行用能权和碳排放权交易制度，推行排污权交易制度，推行水权交易制度。

《关于全面加强生态环境保护 坚决打好污染防治攻坚战的意见》提出，健全生态环境保护经济政策体系。

《加快建立健全绿色低碳循环发展经济体系的指导意见》提出，培育绿色交易市场机制。

《关于深化生态保护补偿制度改革的意见》提出，建立用水权、排污权、碳排放权初始分配制度，加快建设全国用能权、碳排放权交易市场。

《关于完善能源绿色低碳转型体制机制和政策措施的意见》提出，加快建设全国碳排放权交易市场、用能权交易市场、绿色电力交易市场。

《关于加快建设全国统一大市场的意见》提出，建设全国统一的能源市场，培育发展全国统一的生态环境市场。

《关于全面推进美丽中国建设的意见》提出，健全资源环境要素市场化配置体系，把碳排放权、用能权、用水权、排污权等纳入要素市场化配置改革总盘子。

《关于健全资源环境要素市场化配置体系的意见》提出，完善资源环境要素配额分配制度，优化资源环境要素交易范围，健全资源环境要素交易制度，加强资源环境要素交易基础能力建设。

二、强化税收政策支持

强化税收政策支持对发展绿色生产力的作用，主要体现在引导企业和社会资本向绿色、低碳、可持续方向发展，提高资源利用效率，推动产业升级和生态文明建设。

第一，推行环境税，提高污染成本。完善环境保护税，提高高污染、高能耗企业的税收负担，倒逼企业减少污染物排放，提高清洁生产水平；建立碳税制度，对碳排放量较大的行业征收碳税，引导企业投资低碳技术和可再生能源；提高资源税率，增加矿产资源、水资源、森林资源等税率，促使企业减少资源浪费，提高资源利用效率。利用税收杠杆提高污染成本，促使企业主动采取节能减排措施，推动绿色生产方式。

第二，设立绿色税收减免，激励绿色发展。对研发环保技术、低碳能源、节能设备的企业实行研发费用加计扣除，可以提高绿色科技创新的动力；对风能、太阳能、水能等可再生能源产业给予企业所得税减免，可以促进绿色能源发展；企业购买节能减排设备可享受固定资产投资抵扣，降低环保改造成本。通过税收优惠降低绿色技术和产业发展的门槛，提高企业投资绿色生产力的积极性。

第三，推进绿色消费税，引导可持续消费。提高高污染产品消费税，对高排放、高能耗产品，如燃油汽车、一次性塑料制品、高耗能电器等，提高消费税税率，减少其市场需求；降低绿色产品税率，对新能源汽车、可降解塑料、节能家电等绿色产品实行低税率或免税政策，鼓励绿色消费。利用消费税调节市场供需，促进绿色消费习惯的养成，推动产业向环保方向发展。

第四，推动碳交易市场与税收政策协同。探索碳税与碳交易结合机制，对于未纳入碳交易市场的行业，可以征收碳税，而纳入碳交易的企业可通过市场化手段进行碳排放权交易；鼓励企业碳减排投资，对参与碳交易并有效减排的企业提供税收优惠，激励企业主动降低碳足迹。税收政策与市场机制结合，提高碳减排的经济性和灵活性，促进低碳经济发展。

第五，建立区域生态补偿税收机制。对承担生态保护任务的地区，如森林保护区、湿地公园等，给予财政转移支付或税收减免，鼓励地方政府发展生态经济；建立东部发达地区向西部生态保护地区缴纳生态补偿税的机制，促进区域间绿色发展平衡。税收杠杆促进区域协调发展，会使环保责任与经济利益相匹配，增强地方政府的生态保护动力。

《关于全面推进资源税改革的通知》提出，全面推进资源税改革，有效发挥税收杠杆调节作用，促进资源行业持续健康发展。

《关于全面加强生态环境保护 坚决打好污染防治攻坚战的意见》提出，

完善助力绿色产业发展的价格、财税、投资等政策。

《关于节能新能源车船享受车船税优惠政策的通知》提出，对节能汽车减半征收车船税，对新能源汽车免征车船税。

《关于构建现代环境治理体系的指导意见》提出，加强财税支持。

《关于深化生态保护补偿制度改革的意见》提出，发挥资源税、环境保护税等生态环境保护相关税费以及土地、矿产、海洋等自然资源资产收益管理制度的调节作用。继续推进水资源税改革，落实节能环保、新能源、生态建设等相关领域的税收优惠政策。

《关于完善资源综合利用增值税政策的公告》提出，进一步优化资源综合利用增值税政策，扩大优惠范围。对再生资源回收利用、废弃物处理等领域给予增值税优惠，推动资源节约和环境保护。

《支持绿色发展税费优惠政策指引》梳理了 56 项支持绿色发展的税费优惠政策，涵盖支持环境保护、促进节能环保、鼓励资源综合利用、推动低碳产业发展四个方面。

《关于从事污染防治的第三方企业所得税政策问题的公告》提出，对符合条件的从事污染防治的第三方企业减按 15% 的税率征收企业所得税。税收优惠鼓励企业参与污染防治，可推动绿色发展。

《关于全面推进美丽中国建设的意见》提出，强化税收政策支持，严格执行环境保护税法，完善征收体系，加快把挥发性有机物纳入征收范围。

三、加强清洁生产审核和评价认证结果应用

清洁生产审核，是指按照一定程序，对生产和服务过程进行调查和诊断，找出能耗高、物耗高、污染重的原因，提出减少有毒有害物料的使用、产生，降低能耗、物耗以及废物产生的方案，进而选定技术经济及环境可行的清洁生产方案的过程。清洁生产评价认证是对企业在清洁生产方面的实施情况进行系统评估，并对符合标准的企业进行认证的过程。

清洁生产审核和评价认证不仅是企业实现节能减排的重要手段，也是推动绿色生产力发展的关键。通过强化审核和认证结果的应用，可以促进企业采用更高效、低碳、环保的生产模式，实现经济与环境效益的双赢。第一，提高资源利用效率，促进绿色经济增长。清洁生产审核和认证，可鼓励企业

采用清洁能源及节能技术，提高能源利用效率；推动企业实施资源循环利用，降低单位产品的资源消耗；推动企业生产绿色产品，提高产品附加值。第二，促进企业技术创新，推动产业升级。加强认证结果的政策激励，使企业更愿意投资绿色技术；鼓励企业替换高污染、高能耗的传统工艺，采用更加环保、低排放的生产技术；示范企业带动行业绿色转型，可提升行业整体水平。第三，增强环境治理能力，助力碳达峰碳中和。清洁生产审核可推动企业实施污染控制技术，实现超低排放；审核和认证结果可与碳排放权交易、碳信用评价等结合，引导企业主动减少碳足迹，强化绿色供应链。第四，享受政策支持，降低企业运营成本。清洁生产认证企业可享受环境保护税减免、节能设备投资抵扣等税收政策，降低经营成本；政府对绿色企业提供专项财政补贴，减轻企业资金压力；更易获得银行绿色信贷，降低融资成本。第五，提升企业品牌形象，增强市场竞争力。获得清洁生产认证的企业可获得绿色工厂、绿色产品认证，在市场竞争中享有品牌优势；清洁生产认证有助于企业吸引更多绿色消费群体，拓展市场空间；符合清洁生产标准的企业更易满足国际环保要求，避免贸易壁垒。

《清洁生产审核办法》提出，将企业清洁生产实施方案中的提高能源资源利用效率、预防污染、综合利用等清洁生产项目列为重点领域，加大投资支持力度。

《“十四五”全国清洁生产推行方案》提出，加强清洁生产审核和评价认证结果应用，将其作为阶梯电价、用水定额、重污染天气绩效分级管控等差异化政策制定和实施的重要依据。

《关于全面推进美丽中国建设的意见》提出，加强清洁生产审核和评价认证结果应用。

四、完善高耗能行业阶梯电价制度

高耗能行业是能源消耗和碳排放的主要来源，合理的电价机制对于推动产业结构调整、促进绿色低碳发展至关重要。完善高耗能行业阶梯电价制度，即根据企业的能源使用情况实施差别化电价，对高耗能企业实行分档加价机制，能有效推动节能减排，实现经济与环境协调发展。

完善高耗能行业阶梯电价制度，可以引导企业节能降耗提高能源利用效率，推动产业结构升级优化资源配置，降低碳排放助力“双碳”目标实现，提高能源市场化程度增强电力系统稳定性，增加政府财政收入强化环境治理能力。

高耗能行业阶梯电价制度是一种通过电价分级调控引导企业节能减排的政策工具。当前，我国已对钢铁、电解铝、水泥、化工等高耗能行业实施差别电价，但覆盖面有限、价格调节力度不足、市场化程度不高等问题依然存在。完善高耗能行业阶梯电价制度，才能提升公平性、精准性和有效性。一是要科学设定阶梯电价标准，增强精准调控能力。细化行业分类，动态调整电价档次，引入碳排放指标。二是要强化执行和监管，防止规避政策行为。建立智能监测体系，加强跨部门协作，严格执法与惩戒。三是要深化电力市场化改革，增强价格调节机制。推动峰谷分时电价与阶梯电价联动，引入碳市场定价机制，推动绿电交易，降低清洁能源用电成本。四是要加大政策支持，促进企业节能技改。设立节能奖补机制，鼓励智能制造和数字化转型，推动产业升级，减少低端高耗能产能，通过绿色金融支持、政府引导基金等手段，扶持高附加值、低能耗产业发展。五是要强化社会监督和信息公开，提高政策透明度。建立企业用能公示制度，鼓励公众和环保组织参与监管，发布节能企业“红榜”与高耗能企业“黑榜”，形成市场竞争压力。

《关于创新和完善促进绿色发展价格机制的意见》提出，全面清理取消对高耗能行业的优待类电价以及其他各种不合理价格优惠政策。

《关于完善电解铝行业阶梯电价政策的通知》提出，完善阶梯电价分档和加价标准，严禁对电解铝行业实施优惠电价政策，加强加价电费收缴工作，完善加价电费资金管理使用制度，加强阶梯电价执行情况监督检查。

《关于印发促进工业经济平稳增长的若干政策的通知》提出，整合差别电价、阶梯电价、惩罚性电价等差别化电价政策，建立统一的高耗能行业阶梯电价制度，对能效达到基准水平的存量企业和能效达到标杆水平的在建、拟建企业用电不加价，未达到的根据能效水平差距实行阶梯电价，加价电费专项用于支持企业节能减污降碳技术改造。

《关于全面推进美丽中国建设的意见》提出，综合考虑企业能耗、环保绩效水平，完善高耗能行业阶梯电价制度。

《关于加快经济社会发展全面绿色转型的意见》提出，健全阶梯电价制度和分时电价政策，完善高耗能行业阶梯电价制度。

五、构建合理的污水、污泥收费机制

污水和污泥处理关乎污染防治攻坚战的成败，合理的收费机制可以促进污水、污泥减量化，提升排污企业治污积极性，保障污水、污泥处理设施可持续运营，促进资源化利用，推动循环经济发展，落实“污染付费、公平负担、补偿成本、合理盈利”原则，增强环境治理公平性，推动行业绿色低碳转型，助力“双碳”目标的实现。

构建科学合理的污水、污泥收费机制，既要覆盖污染治理成本，也要发挥价格杠杆作用，促进节能减排和资源化利用。一是科学确定收费标准，确保污水、污泥处理成本覆盖。遵循基于处理成本核定收费标准，建立定期评估并调整收费标准的价格动态调整机制，同时设定最低收费标准。二是推行差别化收费，提高企业治污积极性。实施按污染物浓度分级收费，根据不同的行业特征实行分类收费，对节能减排企业给予优惠，鼓励绿色生产。三是规范污泥处置收费，促进污泥减量化和资源化。按污泥含水率设定收费标准，对资源化利用污泥给予补贴，对未经处理直接填埋的污泥则提高处置收费，对非法倾倒污泥企业实施严厉处罚。四是推动市场化运作，增强污水、污泥处理行业竞争力。引入第三方治理模式，鼓励污水处理企业优化成本，建立污水、污泥交易市场。五是加强监管与信息公开，确保收费机制公平透明。建立污水、污泥收费公示制度，加强排放监测，防止企业偷排漏排，加强跨部门协同监管。

《城镇污水处理厂污泥处理处置及污染防治技术政策（试行）》提出，进一步提高污水处理费的征收力度和管理水平，污水处理费应包括污泥处理处置运营成本。

《关于推行环境污染第三方治理的意见》提出，提高排污费征收标准，实行差别化排污收费。完善污水、垃圾处理收费政策，适当提高收费标准，逐步覆盖全处理成本。

《关于制定和调整污水处理收费标准等有关问题的通知》提出，合理制定和调整收费标准，收费标准要补偿污水处理和污泥处置设施的运营成本并合理盈利。根据超标排放污水中主要污染物排放情况，制定差别化的收费标准。

《关于创新和完善促进绿色发展价格机制的意见》提出，完善污水处理收费政策。

《关于完善长江经济带污水处理收费机制有关政策的指导意见》提出，推行污水排放差别化收费。

《关于推进污水资源化利用的指导意见》提出，建立使用者付费制度，放开再生水政府定价，由再生水供应企业和用户按照优质优价的原则自主协商定价。对于提供公共生态环境服务功能的河湖湿地生态补水、景观环境用水使用再生水的，鼓励采用政府购买服务的方式推动污水资源化利用。

《关于加快建立健全绿色低碳循环发展经济体系的指导意见》提出，完善污水处理收费政策。

《关于推进污水处理减污降碳协同增效的实施意见》提出，推动建立污水处理服务费与污水处理厂进水污染物浓度、污染物削减量、出水水质、污泥无害化稳定化处理效果挂钩的按效付费机制。落实环境保护、节能节水等领域税收优惠政策。

《关于创新和完善促进绿色发展价格机制的意见》提出，完善污水处理收费政策。

《关于全面推进美丽中国建设的意见》提出，落实污水处理收费政策，构建覆盖污水处理和污泥处置成本并合理盈利的收费机制。

六、完善以农业绿色发展为导向的经济激励政策

传统农业呈现高投入、高消耗、高污染的特征，造成资源浪费和生态环境破坏。完善以农业绿色发展为导向的经济激励政策，促进农业绿色生产方式转型，促进农业废弃物资源化利用，减少环境污染，促进生态农业发展，增强农业可持续性，提高农民绿色生产的积极性，增强市场竞争力，引导农业向绿色、高效、生态友好的方向转型，为农业农村高质量发展和生态文明建设提供强大支撑。

完善以农业绿色发展为导向的经济激励政策，才能推动农业由传统高污染模式向资源节约、生态友好、可持续的方向转型。要通过完善财政补贴政策引导绿色生产，增加有机肥替代化肥补贴、加大绿色防控技术补贴、提高

节水农业补贴力度等优化绿色生产补贴结构，支持畜禽粪污资源化利用、鼓励秸秆综合利用等对生态循环农业给予专项支持；要推进税收优惠政策降低绿色农业发展成本，对绿色农业企业实行税收优惠，对绿色农资产品实施增值税减免；要强化绿色金融支持拓宽农业绿色投融资渠道，推广“绿色农业信贷”，推动农业碳交易市场化；要完善市场化激励机制增强绿色农产品竞争力，推广绿色认证提高绿色农产品市场认可度，完善生态补偿机制提升农民参与度。

《关于创新体制机制推进农业绿色发展的意见》提出，健全创新驱动与约束激励机制。

《农业绿色发展先行先试支撑体系建设管理办法（试行）》提出，推进农业绿色发展的资金项目向支撑体系建设重点倾斜。

《关于建立健全生态产品价值实现机制的意见》提出，加大绿色金融支持力度。

《“十四五”全国农业绿色发展规划》提出，完善法律法规约束机制，健全政府投入激励机制，建立市场价格调节机制。

《关于加快农业发展全面绿色转型促进乡村生态振兴的指导意见》提出，强化政策引导。加大项目资金倾斜支持，加强金融社会投资支持，强化监管约束。

《关于全面推进美丽中国建设的意见》提出，完善以农业绿色发展为导向的经济激励政策，支持化肥农药减量增效和整县推进畜禽粪污收集处理利用。

七、建立企业生态环保费用提取使用制度

企业生态环保费用提取使用制度是指企业根据国家相关法律法规和政策要求，从经营收入或利润中提取一定比例的资金，专门用于生态环境保护、污染治理、节能减排等方面的支出。

企业生态环保费用提取是企业根据国家规定，从其营业收入或利润中提取一定比例的资金作为生态环保费用，提取比例通常由相关法律法规或政策文件明确规定，不同行业、地区和企业规模有所差异。企业生态环保费用使用专款专用，一般用于污染治理、生态修复、节能减排、环保技术研发、环境管理，在政府管理部门的监督和审计下合规使用。

建立企业生态环保费用提取使用制度，可以通过经济手段促使企业主动承担环境保护责任，减少污染排放，支持企业进行环保技术研发和节能减排改造，推动绿色生产，通过生态修复和污染治理，改善生态环境质量。

企业生态环保费用提取使用制度这一长效机制的建立，能确保企业在追求经济效益的同时，持续履行环保责任，助力经济的绿色转型。

一是明确企业生态环保费用的提取标准，依法缴纳环保相关税费，建立企业内部环保专项资金，根据行业特点参考政府标准设定最低提取比例。二是规范环保费用的使用方向，用于购置废水、废气、固体废物处理设施和升级环保技术，采用节能设备、清洁能源减少碳排放，参与绿色制造行动，有的行业用于需开展土地复垦、植被恢复、土壤修复等生态补偿项目，生态补偿资金用于当地生态修复，定期进行环境检测、排污监测，完善环境管理体系。三是建立环保费用管理和监督机制，设立环保资金专户确保专款专用，按照相关规定披露环保资金提取及使用情况，接受社会监督，对严格执行环保资金管理的企业提供税收优惠、绿色贷款支持、环保补贴，公众、环保组织对企业环保支出进行监督。四是结合政策与市场机制，推动环保资金高效运作，通过碳交易市场将节能减排获得的碳配额进行交易，提高环保投资回报，通过绿色金融以低成本融资支持环保项目。

《关于全面推进美丽中国建设的意见》提出，建立企业生态环保费用提取使用制度。

八、健全生态产品价值实现机制

生态产品是指能提供生态系统服务或具有生态环境价值的产品，主要包括：生态环境服务、生态农业产品、生态文化和旅游、生态修复成果等。

生态产品价值实现机制，是指通过市场化、政策引导和生态补偿等方式，把生态环境的保护与经济收益相结合，使生态资源和环境要素能够转化为实际经济价值，推动可持续发展。

健全生态产品价值实现机制，对于促进绿色发展、提高生态保护的积极性、推动乡村振兴等方面具有重要作用。健全这一机制，可以推动生态保护与经济发展双赢，解决“绿水青山”与“金山银山”转换难题，激励社会资本投入生态保护；健全这一机制，能促进乡村振兴增加农民收入，释放农村生态资源的市场价值，促进农民增收；健全这一机制，可以推动碳达峰、碳中和目标实现，碳交易市场化促进低碳经济发展，鼓励企业发展生态产业；健全这一机制，可以促进生态治理与生态修复，推动“谁受益，谁补偿”，提高社会环保意识，推动绿色消费；健全这一机制，可以促进生态文明建设，实现可持续发展，加快形成“生态优先、绿色发展”的新模式，助力国家生态文明建设战略。

建立健全生态产品价值实现机制，对推动经济社会发展全面绿色转型具有重要意义。第一，要健全生态资产产权和法律制度，完善环境资源法治体系，推进森林、湿地、水源地等自然资源的确权登记，推动生态资产化。第二，要推动生态产业化，大力发展生态农业和绿色食品产业，发展生态旅游和生态文化产业，培育生态产品品牌，促进生态价值变现。第三，要完善生态产品的市场交易机制，建立和完善生态产品交易市场，推动碳排放权、排污权、水权、森林碳汇等生态资源的市场化交易，建立生态产品交易平台。第四，要完善生态金融支持体系，发展绿色金融提供资金支持，设立生态补偿基金，鼓励社会资本参与生态投资。第五，要强化政策支持和政府引导，出台财政和税收优惠政策，推动政府采购生态产品，完善生态补偿机制。

《关于建立健全城乡融合发展体制机制和政策体系的意见》提出，探索生态产品价值实现机制。

《关于建立健全生态产品价值实现机制的意见》提出，建立生态产品调查监测机制，建立生态产品价值评价机制，健全生态产品经营开发机制，健全生态产品保护补偿机制，健全生态产品价值实现保障机制，建立生态产品价值实现推进机制。

《关于全面推进美丽中国建设的意见》提出，健全生态产品价值实现机制，推进生态环境导向的开发模式和投融资模式创新。

《乡村全面振兴规划（2024—2027 年）》提出，完善生态产品价值实现机制。

九、深化横向生态保护补偿机制建设

横向生态保护补偿机制是指生态受益地区（如工业发达地区、下游地区）向生态保护地区（如水源地、森林保护区、上游地区）提供经济补偿的机制。

横向生态保护补偿机制的建立，能够有效解决上游保护生态、下游受益但成本不对等的问题，解决生态保护区发展的经济困境，提高生态保护积极性，使生态保护区获得经济回报，促进区域协调发展。

横向生态补偿的主要方式有：一是资金补偿，这是最直接的方式，受益地区向保护地区支付生态补偿资金，用于生态修复、污染治理、环境基础设施建设等；二是产业合作，这能提升保护区经济发展能力，受益地区帮助保护地区发展生态农业、绿色产业、旅游业，通过投资带动经济增长；三是人才与技术支持，这从根本上增强保护能力，受益地区向保护地区提供环保技术、人才培训、生态监测等支持；四是共建共管，这能有效实现跨区域联动，受益地与保护地共同设立生态保护基金、联合监测中心，协调生态治理工作。

横向生态保护补偿机制是生态文明建设的重要制度安排，通过跨区域合作，使生态受益地区合理补偿生态保护地区，从而形成生态保护共担、生态收益共享的格局。要深化这一机制建设，一是拓宽生态补偿资金来源，优化资金分配方式，健全资金筹措和分配机制；二是推进生态产品交易市场建设，鼓励受益地区与保护地区共建绿色产业，推广 PPP 模式[①]，推广“生态补偿+金融”创新模式，强化市场化补偿机制；三是制定专门的生态补偿法规，强化地方政府责任，完善法律法规与政策支持；四是构建“数字生态补偿”体系，优化生态资源价值评估体系，推动科技赋能，提高生态保护效能；五是实施动态考核机制，设立生态补偿信息公开平台，加强社会监督，建立绩效考核和监督机制。

《生态文明体制改革总体方案》提出，完善生态补偿机制。探索建立多元化补偿机制，制定横向生态补偿机制办法，鼓励各地区开展生态补偿试点。

《关于健全生态保护补偿机制的意见》提出，推进横向生态保护补偿。研究制定以地方补偿为主、中央财政给予支持的横向生态保护补偿机制办法。鼓励受益地区与保护生态地区、流域下游与上游通过资金补偿、对口协作、产业转移、人才培训、共建园区等方式建立横向补偿关系。鼓励在具有重要生态功能、水资源供需矛盾突出、受各种污染危害或威胁严重的典型流域开展横向生态保护补偿试点。

---

① PPP 模式，即“Public－Private－Partnership”的首字母组合，通常译为“公共私营合作制”。

《建立市场化、多元化生态保护补偿机制行动计划》提出，鼓励生态保护地区和受益地区开展横向生态保护补偿。探索建立流域下游地区对上游地区提供优于水环境质量目标的水资源予以补偿的机制。

《关于建立健全生态产品价值实现机制的意见》提出，建立横向生态保护补偿机制。鼓励生态产品供给地和受益地按照自愿协商原则，开展横向生态保护补偿，支持在符合条件的重点流域依据出入境断面水量和水质监测结果等开展横向生态保护补偿，探索异地开发补偿模式。

《关于深化生态保护补偿制度改革的意见》提出，健全横向补偿机制。巩固跨省流域横向生态保护补偿机制试点成果，鼓励地方加快重点流域跨省上下游横向生态保护补偿机制建设。鼓励地方探索大气等其他生态环境要素横向生态保护补偿方式。

《关于全面推进美丽中国建设的意见》提出，推进生态综合补偿，深化横向生态保护补偿机制建设。

十、发展绿色金融

绿色金融是指为支持环境改善、应对气候变化和资源节约高效利用的经济活动，即对环保、节能、清洁能源、绿色交通、绿色建筑等领域的项目投融资、项目运营、风险管理等所提供的金融服务。绿色金融的主要工具有：绿色信贷（银行向绿色项目或企业提供的优惠贷款）、绿色债券（为绿色项目融资而发行的债券）、绿色基金（专门投资于绿色产业的基金）、绿色保险（为环境风险提供保障的保险产品）、碳金融（包括碳交易、碳基金、碳期货等与碳排放相关的金融工具）。

绿色金融是通过金融工具和市场机制，引导资金流向绿色产业和项目的促进经济绿色转型和可持续发展的一种金融模式。绿色金融通过提供资金支持、降低融资成本，支持绿色产业发展；绿色金融通过引导资金流向、支持技术创新，推动经济绿色转型；绿色金融通过绿色金融工具支持生态修复、推动污染治理，促进生态环境保护；绿色金融通过支持低碳技术进步、推动碳市场发展，应对气候变化；绿色金融通过推动绿色投资、降低环境风险，提升金融机构的社会责任；绿色金融通过吸引国际资本参与绿色项目建设、加强绿色金融合作，促进国际合作；绿色金融通过助力“双碳”目标、支持乡村振兴，推动政策目标实现；绿色金融通过普及绿色理念、鼓励公众参与，增强公众环保意识。

绿色金融是推动经济绿色转型的重要工具，通过引导金融资源流向绿色产业、低碳经济和环境友好型项目，促进经济与生态环境的协调发展。第一，完善绿色金融法规与标准、加强政府财政与政策支持、完善绿色信息披露与ESG监管，健全绿色金融政策体系。第二，深化绿色信贷、扩大绿色债券市场、发展绿色基金与绿色投资、推广绿色保险，推动绿色金融市场化发展。第三，运用大数据和AI优化绿色金融风控、推动“绿色金融+碳交易”融合、建立绿色金融数据平台，强化绿色金融科技创新。第四，参与全球绿色金融标准制定、推动绿色“一带一路”建设、加强与国际金融机构合作，提升绿色金融全球竞争力。第五，建立绿色金融风险预警机制、防范“漂绿”风险、加强绿色金融机构合规管理，健全绿色金融风险管理体系。

《关于构建绿色金融体系的指导意见》指出，构建绿色金融体系，大力发展绿色信贷，推动证券市场支持绿色投资，发展绿色保险，完善环境权益交易市场丰富融资工具，支持地方发展绿色金融，推动开展绿色金融国际合作。

《关于全面加强生态环境保护 坚决打好污染防治攻坚战的意见》提出，大力发展绿色信贷、绿色债券等金融产品。设立国家绿色发展基金。推动环境污染责任保险发展，在环境高风险领域建立环境污染强制责任保险制度。

《关于坚持和完善中国特色社会主义制度推进国家治理体系和治理能力现代化若干重大问题的决定》提出，完善绿色生产和消费的法律制度和政策导向，发展绿色金融。

《关于构建现代环境治理体系的指导意见》提出，设立国家绿色发展基金，推动环境污染责任保险发展，开展排污权交易，鼓励发展重大环保装备融资租赁，加快建立省级土壤污染防治基金，统一国内绿色债券标准。

《关于建立健全生态产品价值实现机制的意见》提出，鼓励依法依规开展绿色信贷业务，探索“生态资产权益抵押+项目贷”模式。

《关于深化生态保护补偿制度改革的意见》提出，研究发展各类资源环境权益的融资工具，建立绿色股票指数，发展碳排放权期货交易。推广生态产业链金融模式。鼓励银行业金融机构提供符合绿色项目融资特点的绿色信贷服务。鼓励符合条件的非金融企业和机构发行绿色债券。鼓励保险机构开发创新绿色保险产品参与生态保护补偿。

《加快建立健全绿色低碳循环发展经济体系的指导意见》提出，大力发展绿色金融。发展绿色信贷和绿色直接融资，统一绿色债券标准，发展绿色保险，支持符合条件的绿色产业企业上市融资，有序推进绿色金融市场双向开放，推动气候投融资工作。

《关于全面推进美丽中国建设的意见》提出，大力发展绿色金融，支持符合条件的企业发行绿色债券，引导各类金融机构和社会资本加大投入，探索区域性环保建设项目金融支持模式，稳步推进气候投融资创新，为美丽中国建设提供融资支持。

《关于进一步强化金融支持绿色低碳发展的指导意见》提出，优化绿色金融标准体系，强化以信息披露为基础的约束机制，促进绿色金融产品和市场发展，加强政策协调和制度保障，强化气候变化相关审慎管理和风险防范，加强国际合作，强化组织保障。

第三节　加强科技支撑

一、构建市场导向的绿色技术创新体系

绿色技术是指降低消耗、减少污染、改善生态，促进生态文明建设、实现人与自然和谐共生的新兴技术，包括节能环保、清洁生产、清洁能源、生态保护与修复、城乡绿色基础设施、生态农业等领域，涵盖产品设计、生产、消费、回收利用等环节的技术。绿色技术创新体系是指通过政策、市场、资金、人才等多方面的协同作用，推动绿色技术的研发、应用和推广，以实现资源高效利用、环境污染减少和生态保护目标的系统性框架。

在经济社会发展全面绿色转型的背景下，绿色技术创新的重点集中在：清洁能源技术（太阳能、风能、水能等可再生能源技术，氢能、核能等新型能源技术等）、节能减排技术（工业节能、建筑节能、交通节能技术和CCUS技术等）、污染治理技术（大气污染治理、水污染治理、土壤修复技术，固体废物处理和资源化利用技术等）、生态保护与修复技术（森林、湿地、草原等

生态系统的保护与修复技术，生物多样性保护技术等）、绿色制造技术（清洁生产、循环经济、绿色供应链管理技术，绿色材料、绿色工艺技术等）。

构建市场导向的绿色技术创新体系，推动经济社会向绿色、高效、低碳方向转型的技术路线。一是完善绿色技术创新政策体系。制定绿色技术发展战略与法律法规，加强政府财政与税收支持，强化绿色技术评价与激励机制。二是加强绿色技术研发与产业化应用。加大绿色技术研发投入，推动绿色技术示范工程，推动传统产业绿色转型。三是促进绿色技术成果转化与市场化推广，搭建绿色技术交易与转化平台，实施政府采购与市场激励，加强绿色技术知识产权保护。四是推动绿色金融与绿色技术融合发展。发展绿色信贷，支持绿色技术企业融资，推动碳市场与绿色技术结合。五是参与国际绿色科技合作，推动“一带一路”绿色科技合作，促进绿色技术全球化发展。

《关于全面加强生态环境保护 坚决打好污染防治攻坚战的意见》提出，增强科技支撑，开展大气污染成因与治理、水体污染控制与治理、土壤污染防治等重点领域科技攻关，实施京津冀环境综合治理重大项目，推进区域性、流域性生态环境问题研究。

《关于构建市场导向的绿色技术创新体系的指导意见》提出，培育壮大绿色技术创新主体，强化绿色技术创新的导向机制，推进绿色技术创新成果转化示范应用，优化绿色技术创新环境，加强绿色技术创新对外开放与国际合作。

《关于坚持和完善中国特色社会主义制度推进国家治理体系和治理能力现代化若干重大问题的决定》提出，推进市场导向的绿色技术创新，更加自觉地推动绿色循环低碳发展。

《加快建立健全绿色低碳循环发展经济体系的指导意见》提出，构建市场导向的绿色技术创新体系。鼓励绿色低碳技术研发，加速科技成果转化。

《“十四五”规划和2035年远景目标纲要》提出，构建市场导向的绿色技术创新体系，实施绿色技术创新攻关行动。

《关于完善能源绿色低碳转型体制机制和政策措施的意见》提出，探索以市场化方式吸引社会资本支持资金投入大、研究难度高的战略性清洁低碳能源技术研发和示范项目。

《关于全面推进美丽中国建设的意见》提出，推进绿色低碳科技自立自强，创新生态环境科技体制机制，构建市场导向的绿色技术创新体系。

《关于加强生态环境领域科技创新 推动美丽中国建设的实施意见》提出，构建完善市场导向的绿色技术创新体系。完善转化应用市场机制，加强创新服务保障。加强创新资源统筹和力量组织，构建横向协同、纵向联动的生态环境领域科技创新生态。

二、加强关键核心技术攻关

生态环境领域的关键核心技术涵盖污染防治、生态修复、环境监测、资源循环利用和生态安全等多个方面，与科技创新、政策法规、市场需求和环境变化密切相关，随着时代的发展不断演变和升级。从传统的污染治理，到当前的智慧环保、碳中和技术，再到未来可能出现的突破性绿色技术，整个生态环境科技体系正朝着更加智能化、精准化、可持续化的方向发展。

生态环境领域的关键核心技术有：污染治理技术（大气污染控制、水污染治理、土壤修复等）、环境监测技术（在线监测、遥感、传感器等）、资源循环利用技术（废水资源化、固体废物处理、电子废弃物处理等）、生态修复技术（森林生态修复、河流生态修复、湿地修复等）、绿色能源技术（可再生能源、储能、节能等）、碳捕集、利用与封存（碳捕集、碳利用、碳封存）、环境大数据与人工智能（环境数据分析、智能预测与决策、智慧环保等）、绿色制造技术（清洁生产、绿色材料、低碳技术等）、生物多样性保护技术（物种保护、基因技术、生态廊道建设等）、核安全技术（核反应堆安全、核燃料与废物管理、辐射防护和监测、核安全监测等）、气候变化应对技术（气候模型、适应技术、减缓技术）等。当前，生态环境领域的关键核心技术集中在减污降碳、多污染物协同减排、应对气候变化、生物多样性保护、新污染物治理、核安全等重点领域。

《关于加快推进生态文明建设的意见》提出，加强重大科学技术问题研究，开展能源节约、资源循环利用、新能源开发、污染治理、生态修复等领域关键技术攻关，在基础研究和前沿技术研发方面取得突破。

《关于全面加强生态环境保护 坚决打好污染防治攻坚战的意见》提出，增强科技支撑，开展大气污染成因与治理、水体污染控制与治理、土壤污染防治等重点领域科技攻关。

《加快建立健全绿色低碳循环发展经济体系的指导意见》提出，围绕节能环保、清洁生产、清洁能源等领域布局一批前瞻性、战略性、颠覆性科技攻关项目。

《关于推进共建“一带一路”绿色发展的意见》提出，加强绿色技术科技攻关和推广应用，强化基础研究和前沿技术布局，加快先进适用技术研发和推广，鼓励企业优先采用低碳、节能、节水、环保的材料与技术工艺。

《关于全面推进美丽中国建设的意见》提出，把减污降碳、多污染物协同减排、应对气候变化、生物多样性保护、新污染物治理、核安全等作为国家基础研究和科技创新的重点领域，加强关键核心技术攻关。

《关于加强生态环境领域科技创新 推动美丽中国建设的实施意见》提出，实施生态环境领域关键技术攻关行动。围绕减污降碳增汇、多污染物协同减排、固体废物综合治理、新污染物治理、应对气候变化、生物多样性保护、生态安全、河湖生态环境、核安全、数智化环境监测与治理等推动布局国家科技攻关任务。推进工业、能源、交通运输、城乡建设、农业、水利等重点领域绿色低碳和污染防治关键技术攻关。

三、实施生态环境科技创新重大行动

实施生态环境科技创新重大行动是为了应对日益严峻的环境问题、推动可持续发展、提升国家竞争力，实现生态文明建设目标。科技创新可以提供更高效、低成本、可持续的污染治理方案，如智能环保监测、大数据污染溯源、绿色生物修复等，治理大气、水、土壤、固体废物污染；科技创新是实现碳中和的关键，依靠新材料、新能源、碳捕集等技术才能调整能源结构、实现大幅减排；通过科技创新，可以提升生态系统碳汇能力，提高生态系统韧性，应对气候变化挑战；科技创新可以提升环境监测的智能化、精准化、自动化，提高环境监管效率，实现精准监管；科技创新可以助力构建“无废城市”，发展循环经济，促进资源高效利用；科技创新决定了未来绿色经济竞争力，绿色低碳技术已经成为全球科技竞争的新高地，拥有核心环保技术就能在全球产业链中占据有利地位。

实施生态环境科技创新重大行动需要多层次、多维度的协同推进，确保科技成果转化为实际环境改善。第一，制订国家和地方层面的生态环境科技创新战略规划，明确短期、中期和长期目标，突出重点技术领域，完善环保、科技、产业相关法规，加大政府投入，设立专项基金，提供税收优惠和财政补贴，激励企业、科研机构及高校参与；第二，加大研发投入，构建跨部门、跨领域的联合研发平台，产学研协同创新，加速培养生态环境和绿色科技领域的专业人才；第三，建立国家级或区域性的生态环境科技创新中心、实验室和示范基地，搭建技术转移平台，实现科研成果快速转化为实际应用，加强与国际先进科研机构和企业的交流合作；第四，利用物联网、大数据、云计算和AI技术，构建生态大数据平台，提升环境治理和监管的效率；第五，在重点区域和行业建立生态环境科技示范区，打造绿色低碳产业链，跨部门协同联动，共同推进绿色转型；第六，鼓励公众参与生态环境治理与科技创新，确保科技应用和治理过程公开透明，推动企业履行环境保护责任；第七，建立科学的评估体系和激励机制，确保生态环境科技创新行动持续有效地推进。

《关于加快推进生态文明建设的意见》提出，支持生态文明领域工程技术类研究中心、实验室和实验基地建设，完善科技创新成果转化机制，形成一批成果转化平台、中介服务机构，加快成熟适用技术的示范和推广。

《关于深化生态环境科技体制改革激发科技创新活力的实施意见》提出，在区域大气污染防治、水生态环境质量改善、土壤与地下水保护修复、固体废物资源化、核与辐射安全、生物多样性与生态安全、环境健康与风险防控、气候变化与协同治理、海洋生态修复与环境治理、绿色发展与环境政策综合模拟等领域，支持创建若干国家重点实验室、国家工程研究中心和国家野外科学观测研究站等。

《“十四五”生态环境领域科技创新专项规划》提出，重点发展十个领域的技术：生态环境监测领域（大气 $PM_{2.5}$ 与 O_3 污染综合立体监测技术、水生态环境先进监测装备及预警技术、区域生态环境保护修复天空地协同综合监测与评估技术、污染源多要素智能化协同监测技术、天空地温室气体监测技术、生态环境应急多源数据智能化管理技术）、水污染防治与水生态修复领域（城镇水生态修复及雨污资源化技术、农业面源污染治理技术、工业废水污染防治与资源化利用技术、饮用水绿色净化与韧性系统构建技术、地表—地下统筹水生态环境修复与智慧化管控技术、水生态完整性保护修复技术）、**大气污染防治领域**（动态污染源清单与大气环境自适应智能模拟技术、多尺度大气复合污染成因与跨介质的耦合机制、大气复合污染健康损害机制与生态环境风险防控技术、多污染物源排放全流程高效协同治理与资源化技术、多污染物多尺度跨行业区域空气质量调控技术）、**土壤污染防治领域**（土壤复合污染成因与风险基准及绿色修复机制、农用地污染修复和可持续安全利用技术、土壤污染精准识别与智能监管技术）、**固废减量与资源化利用领域**（固废风险智能感知与数字化管控技术、典型产品生态设计与绿色过程调控技术、工业固废协同利用与产业循环链接技术、废旧物资智能解离装备与高值循环利用技术、生活垃圾及医疗废物高效分类利用技术及装备、固废资源化技术集成与综合示范）、**多污染物跨介质综合治理领域**（场地土壤与地下水污染协同治理和绿色修复技术、多介质复合污染协同治理技术、减污降碳协同治理技术）、**生态系统保护与修复领域**（人与自然耦合生态系统演变机制、生物多样性保护与生物入侵防控技术、重要生态系统及脆弱区系统保护修复技术、城市生态环境修复和生态系统服务提升技术、生态产品开发与价值实现技术）、**新污染物治理领域**（化学品高通量毒性测试和精细化暴露评估技术、化学品优先排序及分级分类与绿色替代合成技术、生态环境健康风险分级分区与管控技术、新污染物生态环境健康风险全过程防控技术、噪声与人体健康风险基准及评估技术）、**应对气候变化领域**（气候变化大数据与地球系统模式关键技术、气候变化影响评估与风险预警关键技术、重点领域碳达峰碳中和关键技术、CCUS技术、重点领域适应气候变化关键技术、全球气候治理支撑技术）、**支撑国际生态环境公约履约领域**（持久性有机污染物公约履约支撑技术、《巴塞尔公约》管控废物综合防治与成效评估技术、保护臭氧层公约履约成效评估与预警技术、生物多样性和荒漠化履约支撑技术、汞污染监管与生态环境风险防控技术）。

《关于全面推进美丽中国建设的意见》提出，加强企业主导的产学研深度融合，引导企业、高校、科研单位共建一批绿色低碳产业创新中心，加大高效绿色环保技术装备产品供给。实施生态环境科技创新重大行动，推进“科技创新2030—京津冀环境综合治理”重大项目，建设生态环境领域大科学装置和重点实验室、工程技术中心、科学观测研究站等创新平台。

《关于加强生态环境领域科技创新 推动美丽中国建设的实施意见》提出，坚持科技创新与产业创新结合，将科技活动深度融入行业企业治污实践和高质量发展，引导生态环境科技创新方向，打造生态环境新技术、新产业、新业态的重要策源地，强化绿色低碳产业链创新链融合，优化一批科技创新平台基地建设，推动生态环境科研基础设施建设。

四、加强生态文明领域智库建设

生态文明领域智库是专注于生态文明建设、生态环境保护和发展规律等议题的研究机构，聚焦生态文明建设中的战略性、全局性、紧迫性问题，通过政策研究、数据分析、技术评估和战略建议，为政府、企业和社会提供服务，为全面推进美丽中国建设、加快经济社会发展全面绿色转型提供智力支持。

加强生态文明领域智库建设，一是提升政策的科学性和前瞻性。智库通过深入调研、数据收集和系统分析，为政府制定生态文明政策提供科学依据和客观建议，借助综合研究预测生态环境发展趋势，提出长远战略，帮助政策制定者更好地应对未来环境挑战。二是促进跨界协同与多元合作。智库是连接政府、学界、企业和社会各界的桥梁，沟通平台的搭建有助于整合各方资源，通过跨部门、跨领域的合作，打破信息孤岛，实现资源共享，形成协同推进生态文明建设的合力。三是推动技术创新和绿色转型。智库在环境科技、绿色低碳、循环经济等领域的研究可以为技术突破和产业升级提供指导，推动绿色技术创新。总结国内外先进经验，智库能够提出切实可行的绿色转型路径和示范项目，助力区域和行业推广应用。四是提升公共参与和加强社会监督。智库通过开展公共教育、研讨会和论坛等形式，提高公众对生态文明建设的认识和参与度。智库能独立、客观评估政策实施效果并提供改进建议，增强政策透明度和社会监督。五是增强国际影响力与合作。智库可以促进与国外研究机构和国际组织的交流，借鉴国际先进理念和技术，通过系统研究和政策建议，有助于提升我国在全球生态环境治理领域的影响力和话语权。

加强生态文明领域智库建设，要有完善的顶层规划与政策保障，明确生态文明建设的总体目标和研究方向，通过出台优惠政策、税收激励和专项资金支持，为智库建设提供制度保障和资源支持；要构建多元化、跨学科的研究团队，整合跨各领域的专家，共同组成跨学科研究团队，推动多角度、多层次的研究，通过校企合作、专项培训和引进高端人才，不断提升智库的科研能力和实践经验；强化资金投入与资源整合，多渠道融资，鼓励政府、企业、科研机构和社会资本共同参与智库建设，设立专项研究基金和项目支持计划，搭建数据、案例和研究成果资源共享平台，实现高校、科研院所以及政府之间的信息互通和资源整合；推动信息化与数字化建设，整合多源生态环境数据，建立生态数据平台，运用大数据、云计算和人工智能技术，为决策提供科学支持，构建生态文明的数字模型，模拟和预测环境变化，助力政策预判和科学决策；加强国内外合作与交流，建立区域性的智库联盟和跨部门协同机制，推动地方、行业与国家层面的协同创新，与国际先进智库和科研机构开展合作，提高我国在全球生态文明治理中的话语权；建立评估与激励机制，定期评估其对政策支持和社会影响的贡献，鼓励持续创新和高水平研究，并推动成果转化为实际政策建议；促进公众参与与社会监督，通过报告、研讨会、公众论坛等形式，增强社会公众对生态文明建设的认知和参与度，引入独立第三方评估，确保研究的客观性和透明度。

《关于全面推进美丽中国建设的意见》提出，加强生态文明领域智库建设。

五、加强环境学科建设和人才培养

建设生态文明，为全面推进美丽中国建设，加快推进人与自然和谐共生的现代化，离不开生态环境学科的建设和相应的人才培养。

加强生态环境学科建设和人才培养是应对当前生态环境挑战、实现绿色低碳转型和推动可持续发展的必由之路，也是提升国家综合实力和国际竞争力的重要支撑。强化环境学科建设有助于推动前沿理论和技术的创新，为解决大气、水体、土壤等污染问题提供坚实的科学支撑，培养专业人才，为制定科学、前瞻性的生态环境、气候变化应对策略和绿色转型政策提供智力保障；生态环境学科的发展可以推动绿色技术和低碳技术的研发，为产业升级和绿色转型提供技术支持，高水平的环境研究和人才储备为生态文明建设提供了理论基础和实践经验；生态环境问题涉及多个领域，加强生态环境学科建设有助于促进跨学科研究，形成系统性、综合性的解决方案，具备跨学科背景的人才能够更好地协调不同领域之间的合作，提升整体环境治理水平；强大的生态环境学科和人才储备，不仅有助于提高国家自主创新能力，还能在国际环境治理中拥有更大话语权，服务经济社会可持续发展；生态环境学科的发展和人才培养，为新兴产业提供了人才和技术支持，推动经济转型升级，提高公众的环保意识。

加强环境学科建设和人才培养是推动绿色转型的重要保障。一要完善政策支持与体制机制，制订明确的生态环境学科和人才培养战略规划，建立多层次的激励机制，鼓励高校、科研院所和企业在生态环境领域持续投入与创新。二要加强教育体系建设与课程改革，优化学科设置，推动跨学科专业建设，更新课程体系，注重理论与实践结合，提高解决实际问题的能力，鼓励“双师型”人才培养和企业实践基地建设。三要建立联合研发平台，推进产学研融合、跨学科协同，培养具备系统思维和多领域知识背景的复合型人才。四要强化国际合作与交流，引进先进资源，联合培养生态环境领域人才，组建国际智库或环境研究联盟。五要建设数字化和信息化平台，实现多源数据的整合和共享，为科研和决策提供精准的数据支持，建设智慧实验室，推动前沿技术在环境监测与治理中的应用。六要完善人才评价与激励机制，合理评价人才贡献，激发科研活力，并提供持续职业发展的机会。

《关于加快推进生态文明建设的意见》提出，加强生态文明基础研究、试验研发、工程应用和市场服务等科技人才队伍建设。

《关于全面加强生态环境保护 坚决打好污染防治攻坚战的意见》提出，建设规范化、标准化、专业化的生态环境保护人才队伍。

《关于深化生态环境科技体制改革 激发科技创新活力的实施意见》提出，推进高层次科技人才队伍建设。引进交流机制，改进创新科技人才评价考核方式。

《关于全面推进美丽中国建设的意见》提出，支持高校和科研单位加强环境学科建设。实施高层次生态环境科技人才工程，培养造就一支高水平生态环境人才队伍。

《关于加强生态环境领域科技创新 推动美丽中国建设的实施意见》提出，实施高水平科技人才引领提升行动。

第四节　加快数字赋能

一、构建数字化治理体系

生态环境数字化治理体系是将数字技术深度融入生态环境治理全过程，旨在实现生态环境管理的智能化、精细化和透明化。

生态环境数字化治理体系由以下五个部分构成：一是数据采集与集成，多源数据采集是利用物联网、遥感卫星、无人机、传感器等对大气、水质、土壤、生态系统等进行实时监测，通过大数据、云计算平台，将分散的监测数据进行整合、清洗和分析，构建全面、动态的生态环境数据库。二是智能监测与预警，依托先进传感技术和智能设备，实现对生态环境变化的实时跟踪与在线监控，利用AI和大数据分析技术，提前识别潜在的环境风险和污染源，形成预警和响应机制，提升突发环境事件的处置能力。三是数字孪生与虚拟仿真，数字孪生技术构建生态环境的数字模型，通过虚拟仿真技术模拟环境变化趋势和治理措施效果，为科学决策提供依据，模拟预测是结合历史数据和实时监测数据，实现对环境治理效果、生态系统演化等的预测和评估，帮助政府和企业优化管理策略。四是智能决策与协同治理，决策支持系统基于数据分析和模型仿真，构建科学、精准的环境决策支持平台，跨部门协同通过信息共享和平台互联，实现高效协同，提高治理整体效能。五是公众参与和信息公开，通过开放数据平台和移动应用公开信息，提升社会监督和公众参与度，构建线上交流和意见反馈机制，推动形成共治共享的治理格局。通过构建生态环境数字化治理体系，可以实现数据驱动的精准管理和科学决策，有效提升环境治理的效率和质量，为推动绿色低碳转型、建设生态文明提供坚实的技术支撑。

《生态环境大数据建设总体方案》提出，推进数据资源全面整合共享，加强生态环境科学决策，创新生态环境监管模式，完善生态环境公共服务，统筹建设大数据平台，推动大数据试点。

《“十四五”国家信息化规划》提出，打造智慧高效的生态环境数字化治理体系。

《关于全面推进美丽中国建设的意见》提出，深化人工智能等数字技术应用，构建美丽中国数字化治理体系，建设绿色智慧的数字生态文明。

《关于加快建立现代化生态环境监测体系的实施意见》提出，推进数字化技术在生态环境监测全链条中的深度应用。

《关于加快经济社会发展全面绿色转型的意见》指出，加快数字化绿色化协同转型发展。

二、实施生态环境信息化工程

生态环境信息化工程是通过整合大数据、人工智能、物联网、云计算等先进技术，构建覆盖环境监测、污染治理、生态保护等全流程的信息化平台，旨在实现生态环境数据的实时采集、智能分析和高效应用，为生态环境治理的决策提供科学支持。

实施生态环境信息化工程的目标是实现数据整合与共享，打破数据孤岛，整合分散在各部门的环境数据，构建统一的生态环境大数据平台，实现智能监测与预警，实现环境质量的实时监测、污染源的精准追踪和环境污染的智能预警；实现精准治理与决策支持，通过数据分析和模型预测，为生态环境治理提供科学依据，优化资源配置和治理方案；实现公众参与与透明治理，推动生态环境信息公开，鼓励公众参与环境监督，提升生态环境治理的透明度和公信力。

生态环境信息化工程由以下五个部分构成：一是生态环境大数据平台建设，包含数据采集、数据整合和数据共享；二是智能监测与预警系统，包括环境质量监测、污染源追踪、环境风险预警；三是智慧环境管理平台，包括环境监管智能化、企业环境管理和公众参与；四是生态保护与修复信息化，包括生态系统监测、生态修复评估；五是生态环境治理决策支持系统，包括数据分析与建模、政策模拟与评估。

《生态文明体制改革总体方案》提出，建立资源环境监测预警数据库和信息技术平台。

《加快推进生态文明建设的意见》提出，提升信息化水平，提高准确性、及时性，实现信息共享。

《关于全面加强生态环境保护 坚决打好污染防治攻坚战的意见》提出，完善危险废物经营许可、转移等管理制度，建立信息化监管体系，提升危险废物处理处置能力，实施全过程监管。

《关于构建现代环境治理体系的指导意见》提出，加快构建陆海统筹、天地一体、上下协同、信息共享的生态环境监测网络，全面提高监测自动化、标准化、信息化水平，形成生态环境数据一本台账、一张网络、一个窗口。

《关于全面推进美丽中国建设的意见》提出，实施生态环境信息化工程，加强数据资源集成共享和综合开发利用。

三、建立现代化生态环境监测体系

现代化生态环境监测体系是以现代信息技术为支撑，由完善的监测网络、先进的监测技术、系统的监测业务、严格的质量控制、高效的监测管理等组成的有机系统，实现对生态环境的全方位、实时、动态监控和管理，为生态环境保护提供科学依据和技术保障。

现代化的生态环境监测体系可以提供实时、精准的数据支持，帮助政府和相关机构更科学地制定生态环境保护政策，提高生态环境治理的效率和效果。通过全面监测空气、水、土壤等生态要素，可以及早发现环境污染问题，及时采取应对措施，降低污染对生态系统和人类健康的影响，提升生态环境风险防范能力保障生态安全，推动经济发展与生态保护协调并进。

现代生态环境监测涵盖了多个方面内容，包括大气环境监测、水环境监测、土壤环境监测、生态监测、噪声与振动监测、辐射环境监测、气候变化监测、污染源监测、生物多样性监测、综合评估与预警等，通过多层次、多手段的监测，为生态环境治理提供科学依据和技术支持。当前，重点要健全天空地海一体化监测网络，加速监测技术数智化转型，筑牢高质量监测数据根基，强化高效能监测管理，实现高水平业务支撑，更好发挥生态环境监测对污染治理、生态保护、应对气候变化的支撑、引领和服务作用。在数据采集层，通过部署在陆地、水体、大气中的各类传感器，用于实时采集环境数据；在数据传输层，通过光纤、4G/5G、LoRa[①] 等通信技术将采集到的数据

① LoRa（Long Range Radio），即远距离无线电，是 Semtech 公司开发的一种低功耗局域网无线标准。

传输到数据中心或云平台；在数据存储与管理层，存储海量环境数据，提供高效的数据管理和备份服务；在数据处理与分析层，利用大数据处理框架进行清洗、整合和分析，进行数据挖掘、模式识别和预测分析；在应用服务层，基于实时数据分析，提供环境质量预警和应急响应服务，为政府、企业和公众提供科学决策支持。

《生态环境监测网络建设方案》提出，全面完善生态环境监测网络，健全生态环境监测制度与保障体系。

《关于深化环境监测改革提高环境监测数据质量的意见》提出，坚决防范地方和部门不当干预，大力推进部门环境监测协作，严格规范排污单位监测行为，准确界定环境监测机构数据质量责任，严厉惩处环境监测数据弄虚作假行为，加快提高环境监测质量监管能力。

《关于全面加强生态环境保护 坚决打好污染防治攻坚战的意见》提出，建立独立权威高效的生态环境监测体系，构建天地一体化的生态环境监测网络，实现国家和区域生态环境质量预报预警和质控。

《“十四五”生态环境监测规划》提出，推进生态环境监测现代化。实施国家生态环境监测网络建设与运行保障、中央本级生态环境监测提质增效两大工程。

《关于深入打好污染防治攻坚战的意见》提出，建立完善现代化生态环境监测体系。

《关于全面推进美丽中国建设的意见》提出，加快建立现代化生态环境监测体系，健全天空地海一体化监测网络，加强生态质量监督监测，推进生态环境卫星载荷研发。

《关于加快建立现代化生态环境监测体系的实施意见》提出，健全天空地海一体化监测网络，塑造数智化监测技术新优势，强化高水平监测业务支撑，筑牢高质量监测数据根基，推进高效能监测管理。

四、加强环境监测能力建设

环境监测能力是指通过科学技术手段，对环境要素（如空气、水、土壤、噪声、生物等）进行长期、系统的观测、分析和评估的能力。强大的环境监测能力有助于及时发现环境问题，为环境治理和决策提供数据支持，保障生态安全和人类健康。

环境监测能力的核心要素包括监测范围、监测技术、监测网络、数据处理与分析、预警与响应能力、信息公开与共享等。加强环境监测能力建设，要建立法律监管体系，制定严格的环境监测标准和规范，建立全国性、多层次的生态环境监测网络，增强自动化、智能化监测设备的应用，运用遥感卫星、无人机、物联网传感器进行远程实时监测，结合大数据和AI技术进行环境污染分析、趋势预测和风险评估，强化预警和响应机制，有效提升环境管理水平，参与全球环境监测项目，提升公众参与度。

《生态环境监测网络建设方案》提出，提升生态环境监测综合能力。

《关于深化环境监测改革提高环境监测数据质量的意见》提出，完善法规制度、健全质量管理体系、强化高新技术应用，加快提高环境监测质量监管能力。

《关于构建现代环境治理体系的指导意见》提出，强化监测能力建设。

《“十四五”生态环境监测规划》提出，完善法规制度、细分监测事权、优化运行机制、增强地方监测能力、培育人才队伍，推进生态环境监测现代化。

《关于全面推进美丽中国建设的意见》提出，加强温室气体、地下水、新污染物、噪声、海洋、辐射、农村环境等监测能力建设，实现降碳、减污、扩绿协同监测全覆盖。

《关于加快建立现代化生态环境监测体系的实施意见》提出，强化能力保障。

五、提升生态环境质量预测预报水平

生态环境质量预测预报水平是指利用科学手段和技术，对未来的空气、水、土壤等环境质量及其变化趋势进行分析、模拟和预报的能力。提高预测预报水平对环境管理、污染防控、生态保护以及社会经济发展具有重要意义。

提升生态环境质量预测预报水平，一是要构建高精度监测网络，加强全国及地方的空气、水、土壤等多维环境监测体系，提高数据获取的全面性和准确性；二是运用大数据与人工智能，结合历史数据和实时监测数据，通过机器学习、深度学习等算法，提高预测的精准度；三是加强遥感与物联网技术应用，利用卫星遥感、无人机监测、LoRa 等物联网技术，实现广域、高效的数据收集与分析；四是优化数学模型与仿真系统，开发和改进大气污染、水污染扩散等数值模拟模型，提高预测结果的可靠性；五是加强国际合作与数据共享，借鉴全球先进的环境预测技术，与国际组织、科研机构合作，共享环境监测和预测数据，提高环境治理能力。

《生态环境监测网络建设方案》提出，加强环境质量监测预报预警，严密监控企业污染排放，提升生态环境风险监测评估与预警能力。

《关于全面加强生态环境保护 坚决打好污染防治攻坚战的意见》提出，推进预测预报预警体系建设，进一步提升国家级空气质量预报能力。

《“十四五”生态环境监测规划》提出，提升空气质量预测预报水平。健全国家、区域、省、市四级环境空气质量预测预报体系，提升大数据监测水平。

《关于全面推进美丽中国建设的意见》提出，提升生态环境质量预测预报水平。

六、建设智慧执法体系

生态环境智慧执法体系，是指利用大数据、人工智能、物联网、遥感技术、5G、区块链等先进科技手段，构建智能化、精准化、高效化的生态环境执法体系，提升环境监管能力和污染治理效率，减少人为干预，提高执法透明度，助力绿色转型和美丽中国建设。

建设生态环境智慧执法体系，一能提高环境执法效率，实现污染源全天候的实时监管，提高监测精度；二能增强执法精准度，智能识别违法排污行为提高取证效率，结合 AI 算法预测污染趋势，提前预警环境风险；三能提升执法透明度，确保数据可追溯、不可篡改，公开污染源监测数据，接受社会监督；四能强化跨部门协同治理，提高联合执法效率，实现联动执法，快速响应环境违法事件；五能减少环境违法行为，通过 AI 分析历史排污数据，精准锁定高风险企业并提前监管，运用智能化技术震慑潜在环境违法行为。生态环境智慧执法广泛应用于工业污染监管、水环境执法、大气污染执法、固废与危废监管、生态保护与土地执法等领域。

建设生态环境智慧执法体系，要整合先进技术，完善制度体系、加强跨部门协作，并推动社会公众参与，以实现高效、精准、透明的生态环境执法。要构建全国统一的生态环境智慧执法平台，加快新技术应用，运用区块链和人工智能提升执法透明度，优化环境执法模式，加强跨部门协作，实现联合执法，强化社会公众参与，形成全民监督机制。

《关于积极推进“互联网+”行动的指导意见》提出，大力发展智慧环保。利用智能监测设备和移动互联网，形成全天候、多层次的智能多源感知体系。

《“互联网+”绿色生态三年行动实施方案》提出，大力发展智慧环保。

《生态环境大数据建设总体方案》提出，开展大数据分析，精确打击违法行为，预警企业违法风险，支撑环境监察执法从被动响应向主动查究违法行为转变。

《关于加强生态保护监管工作的意见》提出，通过非现场监管、大数据监管、无人机监管等应用技术，强化对破坏湿地、林地、草地、自然岸线和近岸海域等的开矿、修路、筑坝、建设、围填海、采砂和炸礁行为进行监督。强化对湿地生态环境保护、荒漠化防治、岸线保护修复和水产养殖环境保护的监督。

《关于全面推进美丽中国建设的意见》提出，实施国家环境守法行动，实行排污单位分类执法监管，大力推行非现场执法，加快形成智慧执法体系。

《关于进一步规范生态环境执法 助力优化营商环境的意见》提出，持续加强数智化平台建设，积极运用大数据、大模型 AI、物联感知等技术手段，实现从“人海战术”向“智慧执法”转变，由“人防为主”向“技防优先”转变。大力推行非现场、无感式执法。

第五节　实施重大工程

一、实施减污降碳协同工程

减污降碳协同工程是指通过统筹推进污染物减排和温室气体减排，实现环境质量改善与气候变化的协同治理，旨在减少污染物排放的同时降低温室气体排放，从而实现生态环境保护和应对气候变化的双重效益。

减污降碳协同强调在政策、技术、管理等方面的协同创新，推动经济社会绿色低碳转型。在重点行业、重点区域和重点领域，统筹推进大气污染防治与温室气体减排，实现环境质量改善与碳达峰碳中和目标的协同。

实施减污降碳协同，一是重点行业协同，在钢铁、建材、石化、化工等高耗能、高排放行业，推广清洁生产技术和节能技术，实现污染物和温室气体协同减排；二是重点区域协同，在京津冀及周边地区、长三角地区、汾渭平原等重点区域，统筹推进大气污染防治与温室气体减排；三是重点领域协同，在能源、工业、城乡建设、交通运输、农业等领域，实施减污降碳协同工程，推动全领域绿色低碳转型；四是试点示范，在重点城市、园区和企业开展减污降碳协同试点，探索可复制、可推广的经验。

实施减污降碳协同工程，减少大气污染物排放，改善空气质量，降低水体和土壤污染，提升生态环境质量；通过减少温室气体排放，助力实现碳达峰碳中和目标，减缓气候变化；降低企业能源消耗和污染治理成本，提高资源利用效率，推动绿色低碳技术创新和产业升级，培育新的经济增长点；减少因环境污染和气候变化导致的健康风险，提升社会对绿色低碳发展的认同感和参与度。

《“十四五”规划和2035年远景目标纲要》提出，持续改善环境质量，推进精准、科学、依法、系统治污，协同推进减污降碳。

《绿色交通“十四五”发展规划》提出，全方位、全地域、全过程推进交通运输行业绿色发展，切实推动交通运输减污降碳。

《关于深入打好污染防治攻坚战的意见》提出，以实现减污降碳协同增效为总抓手，努力建设人与自然和谐共生的美丽中国。处理好减污降碳和能源安全的关系，深入开展碳达峰行动。加快构建减污降碳一体谋划、一体部署、一体推进、一体考核的制度机制。

《关于深化生态环境领域依法行政 持续强化依法治污的指导意见》提出，以实现减污降碳协同增效为总抓手，进一步强化降碳的刚性举措，将应对气候变化要求纳入“三线一单”生态环境分区管控体系，实施碳排放环境影响评价，打通污染源与碳排放管理统筹融合路径，从源头实现减污降碳协同作用。

《“十四五”工业绿色发展规划》提出，以减污降碳协同增效为总抓手，支撑碳达峰碳中和目标任务如期实现。

《“十四五”节能减排综合工作方案》提出，完善实施能源消费强度和总量双控、主要污染物排放总量控制制度，组织实施节能减排重点工程，进一步健全节能减排政策机制，推动能源利用效率大幅提高、主要污染物排放总量持续减少，实现节能降碳减污协同增效、生态环境质量持续改善。

《“十四五”环境影响评价与排污许可工作实施方案》提出，坚持推进减污降碳协同增效，组织开展减污降碳协同管控试点，积极开展产业园区减污降碳协同管控，加强“两高”行业减污降碳源头防控。

《减污降碳协同增效实施方案》提出，加强源头防控，突出重点领域，优化环境治理，开展模式创新，强化支撑保障。

《工业领域碳达峰实施方案》提出，推进减污降碳协同增效，持续降低单位产出能源资源消耗，从源头减少二氧化碳排放。

《关于推进污水处理减污降碳协同增效的实施意见》提出，强化源头节水增效，加强污水处理节能降碳，推进污泥处理节能降碳，完善支持政策。

《关于全面推进美丽中国建设的意见》提出，加快实施减污降碳协同工程，支持能源结构低碳化、移动源清洁化、重点行业绿色化、工业园区循环化转型等。

二、实施环境品质提升工程

环境品质提升工程是指通过系统性、综合性的治理措施，提升空气质量、水环境质量、土壤环境质量以及整体生态系统健康水平，满足人民群众对优美生态环境的需求，涵盖污染防治、生态修复、智慧监管等多个领域，推动环境治理由“末端治理”向“系统提升”转变。

实施环境品质提升工程，可以改善生态环境质量，恢复生态系统功能，提升生物多样性；提升居民生活质量，保障公众健康，增强人民群众的获得感和幸福感；推动绿色产业发展，促进经济结构转型升级，实现高质量发展；为全球生态环境治理提供中国方案，展现中国负责任大国的担当。

实施环境品质提升工程，主要是大气环境质量提升、水环境质量提升、土壤环境质量提升、生态系统质量提升、城乡人居环境质量提升等。当前，要推进工业源、移动源、扬尘源等污染源治理，推广清洁能源，减少煤炭消费，加强机动车尾气治理，推广新能源汽车，实施重点区域大气污染联防联控；推进工业废水、生活污水、农业面源污染治理，实施河湖生态修复，恢复水体自净能力，加强饮用水源地保护，推进黑臭水体治理和海绵城市建设；开展土壤污染调查和风险评估，推进污染地块修复和风险管控，加强农业面源污染治理，推广绿色农业技术，实施矿山生态修复和土地复垦；实施天然林保护、退耕还林还草、湿地修复等生态工程，加强生物多样性保护，恢复濒危物种栖息地，推进生态保护红线划定和管理，开展生态监测和评估，提升生态系统服务功能；推进垃圾分类和无害化处理，加强噪声污染治理，改善声环境质量，提升城市绿化和景观品质，建设生态园林城市，改善农村人居环境，推进厕所革命和污水治理。

《水污染防治行动计划》提出，实施农村清洁工程。

《土壤污染防治行动计划》提出，实施农村生活污水治理工程。

《关于全面加强生态环境保护 坚决打好污染防治攻坚战的意见》提出，实施京津风沙源治理工程、重点防护林工程，因地制宜建设人工湿地水质净化工程，实施耕地土壤环境治理保护重大工程。

《关于推进污水资源化利用的指导意见》指出，实施污水资源化利用重点工程。实施污水收集及资源化利用设施建设工程，实施区域再生水循环利用工程，实施工业废水循环利用工程，实施农业农村污水以用促治工程，实施污水近零排放科技创新试点工程，综合开展污水资源化利用试点示范。

《关于推动城乡建设绿色发展的意见》提出，实施城市生态修复工程。

《关于深入打好污染防治攻坚战的意见》提出，持续打好长江保护修复攻坚战，扎实推进城镇污水垃圾处理和工业、农业面源、船舶、尾矿库等污染治理工程。

《关于全面推进美丽中国建设的意见》提出，加快实施环境品质提升工程，支持重点领域污染减排、重要河湖海湾综合治理、土壤污染源头防控、危险废物环境风险防控、新污染物治理等。

《关于加快农业发展全面绿色转型促进乡村生态振兴的指导意见》提出，深入实施国家黑土地保护工程和东北黑土地保护性耕作行动计划，实施畜禽粪污资源化利用整县推进工程，实施长江生物多样性保护工程。

《土壤污染源头防控行动计划》提出，实施颗粒物治理升级改造工程，对地下水污染高风险化工园区实施风险管控工程。

三、实施生态保护修复工程

生态保护修复工程是指通过自然恢复、工程治理和人工干预等手段，修复因人类活动或自然灾害造成的生态退化区域，恢复和提升生态系统的结构、功能和服务能力，涵盖森林、草原、湿地、河湖、海洋、荒漠等多个生态系统，旨在维护生态安全、提高生物多样性、增强生态系统的碳汇能力，并助力“双碳”目标。

实施生态保护修复工程，可以修复受损生态环境，提升生态系统稳定性；可以增强生态系统碳汇功能，应对气候变化；生态修复可恢复栖息地，提升生态系统的生物多样性；生态修复工程可优化资源利用方式，引导绿色产业发展，促进全面绿色转型。

实施生态保护修复工程，一是开展大规模国土绿化行动，推进天然林保护工程，加强森林防火与病虫害防治，实施森林生态保护修复；二是退牧还草，治理草原退化、沙化和盐渍化，推广草畜平衡制度，实施草原生态修复；三是开展湿地保护修复工程，加强湿地生态补水，恢复水生植被和湿地动物栖息地，实施湿地生态修复；四是开展“三北”防护林工程，加强黄土高原生态修复，推进矿山生态修复，实施荒漠化和水土流失治理；五是开展河湖“清四乱”行动，推动“蓝色碳汇”修复，构建海洋生态红线制度，实施河湖和海洋生态保护修复。

《2030年前碳达峰行动方案》提出，实施生态保护修复重大工程。

《粤港澳大湾区发展规划纲要》提出，实施重要生态系统保护和修复重大工程。

《全国重要生态系统保护和修复重大工程总体规划（2021—2035年）》提出，开展青藏高原生态屏障区、黄河重点生态区、长江重点生态区、东北森林带、北方防沙带、南方丘陵山地带、海岸带生态保护和修复，以及自然保护地建设及野生动植物保护、生态保护和修复支撑体系共9个重大工程。

《关于完整准确全面贯彻新发展理念做好碳达峰碳中和工作的意见》提出，实施森林质量精准提升工程和国家黑土地保护工程。

《关于深入打好污染防治攻坚战的意见》提出，实施重要生态系统保护和修复重大工程、山水林田湖草沙一体化保护和修复工程，实施生物多样性保护重大工程。

《青藏高原生态屏障区生态保护和修复重大工程建设规划（2021—2035年）》提出，以青藏高原生态屏障区7个国家重点生态功能区为基础，将青藏高原生态屏障区生态保护和修复重大工程统筹布局为8项重点工程29个重点项目，全面构建青藏高原生态屏障区空间保护格局。

《南方丘陵山地带生态保护和修复重大工程建设规划（2021—2035年）》提出，实施南岭山地森林及生物多样性保护、武夷山森林和生物多样性保护、湘桂岩溶地区石漠化综合治理、南方丘陵山地带矿山生态修复等4项工程，共20个重点项目。

《东北森林带生态保护和修复重大工程建设规划（2021—2035年）》提出，实施大兴安岭森林生态保育、小兴安岭森林生态保育、长白山森林生态保育、三江平原重要湿地保护恢复、松嫩平原重要湿地保护恢复、东北地区矿山生态修复6项重点工程。

《北方防沙带生态保护和修复重大工程建设规划（2021—2035年）》提出，重点实施京津冀协同发展生态保护和修复、内蒙古高原生态保护和修复、河西走廊生态保护和修复、塔里木河流域生态修复、天山和阿尔泰山森林草原保护、北方防沙带矿山生态修复6项重点工程，共29个重点项目。

《"十四五"推动长江经济带发展城乡建设行动方案》提出，实施城市生态修复工程。构建长江生态绿道网络，修复城市水体，完善绿地系统。

《"十四五"黄河流域生态保护和高质量发展城乡建设行动方案》提出，开展城市生态修复工程，实施黄河流域生态环境治理工程。

《"十四五"生态保护监管规划》提出，推动实施生态保护修复重大工程和大规模国土绿化行动。

《减污降碳协同增效实施方案》提出，全面加强天然林保护修复。实施生物多样性保护重大工程。

《黄河流域生态环境保护规划》提出，实施三江源生态保护和修复、祁连山生态保护和修复、若尔盖草原湿地—甘南黄河重要水源补给生态保护和修复、黄土高原水土流失综合治理、秦岭生态保护和修复、贺兰山生态保护和修复、黄河下游生态保护和修复等生态保护修复工程。

《关中平原城市群建设“十四五”实施方案》提出，协同推进黄河重点生态区（含黄土高原生态屏障）生态保护和修复重大工程。

《深入打好长江保护修复攻坚战行动方案》提出，推进生态保护和修复重大工程建设，加强重要湖泊生态环境保护修复，开展自然保护地建设与监管。

《“十四五”乡村绿化美化行动方案》提出，实施重要生态系统保护和修复工程，统筹山水林田湖草沙系统治理，科学恢复林草植被。

《“十四五”扩大内需战略实施方案》提出，实施重要生态系统保护和修复重大工程。

《关于全面推进美丽中国建设的意见》提出，加快实施生态保护修复工程，支持生物多样性保护、重点地区防沙治沙、水土流失综合防治等。

四、实施现代化生态环境基础设施建设工程

现代化生态环境基础设施建设工程是指利用先进技术和系统性规划，建设和完善环境治理设施，以提升生态环境管理能力，实现污染防治、资源循环利用、生态修复和环境监测智能化管理的综合工程。

现代化生态环境基础设施建设工程涉及要建设的基础设施，包括污染治理基础设施（大气、水、土壤污染治理设施，固废处理设施等）、生态修复基础设施（生态修复工程、生态廊道建设、生物多样性保护设施等）、资源循环利用基础设施（再生资源回收利用设施、水资源循环利用设施、能源循环利用设施等）、环境监测与预警基础设施（环境监测网络、环境预警系统、智慧环保平台等）、绿色交通基础设施（新能源汽车充电设施、绿色交通网络等）、绿色建筑基础设施（节能建筑、生态园林等）。

实施现代化生态环境基础设施建设工程，可以提升污染治理能力，改善环境质量；有效助力“双碳”目标，实现经济社会发展全面绿色低碳转型；提高资源循环利用效率，推动循环经济发展；强化环境监测与智慧管理，提升环境治理效能。

《关于全面加强生态环境保护 坚决打好污染防治攻坚战的意见》提出，加快补齐城镇污水收集和处理设施短板。

《关于推进污水资源化利用的指导意见》指出，以现有污水处理厂为基础合理布局再生水利用基础设施，完善工业企业、园区污水处理设施建设，实施现有污水处理设施提标升级扩能改造，积极推进污泥无害化资源化利用设施建设，逐步建设完善农业污水收集处理再利用设施。

《“十四五”规划和2035年远景目标纲要》提出，全面提升环境基础设施水平。

《“十四五”城镇生活垃圾分类和处理设施发展规划》提出，加快完善垃圾分类设施体系。

《“十四五”城镇污水处理及资源化利用发展规划》提出，补齐城镇污水管网短板提升收集效能，强化城镇污水处理设施弱项提升处理能力，加强再生利用设施建设推进污水资源化利用，破解污泥处置难点实现无害化推进资源化。

《关于深入打好污染防治攻坚战的意见》提出，实施环境基础设施补短板行动。

《关于加快推进城镇环境基础设施建设的指导意见》提出，加快补齐能力短板，着力构建一体化城镇环境基础设施，推动智能绿色升级，提升建设运营市场化水平，健全保障体系。

《关于加强县级地区生活垃圾焚烧处理设施建设的指导意见》提出，加快健全收运和回收利用体系，分类施策加快提升焚烧处理设施能力，积极开展小型焚烧试点，加强设施建设运行监管，探索提升设施可持续运营能力。

《关于进一步推进农村生活污水治理的指导意见》提出，健全农村生活污水治理机制，发挥规划引领作用，科学确定治理成效评判基本标准，因地制宜选择治理模式和技术，加强农村改厕与农村生活污水治理的有效衔接，强化设施建设和运维质量管理，有序推进农村生活污水处理设施分类整改，多方筹措资金，强化进展调度与激励。

《关于全面推进美丽中国建设的意见》提出，加快实施现代化生态环境基础设施建设工程，支持城乡和园区环境设施、生态环境智慧感知和监测执法应急、核与辐射安全监管等。

第六节 共谋全球生态文明建设

一、坚持人类命运共同体理念

“人类命运共同体”是由中国提出的全球治理理念，强调世界各国在经济、环境、安全、文化等领域的紧密联系，倡导各国携手合作，共同应对全球性挑战，实现和平发展与共同繁荣。

人类命运共同体理念的基本内容是：和平共处，维护全球安全；合作共赢，推动共同发展；文化互鉴，推动文明共存；绿色发展，建设美丽地球。

人类命运共同体理念强调全球各国休戚与共、相互依存，倡导共同应对挑战、实现可持续发展。坚持这一理念，有助于全世界共同面临气候变化、公共卫生安全、恐怖主义、能源危机、网络安全等全球性挑战，为全球治理提供了方向；有助于促进公平贸易、互利合作，推动全球经济复苏；有助于通过对话协商解决争端，反对零和博弈和冷战思维，促进世界和平，避免冲突对抗；有助于缩小发展鸿沟，推动全球减贫和发展；促进共同发展，实现互利共赢，促进科技创新共享，维护公平的国际秩序，实现全球共同繁荣；有助于保护地球生态环境，实现可持续发展；有助于不同文明和平共处，推动文明交流互鉴，促进全球文化包容。人类命运共同体提供了一种超越国别、种族、意识形态的全球治理模式，强调和平发展、合作共赢、共同繁荣，致力于构建一个持久和平、普遍安全、共同繁荣、开放包容、清洁美丽的世界。

党的十八大报告指出，倡导人类命运共同体意识，在追求本国利益时兼顾他国合理关切，在谋求本国发展中促进各国共同发展，建立更加平等均衡的新型全球发展伙伴关系，增进人类共同利益。

党的十九大报告指出，坚持和平发展道路，推动构建人类命运共同体。建设持久和平、普遍安全、共同繁荣、开放包容、清洁美丽的世界。

《宪法》修正案序言中增加了“推动构建人类命运共同体”的表述。

《新时代的中国与世界》白皮书提出，世界各国应团结起来，凝聚起不同民族、不同信仰、不同文化、不同地域人民的共识，共同推动构建人类命运共同体，把世界各国人民对美好生活的向往变成现实。

《“十四五”规划和2035年远景目标纲要》提出，推动共建“一带一路”行稳致远，推动构建人类命运共同体。

《中国联合国合作立场文件》提出，推动构建相互尊重、公平正义、合作共赢的新型国际关系，推动构建人类命运共同体。

党的二十大报告指出，促进世界和平与发展，推动构建人类命运共同体。坚持对话协商，推动建设一个持久和平的世界；坚持共建共享，推动建设一个普遍安全的世界；坚持合作共赢，推动建设一个共同繁荣的世界；坚持交流互鉴，推动建设一个开放包容的世界；坚持绿色低碳，推动建设一个清洁美丽的世界。

《全球安全倡议概念文件》提出，坚持共同、综合、合作、可持续的安全观，构建人类命运共同体。

《关于全面推进美丽中国建设的意见》提出，坚持人类命运共同体理念，共建清洁美丽世界。

二、构建全球环境气候治理体系

全球环境气候治理体系是国际社会为应对全球气候变化和环境问题共同制定和实施的一系列政策、法律、机制和合作框架，旨在通过协调各国行动，以应对全球气候变化、环境污染、生物多样性丧失等全球性挑战。全球环境气候治理体系由国际公约与协议、国际组织与机构、多边合作机制、非国家行为体等组成。

构建公平、科学、高效的全球环境气候治理体系，是全球社会共同应对气候变化、生态破坏和环境污染的要求。全球气候变化、资源危机、环境污染和生态危机已成为全球共同挑战，单靠某个国家难以独立应对，需要全球协调治理，才能实现联合国可持续发展目标，确保人类社会与自然环境的长期和谐共存。

全球环境治理的实践早已开展。20世纪70年代，人们开始认识到环境问题与人类生存休戚相关，国际社会开始行动，共同采取处理和解决环境问题的各种措施和活动。1995年，国际社会提出了全球治理的概念、价值。2015年10月，中国首次明确全球治理的中国理念：“共商共建共享”与“公正合理”，并庄严承诺推进全球气候治理机制建设。中国提出的生态文明新理念，为全球治理构建了新的价值观基础。

参与全球环境气候治理，积极参与治理规则构建，提升国际合作水平，是今后我国生态环境管理的一项重要工作。长期以来，中国高度重视气候变化和全球环境问题，主动承担相应责任，积极参与国际对话，努力推动全球环境气候治理体系的构建。《中国落实2030年可持续发展议程国别方案》等文件提出，完善生态环保合作平台建设，形成生态环保合作良好格局，全面提升对外生态环保合作水平，共走绿色发展之路。

党的十九大报告提出，“积极参与全球环境治理，落实减排承诺”，“中国秉持共商共建共享的全球治理观，倡导国际关系民主化，坚持国家不分大小、强弱、贫富一律平等，支持联合国发挥积极作用，支持扩大发展中国家在国际事务中的代表性和发言权。中国将继续发挥负责任大国作用，积极参与全球治理体系改革和建设，不断贡献中国智慧和力量”。

《“十四五”规划和2035年远景目标纲要》提出，坚持公平、共同但有区别的责任及各自能力原则，建设性参与和引领应对气候变化国际合作，推动落实联合国气候变化框架公约及其巴黎协定，积极开展气候变化南南合作。积极参与全球治理体系改革和建设。坚持多边主义和共商共建共享原则，维护以联合国为核心的国际体系和以国际法为基础的国际秩序，共同应对全球性挑战。积极落实联合国2030年可持续发展议程。

党的二十大报告指出，积极参与全球治理体系改革和建设，践行共商共建共享的全球治理观。

《全球安全倡议概念文件》提出，坚持统筹维护传统领域和非传统领域安全。倡导各国践行共商共建共享的全球治理观，共同应对地区争端和恐怖主义、气候变化、网络安全、生物安全等全球性问题。

《关于全面推进美丽中国建设的意见》提出，坚持共同但有区别的责任原则，推动构建公平合理、合作共赢的全球环境气候治理体系。

《关于加快经济社会发展全面绿色转型的意见》提出，秉持人类命运共同体理念，积极参与应对气候变化、海洋污染治理、生物多样性保护、塑料污染治理等领域国际规则制定，推动构建公平合理、合作共赢的全球环境气候治理体系。推动落实全球发展倡议，加强南南合作以及同周边国家合作，在力所能及范围内为发展中国家提供支持。

三、推动共建“一带一路”绿色发展

丝绸之路是古代连接中西方的商道，分为陆上丝绸之路和海上丝绸之路。2013 年 9 月和 10 月，中国先后提出了共建“丝绸之路经济带”和“21 世纪海上丝绸之路”的战略构想，这是根植于中国历史上所主导的“古代全球化和区域化”（陆上丝绸之路和海上丝绸之路）的现代版，以生态文明理念为指导，借用古代丝绸之路的历史符号，贯穿起亚欧非大陆，连接新兴的东亚经济圈、发达的欧洲经济圈、巨大发展潜力的广大腹地国家，促进沿线国家的经济合作，共同打造人类命运共同体。

共建“一带一路”绿色发展是我国推动全球可持续发展的重要实践，旨在促进共建“一带一路”国家在基础设施、能源、贸易和投资等领域的绿色转型，实现经济增长与环境保护的协调统一。

共建“一带一路”国家大多面临环境污染、气候变化和生态退化等问题，绿色发展模式能促进这些国家的可持续发展。绿色投资和技术合作，可以推动全球新能源、智慧交通、生态农业等领域的创新和产业升级。“一带一路”绿色发展的领域主要集中在绿色基础设施建设、清洁能源合作、绿色金融支持和生态环境保护合作。

推动共建“一带一路”绿色发展，是推动全球可持续发展、促进经济合作、改善生态环境的重要举措。可以助力联合国 2030 可持续发展目标，推动全球绿色低碳转型；在共建“一带一路”国家促进绿色投资，优化能源结构，推动低碳技术合作与产业升级；降低跨境环境污染，保护生物多样性；加强国际合作，推动构建公平合理的全球气候治理体系；展示中国在全球绿色发展的引领作用，提升中国全球治理影响力。

《关于推进绿色“一带一路”建设的指导意见》提出，全面服务“五通”，促进绿色发展，保障生态环境安全；加强绿色合作平台建设，提供全面支撑与服务；制定完善政策措施，加强政企统筹，保障实施效果；发挥地方优势，加强能力建设，促进项目落地。

《“一带一路”生态环境保护合作规划》提出，加强生态环保政策沟通，促进国际产能合作与基础设施建设的绿色化，发展绿色贸易，推动绿色资金融通，开展生态环保项目和活动。规划涉及25个重点项目。

《“一带一路”建设海上合作设想》提出，保护海洋生态系统健康和生物多样性，推动区域海洋环境保护，加强海洋领域应对气候变化合作，加强蓝碳国际合作；加强海洋资源开发利用合作，提升海洋产业合作水平，推进海上互联互通，提升海运便利化水平，推动信息基础设施联通建设，积极参与北极开发利用；加强海洋公共服务合作，开展海上航行安全合作，开展海上联合搜救，共同提升海洋防灾减灾能力，推动海上执法合作；深化海洋科学研究与技术合作，共建海洋科技合作平台，共建共享智慧海洋应用平台，开展海洋教育与文化交流，共同推进涉海文化传播；建立海洋高层对话机制，建立蓝色经济合作机制，开展海洋规划研究与应用，加强与多边机制的合作，加强智库交流合作，加强民间组织合作。

《关于全面加强生态环境保护 坚决打好污染防治攻坚战的意见》提出，积极推动落实2030年可持续发展议程和绿色“一带一路”建设。

《新时代的中国与世界》白皮书提出，推动共建“一带一路”高质量发展。“一带一路”倡议是构建人类命运共同体的实践平台，是促进世界和平与发展的“船”和“桥”。

《“十四五”规划和2035年远景目标纲要》提出，坚持共商共建共享原则，秉持绿色、开放、廉洁理念，深化务实合作，加强安全保障，推动共建“一带一路”高质量发展。

《关于完善能源绿色低碳转型体制机制和政策措施的意见》提出，促进“一带一路”绿色能源合作。鼓励金融产品和服务创新，支持“一带一路”清洁低碳能源开发利用。推进“一带一路”绿色能源务实合作，探索建立清洁低碳能源产业链上下游企业协同发展合作机制。引导企业开展清洁低碳能源领域对外投资，在相关项目开展中注重资源节约、环境保护和安全生产。推动建设能源合作最佳实践项目。依法依规管理碳排放强度高的产品生产、流通和出口。

《关于推进共建“一带一路”绿色发展的意见》提出，统筹推进绿色发展重点领域合作，统筹推进境外项目绿色发展，统筹完善绿色发展支撑保障体系，加强绿色基础设施互联互通，加强绿色能源、绿色交通、绿色产业、绿色贸易、绿色金融、绿色科技、绿色标准、应对气候变化合作。

《关于全面推进美丽中国建设的意见》提出，深化应对气候变化、生物多样性保护、海洋污染治理、核安全等领域国际合作。持续推动共建“一带一路”绿色发展。

《关于加快经济社会发展全面绿色转型的意见》提出，加强绿色投资和贸易合作，推进“绿色丝绸之路”建设，深化与有关国家务实合作，提高境外项目环境可持续性，鼓励绿色低碳产品进出口。

主要参考文献

［1］ Iring Fetscher. *Conditions for the Survival of Humanity*：*On the Dialectics of Progress* ［J］. Universitas，1978，20（3）：161－172.

［2］ I. 费切尔．人类生存的条件—— 论进步的辩证法［J］. 孟庆时，摘译．哲学译丛，1982（5）：54－57.

［3］ 赵鑫珊．生态学与文学艺术［J］. 读书，1983（4）：110－111.

［4］ В. С. Липицкий. *Пути формирования экологической культуры личности в условиях зрелого социализма* ［J］. Вестн. Моск. ун－та. Сер. 12，Теория научного коммунизма，1984（2）：40－47.

［5］ 张捷．在成熟社会主义条件下培养个人生态文明的途径［N］. 光明日报，1985－02－18（3）.

［6］ 梅棹忠夫．文明的生态史观［M］. 王子今，译．上海：三联书店上海分店，1988.

［7］ 叶谦吉．生态需要与生态文明建设［M］//郭书田．中国生态农业．北京：中国展望出版社，1988.

［8］ 刘宗超．生态文明观与中国可持续发展走向［M］. 北京：中国科学技术出版社，1997.

［9］ 程胜高，罗泽娇，等．环境生态学［M］. 北京：化学工业出版社，2003.

［10］ 胡锦涛．高举中国特色社会主义伟大旗帜 为夺取全面建设小康社会新胜利而奋斗—— 在中国共产党第十七次全国代表大会上的报告［M］. 北京：人民出版社，2007.

［11］ 贾卫列．生态文明开创人类文明新纪元［J］. 环境保护，2008

(12A).

［12］赵士林. 国学六法［M］. 南京：江苏文艺出版社，2010.

［13］中华人民共和国国民经济和社会发展第十二个五年规划纲要［M］. 北京：人民出版社，2011.

［14］胡锦涛. 坚定不移沿着中国特色社会主义道路前进 为全面建成小康社会而奋斗——在中国共产党第十八次全国代表大会上的报告［M］. 北京：人民出版社，2012.

［15］黄炎和. 土地生态学［M］. 北京：中国农业出版社，2013.

［16］贾卫列，杨永岗，朱明双. 生态文明建设概论［M］. 北京：中央编译出版社，2013.

［17］《彩图科技百科全书》编辑部. 全球生态系统［M］. 上海：上海科学技术出版社，2014.

［18］联合国. 变革我们的世界——2030年可持续发展议程［R］. 纽约，2015.

［19］罗伊·莫里森. 生态民主［M］. 刘仁胜，张甲秀，李艳君，译. 北京：中国环境出版社，2016.

［20］中华人民共和国国民经济和社会发展第十三个五年规划纲要［M］. 北京：人民出版社，2016.

［21］发展改革委印发《绿色发展指标体系》《生态文明建设考核目标体系》［EB/OL］.（2016－12－22）［2024－06－02］. http://www.gov.cn/xinwen/2016－12/22/content_5151575.htm.

［22］习近平. 决胜全面建成小康社会 夺取新时代中国特色社会主义伟大胜利——在中国共产党第十九次全国代表大会上的报告［M］. 北京：人民出版社，2017.

［23］中国生物多样性国情报告编写组. 中国生物多样性国情研究报告（中文版）［M］. 北京：中国环境出版集团，2018.

［24］生态环境部和中国科学院联合发布中国生物多样性红色名录［EB/OL］.（2018－05－22）［2018－05－22］http://www.zhb.gov.cn/gkml/sthjbgw/qt/201805/t20180522_441028.htm?COLLCC=271019725&.

［25］国家标准委关于印发《生态文明建设标准体系发展行动指南

(2018—2020年)》的通知[EB/OL]. (2018-06-07)[2024-06-02] http://www.sac.gov.cn/sgybzyb/gzdt/bmxw/201806/t20180607_342464.htm.

[26] 国家发展改革委关于印发《美丽中国建设评估指标体系及实施方案》的通知[EB/OL]. (2020-03-07)[2024-06-02]. http://www.gov.cn/zhengce/zhengceku/2020-03/07/content_5488275.htm.

[27] 中华人民共和国国民经济和社会发展第十四个五年规划和2035年远景目标纲要[EB/OL]. (2021-03-13)[2021-03-13]. http://www.gov.cn/xinwen/2021-03/13/content_5592681.htm.

[28] 金佩华, 杨建初, 贾行甦. "绿水青山就是金山银山"理念与实践教程[M]. 北京: 中共中央党校出版社, 2021.

[29] 一图读懂《区域生态质量评价办法(试行)》[EB/OL]. (2021-11-16)[2024-06-02]. http://www.mee.gov.cn/zcwj/zcjd/202111/t20211116_960524.shtml.

[30] 郑华. 中国生态系统多样性与保护[M]. 郑州: 河南科学技术出版社, 2022.

[31] 什么是海洋生态系统[EB/OL]. (2022-06-08)[2024-05-18]. https://m.thepaper.cn/baijiahao_18487819.

[32] 农业农村部办公厅 住房和城乡建设部办公厅关于开展美丽宜居村庄创建示范工作的通知[EB/OL]. (2022-10-20)[2024-06-02]. http://www.moa.gov.cn/govpublic/ncshsycjs/202210/t20221020_6413662.htm.

[33] 习近平. 高举中国特色社会主义伟大旗帜 为全面建设社会主义现代化国家而团结奋斗——在中国共产党第二十次全国代表大会上的报告[M]. 北京: 人民出版社, 2022.

[34] 贾卫列. 生态复兴: 全球生态文明建设的思考[M]. 北京: 中国财政经济出版社, 2023.

[35] 金佩华, 杨建初, 贾行甦. 碳达峰与碳中和: 中国行动[M]. 北京: 中国财政经济出版社, 2023.

[36]《中华人民共和国国民经济和社会发展第十四个五年规划和2035年远景目标纲要》实施中期评估报告[EB/OL]. (2023-12-27)[2025-02-28]. https://www.ndrc.gov.cn/fzggw/wld/zsj/zyhd/202312/t20231227_1362958.

html.

［37］关于印发《生态文明建设示范区（市）建设指标》《生态文明建设示范区（县）建设指标》《生态文明建设示范区管理规程》《“绿水青山就是金山银山”实践创新基地建设管理规程》的通知［EB/OL］.（2024－02－18）［2024－06－02］. https：//www. mee. gov. cn/xxgk2018/xxgk/xxgk05/202402/t20240218_1066210. html.

［38］金佩华，贾卫列，等．新质生产力导论［M］．北京：中国财政经济出版社，2024.

［39］中共中央 国务院关于全面推进美丽中国建设的意见［M］．北京：人民出版社，2024.

［40］中共中央 国务院关于加快经济社会发展全面绿色转型的意见［EB/OL］.（2024－08－11）［2025－02－22］. https：//www. gov. cn/zhengce/202408/content_6967663. htm.

［41］国务院办公厅转发生态环境部《关于建设美丽中国先行区的实施意见》的通知［EB/OL］.（2025－01－15）［2025－02－22］. https：//www. gov. cn/zhengce/content/202501/content_6998719. htm.

［42］关于印发《美丽城市建设实施方案》的通知［EB/OL］.（2025－01－17）［2025－02－22］. https：//www. mee. gov. cn/xxgk2018/xxgk/xxgk03/202501/t20250117_1100861. html.

［43］关于印发《美丽乡村建设实施方案》的通知［EB/OL］.（2025－01－20）［2025－02－22］. https：//www. mee. gov. cn/xxgk2018/xxgk/xxgk03/202501/t20250120_1100929. html.

［44］中华人民共和国2024年国民经济和社会发展统计公报［EB/OL］.（2025－02－28）［2025－02－28］. https：//www. gov. cn/lianbo/bumen/202502/content_7008605. htm.

［45］2024中国生态环境状况公报［EB/OL］.（2025－06－04）［2025－06－04］. https：//www. mee. gov. cn/hjzl/sthjzk/zghjzkgb/202506/P020250604527010717462. pdf.

后　记

在全球气候变化加剧、资源环境约束趋紧的背景下，中国正在积极探索一条绿色低碳、可持续发展的道路。经过十多年的发展，我国生态文明建设取得了巨大的成就。

当前，我国正坚定不移走生态优先、节约集约、绿色低碳高质量发展道路。为加快构建新发展格局，中共中央、国务院印发了《关于全面推进美丽中国建设的意见》和《关于加快经济社会发展全面绿色转型的意见》，国务院办公厅转发了生态环境部印发的《关于建设美丽中国先行区的实施意见》，生态环境部等11个部门印发了《美丽城市建设实施方案》，生态环境部等9个部门印发了《美丽乡村建设实施方案》，对我国经济社会发展全面绿色转型和全面推进美丽中国建设进行了顶层设计，并就美丽中国建设的行动制定了完整的实施方案，明确了全国人民行动的指导思想、目标和路径。为了深入全面理解绿色转型和美丽中国建设，我们组织专家编写了《绿色转型与美丽中国建设》，试图探讨当前在生态文明建设进程中碰到的绿色转型与美丽中国建设的相关问题，为正确理解中央的精神，帮助广大读者了解绿色转型与美丽中国建设的知识，提供一个新的思路。

在本书的编写过程中，世界杰出生态文明科学家、北京生态文明工程研究院副院长、布达佩斯长期可持续发展中心研究员、《环球时报》评论员贾卫列给予了指导，并欣然为本书作序；《城市建设》杂志社高级记者孙冰有等提供了有力的帮助。参加本书撰写的人员有王玉新、王冠、包孟碟、包王镇、卢金跃、叶志军、许陈红、朱晓明、张自英、张定定、严先锋、宋旸、陈明、陈林华、陈曼婷、陈睿、陈毓道、吴志文、李琼轩、汪辉、周丹丹、武京伟、贺书伟、赵伟杰、陶雪芬、黄丽星、章佩丽、徐清、徐福江、蒋军辉、薛玲雅、瞿笑霞等，金斯科、林骏、柯中炉、陈海棠协助主编做了大量的工作，最后由陈昌笋总撰成书。

在本书的编写过程中，我们参阅了大量的资料，得到了台州职业技术学院、台州市生态环境局、台州市环境科学设计研究院等单位的领导和专家的大力支持；中国财政经济出版社为本书的出版付出了辛勤的劳动。在此，我们一并表示深深的谢意！

本书的编写时间紧、任务重，加之作者的水平和经验所限，在内容上难免存在缺点和不足，衷心希望读者多提宝贵意见，以便我们进一步修改完善。经济社会发展绿色转型任重道远，美丽中国建设任务依然艰巨，希望本书能为推动绿色发展贡献一份微薄之力，共同助力美丽中国建设，打造我们共同的“天蓝、地绿、水清”的美好家园。

陈昌笋

2025 年 6 月